ESSENER GEOGRAPHISCHE ARBEITEN

Band 1

ERGEBNISSE AKTUELLER GEOGRAPHISCHER FORSCHUNGEN
AN DER UNIVERSITÄT ESSEN

Herrn Prof. Dr. Dieter Weis
zum sechzigsten Geburtstag gewidmet

Paderborn 1982

ESSENER GEOGRAPHISCHE ARBEITEN

Herausgegeben von Gerhard Henkel, Dieter Kelletat,
Werner Kreuer, Reinhold E. Lob und Wolfgang Trautmann

Schriftleitung: Jörg-Friedhelm Venzke

Alle Rechte, auch die der auszugsweisen fotomechanischen Wiedergabe und der Übersetzung, vorbehalten.

© 1982 by Ferdinand Schöningh, Paderborn, ISBN 3-506-72301-4

Gesamtherstellung: Zentrale Vervielfältigung der Universität Essen GHS und Fa. Wassermann-Druck, Altenessener Straße 269, 4300 Essen 12

Vorwort

Das Fachgebiet Geographie im Fachbereich 9 der Universität Essen hat mit der Erweiterung um die Physiogeographie zum Wintersemester 1981 / 82 einen gewissen Ausbauzustand erlangt. Damit hat sich auch die Zahl der am Institut hauptamtlich tätigen Wissenschaftler auf nunmehr sieben erhöht. Es ist daher zu erwarten, daß auch die Zahl der Forschungsarbeiten und wissenschaftlicher Tagungen in Zukunft zunehmen wird. Um die Möglichkeit für eine rasche Publikation dabei vorgelegter Ergebnisse zu schaffen, haben wir die Reihe "Essener Geographische Arbeiten" ins Leben gerufen und stellen hiermit den ersten Band vor. Diese Zusammenstellung aktueller Forschungsergebnisse bietet einen gewissen Einblick in einige Schwerpunkte unserer gegenwärtigen Arbeitsthemen.

Wir hoffen, daß dieser Band und unsere Reihe freundliche Aufnahme und anregende Kritik erfährt.

Der Druck wurde ermöglicht durch Mittel der Universität Essen; die technische Ausführung übernahmen die Zentrale Vervielfältigung der Universität (Herr Reg.-Ang. H. Wilken) sowie die Firma Wassermann-Druck, Essen; die Reinschrift der Manuskripte besorgte Frau Anneliese Schmidt; der Umschlagentwurf stammt von Herrn J.-F. Venzke; den Vertrieb übernimmt der Verlag Ferdinand Schöningh. Ihnen allen sei an dieser Stelle für ihre Bereitschaft zur Mitwirkung und die rasche Verwirklichung der Drucklegung herzlich gedankt.

Wir widmen diesen ersten Band der neuen Essener geographischen Reihe Herrn Prof. Dr. Dieter Weis zu seinem 60. Geburtstag. Herr Weis ist seit 1970 - damals noch an der Pädagogischen Hochschule Ruhr, Abteilung Essen - Honorarprofessor im Fach Geographie. Zusätzlich zu einer hauptamtlichen Tätigkeit als Leiter des Amtes für Statistik und Wahlen sowie des Amtes für

Stadtentwicklungsplanung bei der Stadt Essen hat er regelmäßig seit 1968 Lehraufgaben mit dem Schwerpunkt Ruhrgebiet übernommen. Die von Herrn Weis besonders geförderte Kooperation zwischen der Stadt Essen und uns fand ihren Niederschlag in mehreren Arbeiten und Veröffentlichungen zur Stadtentwicklung Essens.

Im Januar 1982   Die Herausgeber

INHALTSVERZEICHNIS

KELLETAT, D.: Hohlkehlen sowie rezente organische
Gesteinsbildungen an den Küsten und ihre Beziehungen zum Meeresniveau .... 1 - 27

VENZKE, J.-F.: Zur Biotop- und Vegetationsentwicklung auf isländischen Lavafeldern .... 29 - 61

KREUER, W.: Kollektivierung und Seßhaftmachen von
Nomaden in der Mongolischen Volksrepublik ..... 63 - 89

TRAUTMANN, W.: Zum gegenwärtigen Stand der staatlichen Umstrukturierungsmaßnahmen in der algerischen Steppe .... 91 - 111

WEHLING, H.-W.: Die Äußeren Hebriden als europäischer Peripherraum - Historische Prozesse, gegenwärtige Strukturen, Planungsperspektiven ... 113 - 137

LOB, R.E.: Zur Situation der Landwirtschaft im
südlichen Niedersachsen - Beispiele aus der
Samtgemeinde Bad Essen / Kreis Osnabrück .... 139 - 162

HENKEL, G., FRANKE, M. und HÖGNER, T.: Probleme
und Potentiale peripherer Siedlungen - Das
Beispiel Elsoff / Nordrhein-Westfalen ...... 163 - 207

HOHLKEHLEN
SOWIE REZENTE ORGANISCHE GESTEINSBILDUNGEN AN DEN KÜSTEN UND IHRE BEZIEHUNGEN ZUM MEERESNIVEAU

von

Dieter Kelletat*

(mit 4 Abbildungen)

Zusammenfassung: Nach Diskussion der Quellenlage zur Hohlkehlengenese wird eine zusammenfassende Übersicht über die verschiedenen Hohlkehlentypen gegeben. Es sind dies: Ausspülungshohlkehlen, eingeschliffene Hohlkehlen, Tafoni-Hohlkehlen, Schmelz-Hohlkehlen und biogene Hohlkehlen, während der Genese durch reinen Druckschlag von Wasser und Luft sowie anorganisch-chemischer Lösung nur ein extremer Ausnahmecharakter zugeschrieben werden darf. Sodann werden die Rahmenbedingungen wie Gesteinstyp, Klima und hydrographische Verhältnisse, Küstenformen und Sedimentmenge sowie biologische Einflüsse kurz vergleichend angeführt. Ausführlicher wird die Beziehung zwischen Hohlkehlen und organischen Gesteinsbildungen (Kalkalgen, Vermetiden u.a.) untereinander sowie das Verhältnis beider Phänomene zu den Tidewasserständen diskutiert, wobei auch die unterschiedlichen Auffassungen in der Literatur berücksichtigt werden (vgl. Fig. 1 - 4). Abschließend wird auf die relativ große Bildungsgeschwindigkeit von biogenen Hohlkehlen und Gesteinsbildungen hingewiesen. Sie erreicht normalerweise mehr als 1 mm/Jahr und kann daher mit den endogen oder exogen verursachten Niveauschwankungen des Meeres Schritt halten.

Summary: <u>Notches as well as reef rocks at the coasts and their relations to sea-level</u>. - After a discussion concerning the different opinions on the genesis of notches a synopsis of the diversification of notch-types is given. These are especially notches by washing away loose material, by abrasion with beachsands or --pebbles, by backweathering by tafoni-mechanisms, by melting of ice and permafrost, and by biological corrosion and corrasion, while notching by the surf or pressure of the air, exclusively at the cliff foot (without sediment movement) is believed to be extremely rare. The influence of petrography, climatic and hydrological conditions, coastal forms, and the amount of sediments as well as biological parameters are described, too. More intensively the relations between notches and reef rock on one hand, and between notches and reef rock to sea-level on the other hand are discussed in comparison to the literature (see figs. 1 - 4). Finally the rather fast formation of biogene notches and bioherms (normally more than 1 mm/year) is pointed out. Therefore notches and algal rims and platforms can develope significantly close to a changing sea-level, too.

---

* Professor Dr. Dieter Kelletat, Universität Essen GHS, Fachbereich 9 - Geographie, Universitätsstr. 5, D-4300 Essen 1

Meinem verehrten Lehrer, Herrn Prof. Dr. H. Poser, zum 75. Geburtstag gewidmet.

1. Einführung und Problemstellung

Eine Durchsicht der wissenschaftlichen Literatur zur Küstenmorphologie ergibt einen recht klaren Eindruck über den Stellenwert, welcher den einzelnen Problemkreisen heute eingeräumt wird. Es dominiert die Diskussion zur Frage des Alters aufgetauchter oder untergetauchter Küstenlinien, neuerdings auch unter dem Aspekt der Neotektonik und Plattentektonik. Einen weiteren Schwerpunkt bilden Arbeiten zur Genese von Lockermaterialküsten und den physikalischen Prozessen des Materialtransportes. Erheblich geringere Aufmerksamkeit wurde dagegen bisher zonenspezifischen Gegebenheiten an den Küsten der Erde, insbesondere in den hohen Breiten und den Übergangsbereichen zwischen den klassischen Landschaftszonen und Klimagürteln der Erde geschenkt sowie ganz allgemein den Klein- und Kleinstformen etwa im Rahmen ökologischer Wechselbeziehungen zwischen Lithosphäre, Atmosphäre, Hydrosphäre und Biosphäre. Insbesondere für die Felsküsten drängt sich der Eindruck auf, als gäbe es hier keine offenen Fragen mehr.

Zu den besonders markanten Formen an Felsküsten gehören trotz ihrer geringen Größe die Hohlkehlen. Sie wurden daher schon früh bearbeitet (u.a. WERTH 1911 und von ZAHN 1909). Leider fehlt jedoch bis heute eine nähere Typisierung und Kennzeichnung der Milieubedingungen, unter denen sie entstehen können. Dieser Mangel ist um so gravierender, als Hohlkehlen immer wieder als Indikatoren für Meeresspiegelschwankungen herangezogen wurden und werden und bei mangelnder Kenntnis ihrer Genese zum Teil beträchtliche Fehler in alle daraus abgeleiteten Überlegungen eingehen müssen.

Für einen bestimmten und besonders weit verbreiteten Hohlkehlentyp, nämlich den durch die sogenannte Bioerosion (s.u.), bestehen offensichtlich ganz enge Beziehungen zu Lebensbereichen verschiedener Organismen. Eine ebenso enge Beziehung zum Meeresniveau haben jedoch auch solche Organismen, welche durch ihre Eigenschaft als Gesteinsbildner eine Abtragung an Felsküsten verhindern und in ihrem Lebensbereich daher Hohlkehlenbildung ausschließen. Weil diese Abhängigkeiten bestehen, sollen und müssen hier die Niveaubedingungen beider Phänomene, nämlich die der Hohlkehlen verschiedenen Ursprungs und jene der organischen Gesteinsbildungen, in einem gewissen Zusammenhang betrachtet werden.

Viele der im folgenden (vgl. auch die Abb. 1 und 2) aufgezeigten Widersprüche in den Quellen können eine ganze Reihe von Ursachen haben: zu geringe Beobachtungsdauer, zu enge Untersuchungsgebiete, unzulässige Verallgemeinerung von Lokalbefunden, Nichtbeachtung von Tidenhub, Expositionsgrad oder strukturelle Besonderheiten, Nichtbeachtung ökologischer Wechselbeziehungen usw.

Aufgrund von Literaturstudien und langjähriger eigener Beschäftigung mit diesen Phänomenen an verschiedenen Küsten der Erde soll daher versucht werden, wenigstens auf einige der offenen Fragen eine Antwort zu geben. Dazu gehört insbesondere:

a) Durch welche Mechanismen entstehen Hohlkehlen?

b) Wovon ist die Form der Hohlkehlen im einzelnen abhängig?

c) Bestehen Abhängigkeiten zu bestimmten Gesteinstypen?

d) Ist die Möglichkeit ihrer Entstehung oder die Art ihrer Form von Gezeitenschwankungen abhängig und gegebenfalls in welcher Weise?

e) Zeigen Hohlkehlen eine zonal unterschiedliche Ausprägung?

f) Wie sind die Beziehungen zwischen Hohlkehlen und organischen Gesteinsbildungen?

g) In welcher Weise sind Hohlkehlen und organische Gesteinsbildungen als Niveauindikatoren geeignet?

h) Lassen sich Aussagen über die Bildungsgeschwindigkeiten und das Alter von Hohlkehlen und Biohermen machen?

Die wichtigsten Ergebnisse dieser Überlegungen sollen abschließend noch kurz zusammengefaßt werden.

2. Auffassung über die Genese der Hohlkehlen im älteren und neueren deutschen geographischen Schrifttum

Bereits vor 70 Jahren widmete WERTH (1911) den "Bedingungen zur Bildung einer Brandungskehle" eine eigene Abhandlung. Er kam zu dem Schluß, daß sowohl eine ständige mechanische Beanspruchung durch Brandungstrümmer am Kliffuß (S. 38, 41) als auch die lösende Wirkung des Seewassers Hohlkehlen anzulegen vermag (S. 38). Am besten geeignet für durch Lösung entstandene Hohlkehlen hielt er den reinen Korallenkalk, weil dieser zugleich gut löslich und standfest ist (S. 40). Bereits von ZAHN (1909) hat beiläufig festgehalten, daß an kleinen Meeren oder ozeanischen Inseln, also in Regionen mit geringem Tidenhub, Hohlkehlen häufiger sind als an anderen Küsten, und damit erstmalig auf diese mögliche Art der Niveaubeziehung hingewiesen, ohne sie jedoch genauer zu fassen.

PANZER (1949) trug in seinem Beitrag über "Brandungshöhlen und Brandungskehlen" eine ganze Reihe von Beobachtungen vor, die zusammengefaßt ergeben, daß es zwei Möglichkeiten der Hohlkehlenbildung gibt: Einmal - bei geringer Schuttproduktion und Vorherrschen feiner Strandpartikel - ein langsames und glattes Einschleifen, wobei die Entwicklung nicht zu stürmisch vorgehen soll und bei mäßigem Wellengang und geringem Tidenhub optimal abläuft. In Mergeln und nicht verfestigten Ablagerungen angelegte horizontale Einschnitte nennt er "Ausspülungskehlen" (S. 37). Im Gegensatz zu den glatt geschliffenen, mechanisch angelegten Hohlkehlen findet er aber auch sehr gut ausgebildete, im einzelnen zerfressene, scharfkantig konturierte Hohlkehlen an Gipsen und Kalken, besonders wieder Korallenkalk, ohne daß dort Lockersediment zur Verfügung steht. Weil Süßwasser als Agens ausscheidet, schließt PANZER auf eine Lösungskraft des Seewassers (S. 37, S. 39 ff.). Ein Jahr später (1950) betont PANZER nochmals die ätzende und lösende Kraft des Seewasser.

In neueren und neuesten Hand- und Lehrbüchern zur Geomorphologie bzw. Küstenmorphologie finden sich zur Genese von Hohlkehlen nur sporadische Angaben. So führt z.B. WILHELMY (1972, S.140 ff.) aus, daß Hohlkehlen zwischen Schorre und Kliff mechanisch durch Strandmaterial oder Brandungsschlag entstehen.

Bei GIERLOFF-EMDEN (1980, S. 1214 ff.) finden sich mehrere Beispiele für diese eingeschliffenen Hohlkehlen durch in der Brandung bewegtes Lockermaterial mit Hinweisen auf besonders große Vertikalausdehnung (ca. 8 m) bei extrem hohem Tidenhub in der Fundy-Bay Kanadas (S. 1218), aber auch zur Geschwindigkeit des Abriebs am Kreidekalk im Niveau der Hochwasserlinie, der nach 18 Hochwasserständen ca. 1 cm (S. 1220), im Anstehenden an der Ostküste des Ärmelkanals im Jahr auch 0,3 bis 1 m betragen kann (S. 1221). Als generelle Aussage wird festgehalten (S. 1215) "Die Wirkung des Wellenschlages (.. am Kliff, Anmerkung des Verfassers) besteht mechanisch in Korrasion und Luftsprengung und chemisch in Lösung". Es bleibt festzuhalten, daß im deutschen geographischen Schrifttum Hohlkehlenentstehung im wesentlichen auf eine schleifende mechanische Brandungswirkung, evtl. unter Beteiligung des Druckschlages und der Sprengwirkung eingepreßter Luft, sowie auf die chemische Aggressivität des Salzwassers zurückgeführt wird.

3. **Auffassungen in nicht geographischen in- und ausländischen Quellen**

Von Geologen und Biologen durchgeführte Detailstudien an Felsküsten berücksichtigen neben den obengenannten jedoch auch noch andere mögliche Vorgänge der Hohlkehlenentstehung. Zwar geht CORBEL (1952) noch von einer rein anorganisch chemischen Lösung im Salzwasser aus, REVELLE und EMERY (1957) ebenfalls, obwohl sie bei ihren Experimenten stets eine 175 - 800% betragende Kalkübersättigung im küstennahen Meerwasser fanden und daher an besondere chemische Vorgänge im Tag-Nachtwechsel dachten. Dagegen betonte bereits GINSBURG (1953), daß die Hauptarbeit der Abtragung an karbonathaltigen Felsküsten durch Graben und Bohren von Organismen verursacht wird, und listete diese auf.

GUILCHER (1957) sowie GUILCHER, BERTHOIS & BATTISTINI (1962) bezeichnen die Prozesse ohne nähere Spezifizierung als entweder chemisch, physicochemisch, biologisch oder ein Zusammenwirken all dieser Vorgänge und beziehen diese Aussage auch auf die feinere Ausgestaltung des Felsreliefs oberhalb und unterhalb der Hohlkehlenbereiche.

Noch 1971 gibt BARBAZA trotz detaillierter kleinmorphologischer Studien an den katalonischen Mittelmeerküsten keine schlüssige Antwort auf die Frage der Hohlkehlenbildung dort, vielmehr werden Lösung, evtl. unter Mitwirkung von Algen, aber auch mechanische Brandungswirkung für möglich gehalten.

TRUDGILL (1972), KLEEMANN (1973), KELLETAT (1974), SCHNEIDER (1976), TORUNSKI (1979) oder KELLETAT (1979 und 1980a) sowie viele andere haben in jüngerer Zeit jedoch dargelegt, daß eine Hohlkehlenentstehung an karbonathaltigen Gesteinen ohne Vorhandensein von Brandungsschutt im wesentlichen auf biologische Korrasion (d.h. mechanisches Abraspeln von Gesteinsbrocken durch Organismen, insbesondere Schnecken) oder biologische Korrosion (durch Blaualgen oder Abscheidungen ätzender Substanzen durch verschiedene Tiere zum Zwecke der Gesteinsaufbereitung, sei es als Nahrung, sei es, um Schutzräume anzulegen) zurückgeht. Von den genannten und anderen Autoren sind auch mittlerweile zahlreiche quantitative Angaben zu diesen Vorgängen beigebracht worden. Diese Erkenntnisse sind jedoch noch längst nicht Allgemeingut in der Küstenmorphologie geworden. Insbesondere ist bis heute die wichtige Beziehung der Hohlkehlen und der Hohlkehlenbildung oft benachbarter organischer Gesteinsbildner wie Korallen, Kalkalgen, Vermetiden usw. zum Meeresniveau weitgehend offen geblieben. Es soll daher im folgenden eine Synthese zu diesen Fragen versucht werden.

4. <u>Synopsis zur Hohlkehlengenese</u>

Nach bisheriger Kenntnis läßt sich damit die Frage, durch welche Mechanismen Hohlkehlen entstehen, dahingehend beantworten, daß - je nach den unterschiedlichen natürlichen Gegebenheiten - im wesentlichen folgende Vorgänge eine Rolle spielen:

4.1 Hohlkehlentypen

Typ A: Ausspülungskehlen

An steil aufragenden Böschungen aus Lockersedimenten vermag allein die Wasserbewegung, auch bei leichtem Wellengang, Einzelpartikel mechanisch herauszutrennen und wegzuführen. Es entstehen dann oft nur kurzlebige und selten durchgehend entwickelte "Ausspülungskehlen" im Sinne von PANZER (1949). Vorsicht bei der Beurteilung ist an schwach verfestigten, horizontal geschichteten Gesteinsserien, etwa Pyroklastica und ähnlichen, geboten, weil hier als Abtragungsagens bis in das Meeresniveau hinunter auch der Wind in Frage kommt und marine Hohlkehlen evtl. älterer, jetzt aufgetauchter Anlage vortäuschen kann.

Typ B: Eingeschliffene Hohlkehlen

Ist an Steilböschungen oder Kliffen aus standfestem Gestein Lockermaterial in der Brandungszone vorhanden, so wirkt dieses im Wellenschlag ständig bewegt abschleifend und letztlich unterhöhlend. Das Ergebnis sind Hohlkehlen mit in der Längserstreckung meist wechselnder horizontaler Ausdehnung und vertikaler Spannweite sowie ebenfalls oft wechselnden Schnittprofilen (mal weit geöffnet, seltener schmal und tief eingreifend, letzteres bei strukturellen Schwächelinien in Klüften u. dgl.)

Diese Hohlkehlen sind nahezu immer glatt bis fein poliert, d.h. die Größe der Brandungstrümmer nimmt auf den Grad des Abschleifens oder der Ausglättung kaum Einfluß. Charakteristisch bei diesen mechanisch mit Brandungsschutt eingeschliffenen Hohlkehlen ist ferner, daß sie die frische Gesteinsfarbe zeigen, also nicht von Algentapeten überzogen sind, und auch sonst unbelebt erscheinen, weil alle litoralen Lebewesen (Schnecken, Seeigel, Tang u.a.) in diesem Milieu nicht existieren können bzw. rasch zerschlagen oder abgeschliffen werden. Schließlich ist hervorzuheben, daß die Beziehung dieser mechanisch angelegten Hohlkehlen zum Meeresniveau oft nicht eindeutig zu identifizieren ist, d.h. daß eine Lage des Hohlkehlentiefsten deutlich über oder unter dem Niedrig-, Mittel- oder Hochwasser noch nicht unbedingt auf ein größeres Alter oder Dislokation hinweisen muß.

Typ C: Tafoni-Hohlkehlen

Ein weiterer, recht häufig anzutreffender, lokal aber eher begrenzter und ebenfalls mechanisch angelegter Typ von Hohlkehlen, der bisher weder in diesem Beitrag erwähnt noch sonstwie in der Literatur behandelt wurde, ist polygenetischer Natur. Es sind in der Höhen- und Seitwärtserstreckung relativ stark wechselnde Einkerbungen poröser oder sandiger, oft wenig resistenter Gesteine oberhalb des mittleren Meeresspiegels von rauher Kontur und in den oberen Bereichen oft auch scharf vorspringend oder überhängend. Insgesamt handelt es sich um den Aspekt von Tafoni-Galerien, und einem der Tafonierung sehr verwandten Prozeß verdankt dieser Hohlkehlentyp auch seine Entstehung. Es ist die Abtragung infolge Salzverwitterung, ausgelöst durch das in der Felswand langsame Aufsteigen von Salzwasser und Auskristallisieren dieser Salze bei Verdunstung. Dadurch bröckelt die Kliffwand in den betroffenen Partien leicht aus, und Einzelpartikel fallen herunter. Die Schuttproduktion in diesem Hohlkehlenbereich ist daher groß, die Küstenrückverlegungsrate ebenso. Dieser Hohlkehlentyp erfordert allerdings die Möglichkeit des eher kapillaren Aufstiegs von Salzwasser, und das wiederholte Austrocknen und Wiederbefeuchten in den Steilwänden ist daher an für die Tafonierung günstige Gesteine (vergl. z.B. HÖLLERMANN 1975, KELLETAT 1980b u.a.) und an geschützte und wenigstens zeitweise aride Küstengebiete gebunden. Er wurde ausführlich stu-

diert u.a. in den Pyroklastika Westanatoliens bei Foca und
der Karaburunhalbinsel westlich Izmir. Wegen des geringen
Wellenganges an geschützten Kliffabschnitten ist das Heraus-
bröckeln der Gesteinsfragmente normalerweise signifikanter
als das gelegentliche Überschleifen der unteren Hohlkehlenbereiche durch den in der Brandung befindlichen Schutt. Andererseits ist auch bei steilerem Abtauchen des Unterwasserhanges und damit dem Fehlen von Sedimenten am Klifffuß bzw.
in der Brandungszone schon bei leichtem Wellenschlag eine gewisse Ausspülungstätigkeit und damit eine leichte Glättung
der unteren Hohlkehlenpartien möglich. Sie erreicht aber nie
die Politurqualität der unter Typ B genannten Formen.

Typ D: Hohlkehlen durch reinen Druckschlag von Wasser und Luft

Immer wieder (s.o.) findet sich in der Literatur der Hinweis darauf, daß
durch den reinen Druckschlag der Wellen und die in Risse und Klüfte dabei
hineingepreßte Luft mechanische Wirkungen hervorgerufen werden, so daß
im Brandungsbereich auch allein dadurch eine Kehlung entstehen könne.
Wenn andere Mechanismen fehlen, etwa lockerer Brandungsschutt, weil
das Wasser in der Brandungszone zu tief ist, müßten daraus ganz regel-
lose und scharfkantig konturierte Einkehlungen entstehen. Es soll nicht
bestritten werden, daß gelegentlich beim Aufeinandertreffen von Schwächelinien der reine Druckschlag und die eingepreßte Luft zu mechanischer
Wirkung in der Lage ist und etwa bei der Entstehung von Küstenhöhlen
mitwirkt. Im allgemeinen ist aber festzuhalten, daß auch sehr starke
Brandung ohne mechanische Waffen hinter allen anderen Formungsprozessen
zumindest soweit zurückbleibt, daß in der Natur ihre Wirkung nicht zur
Anlage von Hohlkehlen oder hohlkehlenartigen Gebilden führt. Als Beweis
dafür sei u.a. angeführt, daß eingeschliffene Hohlkehlen (Typ B) auch an
der offenen Atlantik- oder der Pazifikküste regelhaft keine Unterbrechungen
durch solche zu erwartenden größeren mechanischen Ausbrüche zeigen bzw.
daß es schuttfrei eintauchende Felsküsten auch in stark der Brandung aus-
gesetzten Partien gibt, die vollständig durch eine Tapete von Blaualgen
(Cyanophyceen) bedeckt sind. Nach eigenen Beobachtungen halten auch extrem
'delikat' gebaute, sehr exponierte Pilzfelsen bei Sedimentfreiheit einer
kräftigen Sturmbrandung lange Zeit stand.

Typ E: Hohlkehlen durch anorganisch-chemische Lösung

Der in der Literatur häufig vertretenen Auffassung von Lösungshohlkehlen
im Sinne von anorganisch-chemischer Gesteinszersetzung im Bereich der
Salzwasserbenetzung muß eindeutig widersprochen werden. Es soll zwar
nicht bestritten werden, daß so etwas unter extremen Standortbedingungen,
etwa an Salzfelsen der Inseln im Persischen Golf oder den Küsten des
Süd-Iran vorkommt, vielleicht gelegentlich auch an einigen Gipsfelsen,
und daß insgesamt bei langer Einwirkung salziges, besonders sehr salziges
und warmes Meerwasser chemisch aggressiv auf alle möglichen Gesteine

wirken kann, doch sind in der Regel eine Fülle anderer Prozesse auch dort um so viel leistungsfähiger, daß anorganisch-chemische Hohlkehlenbildung so gut wie nигendwo vorkommt. Das ist insbesondere für die Gesteine auszuschließen, die sonst einen typischen Lösungsformenschatz aufweisen, nämlich die Kalkgesteine (einschließlich karbonathaltiger Sandsteine und dergleichen). Diese können einmal, wie Untersuchungen u.a. von SCHNEIDER (1976) und TORUNSKI (1979) (vergleiche auch die dort zitierte Literatur) bewiesen haben, deshalb nicht vom Meerwasser gelöst werden, weil dieses im erheblichen Maße kalkübersättigt ist, zum anderen auch nicht, weil ein dichter Algenfilm normalerweise das Gestein vor dem direkten Angriff des Wassers schützt, und schließlich nicht, weil an Küsten aus Karbonatgesteinen, in untergeordnetem Maße auch aus anderen Gesteinen, andere Abtragungsprozesse von großer Leistungsfähigkeit vorherrschen. Erstaunlicherweise ist in der Literatur nie ein Versuch zur Klärung des Phänomens unternommen worden, warum angeblich reine Lösungskehlen an Kalkküsten trotz guter Wasserdurchmischung - denn dieselben sind bei exponierter Lage oft besonders gut ausgebildet - auf den obersten Bereich des Meeresspiegels beschränkt sind und nicht überall im Bereich der Salzwasserbenetzung eine Zurücklösung festzustellen ist.

Typ F: Schmelz-Hohlkehlen

An reinen Eisküsten, wie dem Schelfeis der Antarktis, kalbenden Gletscherzungen Grönlands oder auch schwimmenden Eisbergen vermag das Salzwasser im Bereich des Meeresniveaus, wo es wenigstens im Sommer stärker erwärmt ist, echte Hohlkehlen auszuschmelzen. Sie sind meist sehr gleichmäßig ausgebildet und können in kurzer Zeit (einige Tage bis einige Wochen) Tiefen von vielen Metern erreichen. In Gebieten mit Permafrost in Lockergesteinen (Moränenmaterial, fluvioglaziale Ablagerungen, aufgetauchte marine Tone u. dgl.) kann am Fußpunkt steiler Kliffe ebenfalls durch thermische Einwirkung des Seewassers im Sommer eine Hohlkehle eingeschmolzen werden. Da dabei zugleich aber die aufgetauten Abschnitte als Lockermaterial anfallen und die Brandungsenergie an den polaren Küsten mit Permafrost wegen des geringen "fetch" (infolge der nur kleinen, eisfrei überwehten Wasserflächen, vgl. auch DAVIES 1964) im allgemeinen gering ist, sind solche Gebilde nur punktförmig und vorübergehend entwickelt. Normalerweise zeigen Küsten mit "Thermoabrasion" gerade am Fußpunkt der Kliffe eine ständige Zufuhr nachgerutschten Auftaumaterials (vgl. dazu auch STÄBLEIN 1980, S. 224, Abb. 5 u.a.)

Typ G: Biogene Hohlkehlen

Wir kommen damit zum Typ der außerordentlich verbreiteten, meist am besten ausgebildeten, am auffälligsten und sicher auch am meisten abgebildeten Hohlkehlen, der in der Literatur entweder auf chemische Lösung, biologische Vorgänge oder biochemische Prozesse zurückgeführt wird. Es handelt sich dabei eindeutig um aus kombinierter biologischer Korrosion und biologischer Korrasion im Sinne von SCHNEIDER 1976 (vgl. auch TORUNSKI 1979, KELLETAT 1980a u.a.) entstandene Hohlkehlen an

Karbonatgesteinen. Sie zeichnen sich aus durch lang durchgehende horizontale Erstreckung, ähnliche Formenentwicklungen in der Vertikalen und in der Eindringtiefe und besonders durch oft erstaunlich weites Unterschneiden von Steilwänden sowie weitgehendes Fehlen aller Zerstörungsspuren. Diese Eigenschaften sind zurückzuführen auf die spezifische Genese, nämlich die Abtragung durch ganz bestimmte und in ihrem Lebensraum an fest definierte Benetzungsmerkmale angepaßte Lebewesen. Diese Lebewesen und ihre Leistungsfähigkeit hängen ab u.a. vom Nahrungsangebot, dieses wiederum vom Gestein, von der Lichtzufuhr, vom Sauerstoffgehalt des Wassers, letzteres u.a. vom Grad der Wellenenergie, womit erklärbar ist, daß an ähnlich exponierten Küsten die Formen sehr ähnlich sind und bei zunehmendem Expositionsgrad und zunehmendem Frischwasser- und Sauerstoffangebot auch diese Formen oftmals optimal ausgebildet sind. Hohlkehlentiefen, die mit 6 - 7 m ein Mehrfaches der lichten Weite erreichen, sind bereits beschrieben worden (u.a. von REVELLE & EMERY 1957).

Grundlage der Abtragungsvorgänge ist meist die Imprägnierung der Karbonatgesteine durch Cyanophyceen (Blaualgen in endolithischer Lebensweise), welche von verschiedenen Gastropoden (*Patella*, *Diodora*, *Nerita*, *Litorina* und vielen anderen) als Nahrungsgrundlage abgeweidet werden. Bei dieser Weidetätigkeit, sei sie mechanischer oder durch Abscheidung von Verdauungsprodukten chemischer Art, findet eine Abtragung in der jeweils engen Lebenszone statt. Es bilden sich dabei die Hohlkehlen. Über die Mechanismen im einzelnen wie die verschiedenen bestimmenden Parameter, Formenqualität, Populationsdichten u.a. mehr unterrichten die oben angegebenen Quellen.

Schließlich sind, da in der Natur alle Formen und Vorgänge in einem Kontinuum vorliegen, alle Übergangsformen von Hohlkehlen untereinander denkbar: Wenn z.B. eine durch Tafonierung verursachte Einkehlung infolge gesteigerter Wellenenergie überschliffen wird, wenn in eine ehemals eingefressene Hohlkehle abschleifendes Sediment gelangt, welches die Pflanzen und

Tiere vertreibt, oder wenn in eine eingeschliffene Hohlkehle
infolge Sedimentmangels neuerdings Organismen einziehen können, die dort durch Fressen und Ätzen tätig werden. Als Ver-
ursacher für einen Wechsel in der Form oder einen räumlichen
und zeitlichen Wandel können sehr zahlreiche Vorgänge genannt
werden: Veränderung der Materialbilanz am Strand oder auf dem
angrenzenden Festland, Veränderung des Meeresniveaus oder der
Materialzufuhr über die Flüsse, Vernichtung oder Behinderung
von Ökosystemen durch Umwelteinflüsse usw.

4.2 Rahmenbedingungen und Modifikationsfaktoren

Bei der Auflistung der verschiedenen Hohlkehlentypen wurden
bereits einige der die Formen bestimmenden oder modifizieren-
den Elemente genannt. Eine komplexe Darstellung aller Bezie-
hungsfaktoren - auch untereinander - würde den Rahmen dieser
Ausarbeitung sprengen. Daher seien hier nur noch einige wesentliche Parameter summarisch angefügt:

a) Die Petrographie bestimmt den Hohlkehlentyp insgesamt
   insofern, als die Art des Gesteins darüber entscheidet,
   ob eine nennenswerte biologische Abtragung und Überformung in Frage kommt (was nur bei karbonathaltigen Gesteinen
   der Fall ist), ob eine anorganisch-chemische Lösung möglich
   ist - nur bei Salzen und Gipsen -, ob es Salzverwitterungs-
   prozesse sind, die mitwirken - nur bei kavernösen und
   porösen, meist wenig widerstandsfähigen Gesteinen -,
   ob Schmelzprozesse im Meeresniveau in Frage kommen - an
   Eis- und Permafrostküsten -, ob ein mechanisches Heraus-
   brechen durch Wellenschlag mit Hilfe des Brandungsschuttes
   möglich ist, was an allen möglichen Gesteinstypen vorkommen kann, oder ob eine Ausschleifung oder Ausspülung
   von Lockergesteinen gegeben ist. Im einzelnen ist daher
   auch die Struktur und Textur sowie der Chemismus des
   Gesteins, die Art der stattgehabten Tektonik, die Vorver-

witterung in früheren Festlandsphasen u. dgl. mehr
mit entscheidend.

b) <u>Klima und Hydrographie:</u> Zumindest über die Wind- und damit die Brandungsverhältnisse, aber auch über die am Kliff ablaufenden Verwitterungsprozesse (etwa Frostsprengung oder eine Vorbereitung der Gesteinszerlegung durch chemischen Angriff in feuchtheißen Klimaten) nimmt das Klima Einfluß auch auf die Hohlkehlenbildung. Hinzu kommen etwa die Wassertemperaturen mit ihrem Einfluß auf Sauerstoffgehalt oder Grenzwert für Lebewesen, der Expositionsgrad, der Salzgehalt, die Intensität der Austrocknung und Benetzung u. dgl. mehr. Ein wesentlicher Gesichtspunkt bei der Hydrographie wäre auch der Typ (halbtägig, ganztägig oder gemischt - wegen der Dauer der Benetzung und Austrocknung) und die Höhe der Gezeiten für fast alle Hohlkehlentypen. Dabei sind die Beziehungen offenbar recht kompliziert, etwa in der Weise, daß bei großem Gezeitenhub und gleicher Zeiteinheit eine große Kliffpartie zu formen wäre und daher das Ergebnis wenig auffällig ist oder daß bei großem Tidenhub die Lebensbereiche von Organismen wegen ihrer Immobilität andere Stockwerke als bei geringem oder fehlendem Tidenhub einnehmen oder daß bei starkem Tidenhub und entsprechenden Gezeitenströmungen vermehrt Sediment am Kliff entlanggeschliffen werden kann. Hinzu kommt das Fehlen oder Vorkommen außerordentlicher Wasserstände, wie etwa Sturmfluten. Bei allen diesen Fragen ist selbstverständlich auch die Neigung des Küstenhanges entscheidend, weil sie darüber bestimmt, bei welchem Tidenhub eine wie breite Strecke des Küstenhanges benetzt wird oder von den Wellen bearbeitet werden kann. In diesem Zusammenhang kann zumindest festgehalten werden, daß in der Tat die biologisch eingefressenen Hohlkehlen bei geringem Tidenhub (0-1,5 m), aber durchaus auch hoher Wellenenergie, besonders gut ausgebildet sind.

c) <u>Formen des Küstenhanges und Sediment:</u> Da eine Hohlkehlenbildung außer einigermaßen standfesten Gesteinen auch eine gewisse Steilheit des Küstenhanges voraussetzt, ist damit schon angemerkt, daß Hohlkehlen nur an bestimmten Küstentypen anzutreffen sind. Die Neigung des Unterwasserhanges und die Möglichkeit bzw. Unmöglichkeit der Sedimentzufuhr vom Festland, seitwärts von den Flüssen, aus abradierten Kliffen oder von See her (vom Unterwasserhang) sind ebenso entscheidend für die Hohlkehlentypen wie die Abhängigkeit des Verweilens von Sedimenten im Brandungsbereich oder deren Unmöglichkeit bei zu steil abtauchendem Unterwasserhang. Die Korngröße der Sedimente spielt nur eine geringe Rolle, Schluff- und Tonfraktionen allein genügen jedoch nicht für eine nennenswerte mechanische Ausschleifung.

d) <u>Biologische Einflüsse:</u> Sie wurden bei den Hohlkehlentypen schon hervorgehoben. Des weiteren wirken sie sich aus in der Art der vorhandenen Algen oder Algenverzehrer, ihrer Populationsdichte und in deren Konkurrenzverhalten, ihren Reproduktions- und Ergänzungsmöglichkeiten usw. Unter diesem Aspekt gibt es auch eine ganze Reihe von Besonderheiten. Wenn etwa an den steilen Kliffküsten des offenen Pazifik (in Kalifornien) oder Atlantik (in Nordschottland) bei hohem Expositionsgrad und hohem Tidenhub sowie Vorhandensein von Lockermaterial in der Brandungszone nur deshalb keine Hohlkehlen eingeschliffen werden, weil ausgedehnte Algen- und Tangfelder vor der Küste die Wellenenergie stark bremsen oder auch wenn die steilen Kliffe von organischen Gesteinsbildungen (s.u.) als Konkurrenz zur Hohlkehlenbildung besetzt sind.

Schließlich wäre noch abzuleiten, ob es damit eine gewisse zonale Anordnung von Hohlkehlen oder Hohlkehlentypen auf der Erde gibt oder auch Gegenden ohne Hohlkehlen. Zu diesen Problemen wird im Zusammenhang mit weiteren Überlegungen zur Zonalität von Küsten-

formen (vgl. auch KELLETAT 1979, VALENTIN 1979) an anderer
Stelle Stellung genommen werden.

5. Die Beziehungen zwischen Hohlkehlen und organischen Gesteinsbildungen an der Küste

Der morphologische Stellenwert organischer Gesteinsbildungen
an den Küsten der Erde wurde mit Ausnahme einer intensiven
Beschäftigung mit Korallenbauten bis heute weitgehend nicht
erkannt. So fehlen noch überregionale Darstellungen etwa zum
Vorkommen oder zur Ausbildung der Bioherme und Biostrome aus
Kalkalgen, Vermetiden oder ähnlichen Gesteinsbildnern, deren
Lebensraum im wesentlichen auf die obersten Dezimeter des
Meereswassers und damit an die Küste gebunden ist. Insbesondere
in morphodynamischer Hinsicht sind auch die geringsten, etwa
nur Millimeter dünnen, krustigen Überzüge solchen biologischen
Gesteins an Felsküsten von großer Bedeutung, belegen sie doch,
daß an solchen Stellen seit ihrer Anlage eine Abtragung nicht
stattgefunden hat. Durch solche und ähnliche Beobachtungen
läßt sich beweisen, daß viele als abrasiv angesehene Klifftpartien in Wahrheit schon seit langer Zeit nicht mehr der Abtragung unterliegen. Nähere Ausführungen zu diesem Problemkreis
finden sich u.a. bei KELLETAT (1979 und 1980a).

Da Hohlkehlen Beweise für an einen bestimmten wasseroberflächennahen Horizont gebundene Abtragung sind, organische Gesteinsbildungen dagegen den Untergrund durch Krusten oder gar
auffällige Anwuchsformen schützen oder meerwärts sich vorbauen,
schließen sich beide Phänomene aus. Das soll nicht bedeuten,
daß nicht auf und zwischen Kalkalgen, Riffkalken und Vermetidenbauten auch direkt gleich wieder diese abtragenden Organismen
tätig sind. Solange aber das organische Gestein an seiner Oberfläche im wesentlichen aus lebender Substanz besteht, handelt
es sich um Aufbauformen und nicht um eine in der Zerstörung begriffene Küste.

Zu einer differenzierten Betrachtung eignen sich nicht alle
Hohlkehlenformen, weil z.B. diejenigen mit Brandungsschutt
eingeschliffenen ohnehin keinen Lebewesen Platz bieten. Wichtig ist das Beziehungsgefüge zwischen organischen Gesteinsbildnern und von Algen und Gastropoden biologisch angelegten
Hohlkehlen. Dazu wurden bereits an anderen Stellen Ausführungen gemacht (KELLETAT 1979 und 1980a). Mittlerweile durchgeführte weitere Untersuchungen in der Türkei und an der israelischen Küste sowie an der Ostküste der Sinai-Halbinsel zeigten die Richtigkeit dieser Ergebnisse. Danach befindet sich
das Milieu organischer Gesteinsbildungen in aller Regel unterhalb der Hohlkehlen, und zwar direkt daran anschließend. Finden
sich demnach Kalkalgen- und Vermetidenkrusten oder -bauten innerhalb von Hohlkehlen, so muß eine Niveauveränderung stattgefunden haben.

6. Das Verhältnis der Hohlkehlen zum Meeresniveau

Über die Beziehung zwischen den Bildungsniveaus von Hohlkehlen
und organischen Gesteinsbildungen untereinander hinaus muß
aber noch grundsätzlich untersucht werden, welche Niveauabhängigkeiten überhaupt die einzelnen dieser Erscheinungen
vom Meeresspiegel oder seinen zeitweise durch Tideschwankungen
bestimmten Veränderungen aufweisen. Man sollte meinen, daß
hierzu ohne Schwierigkeiten klare Aussagen aus der Natur oder
der Literatur zu gewinnen wären. Das ist jedoch keinesfalls
der Fall. Meines Erachtens sind allzuoft und ohne Berücksichtigung der beteiligten Prozesse irgendwie auffällige, vom
mittleren Meeresniveau abweichende Hohlkehlenbildungen als
disloziert oder durch Meeresspiegelschwankungen auf- oder untergetauchte Formen dargestellt worden. Daraus wurden dann zum
Teil auch weitreichende Schlüsse auf neotektonische Ereignisse
gezogen.

Eine wirkliche Beurteilung der Lagebeziehung von Hohlkehlen
zum Meeresniveau erfordert zunächst eine genaue Analyse der

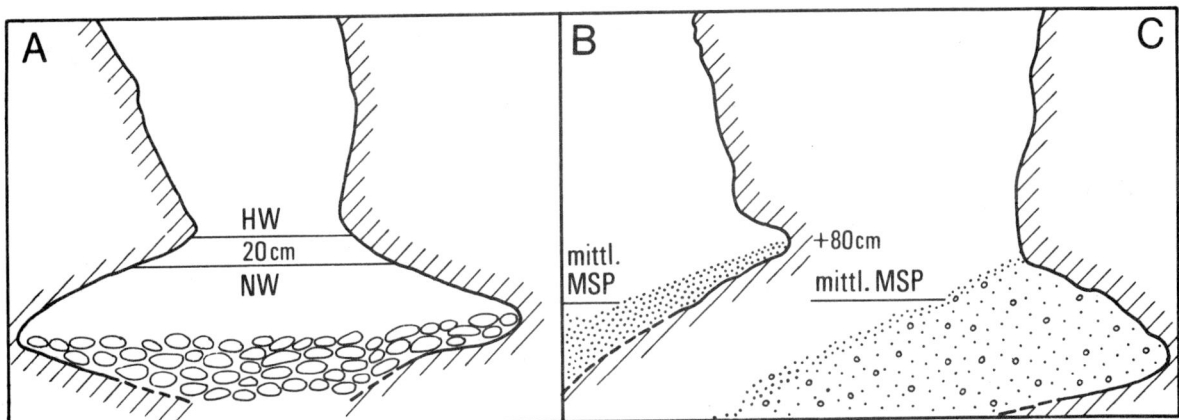

Abb. 1

Aktive, durch in der Brandung bewegte Sedimente eingeschliffene Hohlkehlen. A - westliche Mani-Halbinsel, Peloponnes/Griechenland; B - israelische Mittelmeerküste beim Tel Akhziv sowie bei Tropea in Kalabrien/Italien; C - Gargano-Halbinsel, Apulien/Italien.

die Hohlkehlen verursachenden Vorgänge und die Untersuchung des gesamten Küstenmilieus in einiger Ausdehnung, um mit Hilfe anderer Daten, etwa historischen, archäologischen, pedologischen, paläontologischen, tephrachronologischen usw. zunächst die Niveauschwankungen an einer Küste ohne die Berücksichtigung der Hohlkehlen in Zeit und Raum zu erfassen. Ist das geschehen und hinreichend abgesichert, kann festgestellt werden, wie sich darin die Hohlkehlen einordnen. Über die besondere Problematik unterrichtet auch die vergleichende Zusammenstellung in Abb. 1 bis 3: Abb. 1 A bis C zeigt mechanisch durch Brandungsschutt eingeschliffene Hohlkehlen aus dem Mittelmeergebiet. Im Fall A liegen die Hohlkehlen nicht etwa deshalb ertrunken, weil der Meeresspiegel angestiegen ist oder sich die Küste senkte, sondern lediglich, weil ein gewisses Materialdefizit vorliegt. Strandsedimente werden ja überall dort in der Brandung gegen den Fels geschliffen und können dabei Hohlkehlen erzeugen, wo die Wellenbewegung zu ihrer kräftigen Bewegung ausreicht. Das ist in einiger Wassertiefe, im Meeresspiegelbereich, aber auch darüber möglich. Der im Fall A erzeugte Materialverlust durch Abrieb wurde über längere Zeit gerade ausgeglichen. Bei verstärkter Materialanlieferung würde sich die Hohlkehle weiter auffüllen, und die Schliffbereiche würden in ein höheres Stockwerk hinaufwandern, wenn die Wellenbewegung nur noch zur Bewegung der oberen Schuttpartien ausreicht. Fall B zeigt einen Kliffuß mit sehr starker Materialzufuhr durch Sande aus der unmittelbaren Umgebung und über Flußmündungen. Dieses Material kann nicht mehr voll durchbewegt werden, so daß das Kliff normalerweise durch einen schmalen Strand vom Meer getrennt ist. Bei starker Wellenbewegung werden aber die Sande des obersten Strandabschnittes dennoch relativ häufig gegen den Kliffuß geschliffen, so daß sich hier kleine, aber sehr scharf ausgebildete Hohlkehlen entwickeln konnten. Im Fall C ist eine eingeschliffene Hohlkehle so stark mit Lockermaterial zugedeckt worden, daß sie nun fast vollständig geschützt liegt und der Bereich des Felsschliffes allmählich auf die senkrechten Felspartien übergegriffen hat.

Hohlkehlen unter Mitwirkung von Tafonierungsprozessen (Abb. 2) haben ihr wenig ausgeprägtes Tiefstes normalerweise etwas oberhalb der Wasserlinie dort, wo Salze aufsteigen können, aber bereits die Chance zu einem Wechsel von Austrocknung und Wiederbenetzung gegeben ist.

Ein geradezu verwirrendes Bild zeigt eine Zusammenstellung verschiedener Auffassungen zu Beziehungen zwischen den Meeresniveaus und den biologisch angelegten Hohlkehlen (Abb. 3 A bis M). Die Unterschiede bestehen im wesentlichen darin, daß das Hohlkehlentiefste entweder im Bereich der Hochwasserlinie (A, B, D, F, H), der Mittelwasserlinie (C, E, G) oder der Niedrigwasserlinie (J, K, M im etwas geschützten Bereich) liegt oder gar daß je nach Expositionsgrad sich das Hohlkehlenprofil in bezug auf das Meeresniveau verschiebt. Weiterhin ist erkennbar, daß mehrere Hohlkehlen bei Niedrigwasser vollständig aufgetaucht liegen (D, F, H) oder gar insgesamt auch oberhalb der Hochwasserlinie anzutreffen sein sollen (J). Aus der Zusammenstellung wird deutlich, daß sich ausgeprägte, eingefressene Hohlkehlen noch bei einem Tidenhub von mehr als 3 m finden lassen. Die meisten Formen ohne Sonderbedingungen und

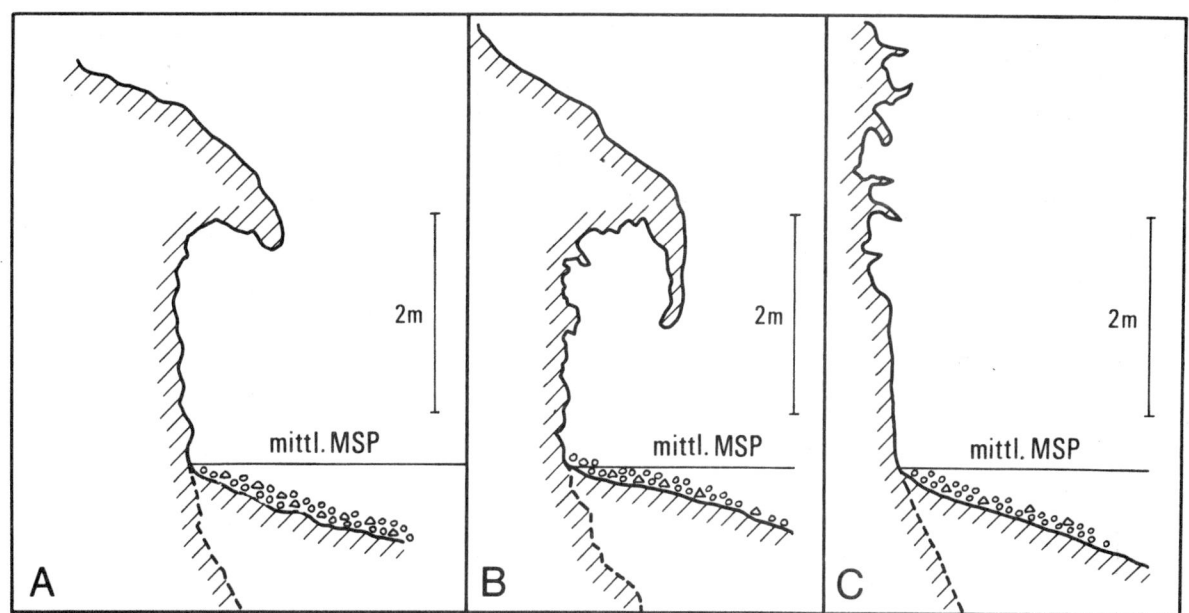

Abb. 2

Tafoniartige Hohlkehlen in Pyroklastika bei Foca/Westtürkei (Springtidenhub ca. 30 cm). Die Hohlkehlen sind mit und ohne Sediment am Kliffuß nahezu gleichartig entwickelt.

beim vollständigen Fehlen von Sedimenten zeigen einen ganz flach ansteigenden Boden, eine scharf einspringende innere Kehle und ein nach oben schräg ansteigendes Dach (A, B, D, H, I).

Unter Berücksichtigung der den Hohlkehlen benachbarten oder mit ihnen verknüpften Lebensräume, die alle genaue Auskünfte über die Wasserstände geben, weil sie an bestimmte Benetzungsgrade fest gebunden sind, läßt sich beweisen, daß die Niveaubeziehungen ohne Dislokationen etwa den Beispielen A und B entsprechen. Der Expositionsgrad entscheidet daneben über das besonders scharfe Einspringen bei wenig exponierter Lage oder eine stärkere Ausweitung bei stark exponierten Hohlkehlenprofilen. Das hängt damit zusammen, daß im ersten Falle die die Abtragung besorgenden Lebewesen bei gleichem Tidenhub auf eine ganz enge Vertikalstufe beschränkt sind und im zweiten Falle wegen höherer Wellenbewegung auch noch ein Stück über die Hochwasserlinie hinaus soviel Salzwasserbenetzung stattfindet, daß dort eine ganze Reihe der fressenden

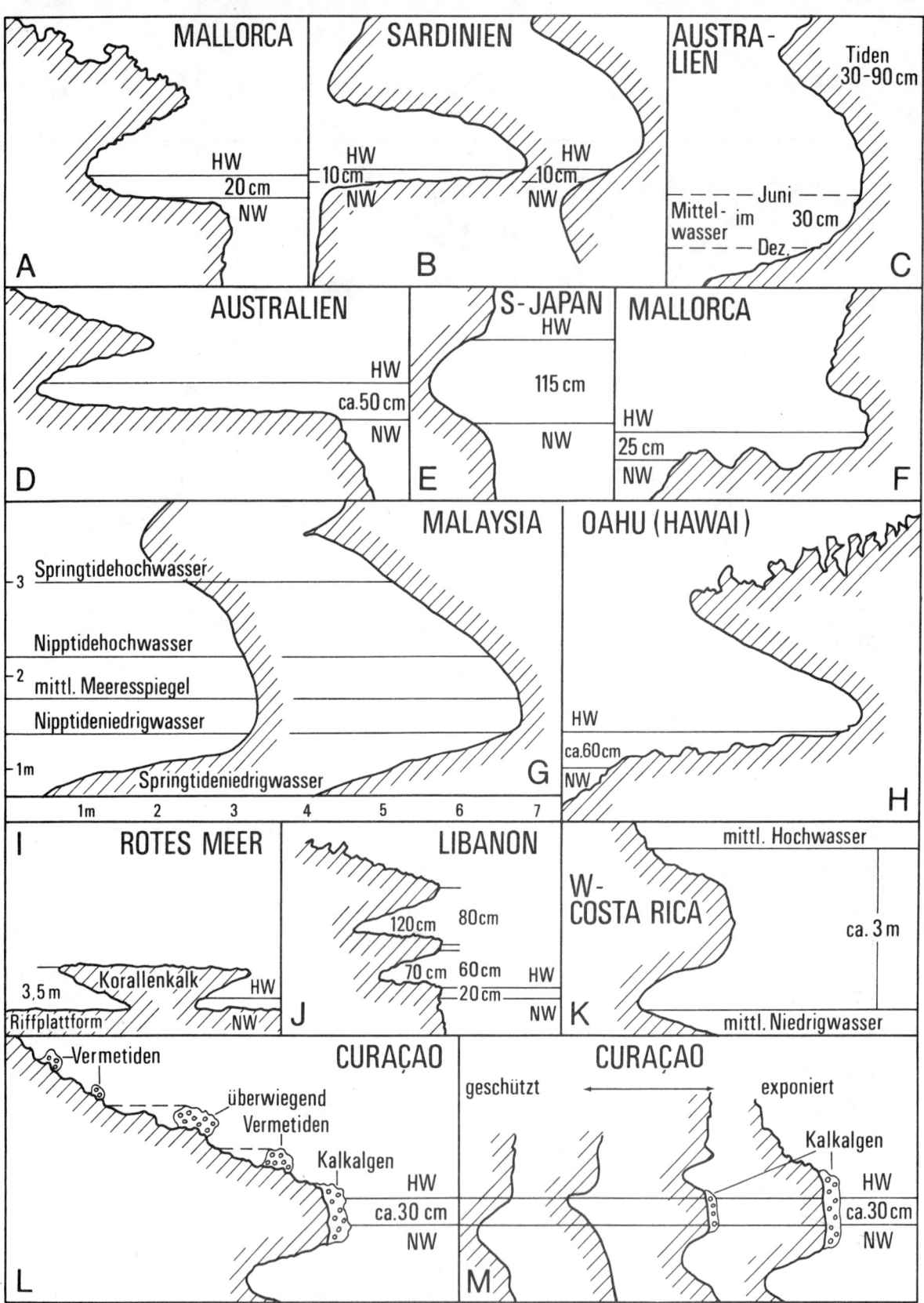

Abb. 3

Durch "Bioerosion" angelegte Hohlkehlen in kalkhaltigen Gesteinen (nach der Literatur, leicht schematisiert bzw. vereinfacht, Tidewasserstände z.T. ergänzt). Quellen: A - KELLETAT 1980 a, S. 104, Fig. 2; B - CAROBENE 1972, S. 585 a, S. 592, und 1978, S. 643, Fig. 3 u. 7; C - HODGKIN 1964; D - FAIRBRIDGE 1968 a, S. 864, Fig. 9 A u. B; E - MICHADA u.a. 1976, S. 53; F - MOLINIER & PICARD 1957; G - HODGKIN 1970, S. 35, Fig. 7; H - GUILCHER 1953, S. 165, Fig. 1/3; I - MACFADYAN 1930; J - FEVRET & SANLAVILLE 1965, Fig. 6; K - FISCHER 1980, S. T27, Fig. 2; L - FOCKE 1977 a, S. 241, Fig. 3; M - FOCKE 1977 b, Fig. 1.

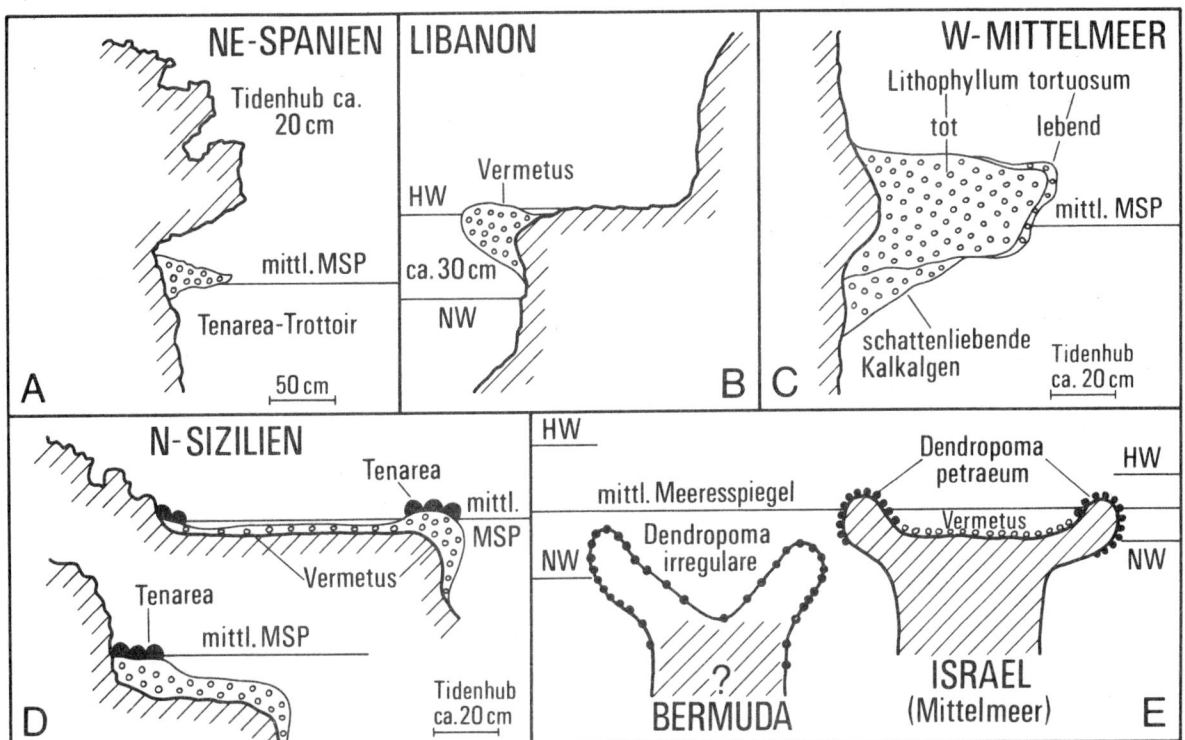

Abb. 4

Beziehungen zwischen den Gezeitenniveaus und lebenden organischen
Gesteinsbildungen (nach der Literatur, leicht schematisiert).
Quellen: A - GUILCHER 1954, S. 51, Fig. 1; B - SANLAVILLE 1973,
S. 190, Fig. 100 b, und 1977, S. 183, Fig. 65; C - PÉRÈS 1968,
S. 1173; D - MOLINIER & PICARD 1953, S. 169, Fig. 1, und S. 170,
Fig. 2; E - SAFRIEL 1974, 1975, S. 93, Fig. 5

und weidenden Organismen existieren können. Die Fälle
E, G, K und L stellen demnach eine leichte Ertränkung,
die Fälle H und J eine gewisse Auftauchung dar.

7. Die Beziehungen zwischen Meeresniveau und organischen Gesteinsbildungen

Figur 4 zeigt eine Zusammenstellung mehrerer Profile zum
Verhältnis zwischen den Tidewasserständen und lebenden
Kalkalgen bzw. Vermetidensäumen. Auch hier ergeben sich zahlreiche Widersprüche, etwa daß diese Gesteinsbildner um den
mittleren Meeresspiegel wachsen (A und C), bei Niedrigwasser
völlig auftauchen (B, ähnlich auch C und E) oder gar noch über

das Hochwasserniveau aufwachsen können (B, vgl. auch Abb.
3 L und M). Merkwürdigerweise finden sich in Quellen von
Geowissenschaftlern, z.B. FAIRBRIDGE (1968, S. 5, 6, 7),
GUILCHER (1954, S. 51), FEVRET und SANLAVILLE (1966, Fig.
1, 3, 4) u.a. Aussagen darüber, daß die Kalkalgen und
Vermetiden über Niedrigwasser- oder gar Hochwasserniveau
existieren können, in Quellen von Meeresbiologen dagegen
die Feststellung, daß die Niedrigwasserlinie allenfalls
ganz geringfügig überschritten werden kann (LEWIS 1978,
Fig. 2, 24, 23, 32, 31; MOLINIER & PICARD 1957, S. 674
u.a.).

Seit über 10 Jahren angestellte eigene Beobachtungen zu
diesem Problem sowie spezielle auch zu dieser Frage durchgeführte längere Beobachtungsreihen ergaben, daß Kalkalgen
und Vermetiden normalerweise nur bis zur Niedrigwassergrenze
aufwachsen, bei extrem geringen Wasserständen auch kurze
Zeit entblößt sein können, bei längerer Austrocknung aber
absterben. Daraus ergibt sich andererseits aber auch, daß
sie in entsprechender Schutzposition, etwa in großen, ständig gefüllten Felsbecken, weit oberhalb der Hochwasserlinie
existieren können. Bei den besonders verbreiteten biologischen Hohlkehlen kann damit die Frage des Niveaubezugs oder
fallweise die stattgefundene Niveauveränderung gleichzeitig
mit Hilfe der Verbreitung von Kalkalgen, Vermetiden und verwandten Organismen überprüft werden.

8. Zur Bildungsgeschwindigkeit von Hohlkehlen und Biohermen

Die oben angeschnittenen Fragen können genau genommen natürlich
nur dann exakt beantwortet werden, wenn eine hinreichende Vorstellung darüber gewonnen wird, in welcher Zeit sich Hohlkehlen
und Trottoirs aus biogenen Gesteinen bilden können, d.h. wie
rasch eine Anpassung an evtl. veränderte Niveauveränderungen
erfolgt.

Zur Beantwortung dieser Frage bieten sich mehrere Ansätze von unterschiedlich präziser Aussagekraft an: Zum ersten ist es die Tatsache, daß der Meeresspiegel seit dem Tiefstand der letzten Eiszeit erst wieder ca. 6000 Jahre in seiner gegenwärtigen Höhe steht, wo er sich im Bereich von wenigen Metern schwankend aufgehalten haben kann. Daher dürften auch die Hohlkehlen in der Nähe des heutigen Meeresniveaus nicht älter als 6000 Jahre sein, fallweise auch erheblich jünger, wenn man akzeptiert, daß der Meeresspiegel in dieser Zeit signifikant geschwankt hat. So geschlossen ergeben sich Eintiefungsgeschwindigkeiten von mehreren Zehntelmillimetern bis zu mehreren Millimetern pro Jahr für die gesamten Hohlkehlen oder anders ausgedrückt, daß schon nach wenigen Jahrzehnten Hohlkehlen deutlich sichtbar ausgebildet sein können (vgl. dazu auch die ^{14}C-datierten mehrfachen Hohlkehlen an den kretischen Küsten nach HAFEMANN 1965, KELLETAT 1979 u.a.). Bei den biogenen Gesteinsbildungen kann ihre Anwachsgeschwindigkeit an herausgehobenen fossilen Trottoirs wie in Kreta, Karpathos, Rhodos (vgl. wiederum HAFEMANN 1965, PIRAZZOLI & THOMMERET 1977, KELLETAT 1979 u.a.) relativ zueinander oder auch in einzelnen Profilen mittels der ^{14}C-Methode bestimmt werden. So ergibt sich z.B. für Westkreta, daß innerhalb der letzten 1800 Jahre eine Heraushebung von ca. 5 bis 6 m stattgefunden hat, sich danach aber im heutigen Meeresniveau wieder Kalkalgentrottoirs von bis zu 2 m Breite oder Miniaturatolle von mehreren Metern Durchmesser gebildet haben. Das ergibt eine vertikale und horizontale Wachstumsgeschwindigkeit von mehreren Millimetern pro Jahr. Schließlich könnte der Weg beschritten werden, direkte Messungen am Objekt vorzunehmen. Dabei konnte z.B. HODGKIN (1964) für Hohlkehlen in Australien eine Abtragung von über einem Millimeter pro Jahr feststellen, und eigene Versuche zur Vernarbung von an Kalkalgenbiohermen künstlich angelegten Verletzungen in Kreta belegen Wachstumsgeschwindigkeiten von dort sicherlich mehreren Millimetern pro Jahr. Wenn auch die Zahl solcher Datierungsversuche und

Meßanordnungen noch erheblich zu gering ist, so ergeben
die in der Größenordnung vergleichbaren Resultate doch
zunächst befriedigende Hinweise darauf, daß in der Tat eine
recht rasche, mit den isostatischen, eustatischen oder
tektonisch verursachten Niveauschwankungen sicher schritt-
haltende Anpassung von Hohlkehlen und organischen Gesteinsbildungen an die veränderten Milieubedingungen stattgefunden
haben kann und in der Regel auch stattgefunden hat. Insofern
sind beide Erscheinungen, insbesondere bei den Hohlkehlen
der biologisch angelegte Typ, zur Verfolgung der Frage von
Niveauveränderungen in erster Linie heranzuziehen.

Literatur

BARBAZA, Y.(1971): Morphologie des secteurs rocheux du littoral catalon
    septentrional. - Mem. et Documents, Centre Nat. de la Recherche
    Scient., Année 1970, Nouv. Sér., Vol. II, Paris 1971

CAROBENE, L.(1972): Osservazioni sui solchi di battente attuali ed
    antichi nel Golfo di Orosei in Sardegna. - Boll. Soc. Geol.
    Ital., 91, S. 583 - 601

--- (1978): Valutazioni di movimenti recenti mediante ricerche mor-
    fologiche su falesi e grotte marine del Golfo di Orosei. - Mem.
    Soc. Geol. Ital., 19, S. 641 - 649

CORBEL, J.(1952): Les Lapiaz marins. - Rév. de Géogr. de Lyon, S. 379 - 381

DAVIES, J.L.(1964): A morphogenetic approach of world shorelines. -
    Z.f. Geomorph., NF Suppl. Bd. 8, S. 127 - 142

FAIRBRIDGE, R.W.(1968): Platforms - wave-cut. - in: Fairbridge, R.W.
    (Ed.): Encyclopedia of Geomorphology, S. 859 - 865

--- (1968 b): Algal rims, terraces and ledges. - in: Fairbridge, R.W.
    (Ed.): Encyclopedia of Geomorphology, S. 5 - 7

FEVRET, M. & SANLAVILLE, P.(1965): Contribution à l'étude du littoral
    libanais. - Méditerranée, 2, S. 113 - 135

--- (1966): L'utilisation des vermets dans la détermination des anciens
    niveaux marins. - Méditerranée, 4, S. 357 - 365

FISCHER, R. (1980): Recent tectonic movements of the Costa Rican Pacific
    coast. - Tectonophysics, 70, S. T25 - T33

FOCKE, J.W.(1977 a): The effect of a potentially reef-building vermetid-coralline algal community on an eroding limestone coast, Curacao, Netherlands Antilles. - Proc. Third Coral Reef Symposium Regential School of Marine and Atmospheric Science, Univ. of Miami, S. 239 - 245

--- (1977 b): Note on marine "tidal" erosion of Limestone cliffs, notches and benches. - Abstract 8th Caribean Geol. Conference, Curacao 1977, S. 48 - 49

GIERLOFF-EMDEN, H.G.(1980): Geographie des Meeres, Teil 1 und 2 - Lehrbuch der Allgemeinen Geographie, Bd. 5, Teil 2

GINSBURG, R.N.(1953): Intertidal erosion on the Florida Keys. - Bull. Mar. Science Gulf Caribbean, No. 3, S. 55 - 69

GUILCHER, A.(1953): Essai sur la zonation et la distribution des formes littorales de dissolution du Calcaire. - Annales de Géographie, No. 331, LXIIe année, S. 161 - 179

--- (1954): Morphologie littorale du calcaire en Méditerranée occidentale (Catalogne et environs d'Alger). - Bull. de l'Assoc. des Géogr. Francaises, S. 50 - 58

--- (1957): Formes de corrosion littorale du calcaire sur les côtes du Portugal. - Tijdschr. Kon. Nederl. Aardr. Gen., LXXIV, S. 263 - 269

---, BERTHOIS, L. & BATTISTINI, R.(1962): Formes de corrosion littorale dans les roches volcaniques, particulièrement à Madagasca et au Cap Vert (Sénégal). - Cahiers océanographiques, 14, S. 208 - 240

HAFEMANN, D.(1965): Die Niveauveränderungen an den Küsten Kretas seit dem Altertum nebst einigen Bemerkungen über ältere Strandbildungen auf Westkreta. - Akad. Wiss. Lit. Mainz, Abh. math.-naturwiss. Klasse (12), S. 605 - 688

HODGKIN, E.P.(1964): Rate of erosion of intertidal limestone. - Z. f. Geomorph., NF 8, S. 385 - 392

--- (1970): Geomorphology and Biological Erosion of Limestone Coasts in Malaysia. - Geol. Soc. Malaysia, Bull. No. 3, S. 27 - 51

HÖLLERMANN, P.(1975): Formen kavernöser Verwitterung ("Tafoni") auf Teneriffa. - Catena, Vol. 2, S. 385 - 410

KELLETAT, D.(1974): Beiträge zur regionalen Küstenmorphologie des Mittelmeerraumes. Gargano/Italien und Peloponnes/Griechenland. - Z. f. Geomorph., NF Suppl. Bd. 19, 161 S.

--- (1978): Untersuchungen junger Krustenbewegungen und ihre geomorphologischen Auswirkungen an den Küsten Kretas. - Jahrbuch Akad. Wiss. in Göttingen, 1978, S. 122 - 124

--- (1979): Geomorphologische Studien an den Küsten Kretas. Beiträge zur regionalen Küstenmorphologie des Mittelmeerraumes. - Abh. Akad. Wiss. in Göttingen, Math.-Phys. Kl., Dritte Folge, Nr. 32, 105 S.

--- (1980 a): Formenschatz und Prozeßgefüge des "Biokarstes" an der Küste von Nordost-Mallorca (Cala Guya).(Beiträge zur regionalen Küstenmorphologie des Mittelmeerraumes VII). - Berliner Geogr. Studien, Bd. 7, S. 99 - 113

--- (1980 b): Studies on the age of honeycombs and Tafoni features. - Catena, Vol. 7, No. 4, S. 317 - 325

KLEEMANN, K.H. (1973): Der Gesteinsabbau durch Ätzmuscheln an Kalkküsten. - Oecologia, 13, S. 377 - 395

LEWIS, J.R. (1978): The Ecology of rocky shores. - Hodder and Stoughton, London, 4. Aufl.

MACFADYAN, W.A. (1930): The Undercutting of Coral Reef Limestone on the Coasts of Some Islands in the Red Sea. - Geogr. Journ., No. 75, S. 27 - 34

MACHIDA, H. u.a. (1976): Preliminary study on the holocene sea levels in the Central Ryukyu Islands. - Rév. Géom. Dynamique, T. XXV, S. 49 - 62

MOLINIER, R. & PICARD, J. (1953): A Propos d'un Voyage d'Etude sur les Côtes de Sicile. - Ann. de l'Institut Océanogr., N. Sér., Tome XXVIII, Fasc. 4, Paris

--- , - (1957): Un nouveau type de plate-forme organogène dans l'étage mésolittoral sur les côtes de l'ile de Majorque (Baléares). - C.R. Hebdomaires des Scéances de l'Acad. des Sci. 244, S. 674 - 675

PANZER, W. (1949): Brandungshöhlen und Brandungskehlen. - Erdkunde, 3, S. 29 - 41

--- (1950): Zur Beurteilung von Hebungszanzeichen an Kliffküsten. - Naturwiss. Rundschau 1950, S. 21 - 32

PÉRÈS, J.M. (1968): Trottoir. - in: Fairbridge, R.W. (Ed.): Encyclopedia of Geomorphologie, S. 1173 - 1174

PIRAZZOLI, P. & THOMMERET, J. (1977): Datation radiométrique d'une ligne de virage à +2,5 m près de Aghia Roumeli, Crète, Grèce. - Acad. Science Paris, t. 28 h, Série D, S. 1255 - 1258

REVELLE, R. & EMERY, K.O. (1957): Chemical Erosion of Beach Rock and exposed Reef rock. - Geol. Survey Prof. Paper 260 - T, S. 699 ff., Washington

SAFRIEL, M.N. (1974): Vermetid Castropods and Intertidal Reefs in Israel and Bermuda. - Science, Vol. 186, S. 1113 - 1115

--- (1975): The Role of Vermetid Gastropods in the Formation of Mediterranean and Atlantic Reefs. - Oecologia, 20, S. 85 - 101

STÄBLEIN, G. (1980): Geomorphodynamik and Geomorphogenese an arktischen Küsten. - Berliner Geogr. Studien, Bd. 7, S. 217 - 229

SCHNEIDER, J. (1976): Biological and Inorganic Factors in the Destruction of Limestone Coasts. - Contributions to Sedimentology, Vol. 6, Stuttgart, 112 S.

SANLAVILLE, P. (1973): L'utilisation des vermets dans la datation des changements récents du niveau de la mer. - Unesco, l'Archéologie subaquatique, S. 189 - 195

--- (1977): Étude Géomorphologique de la région littorale du Liban. - Publ. l'Univ. libanaise, Sect. des Études Géogr., I, Tome I und II, Beyrouth

TORUNSKI, H. (1979): Biological Erosion and its Significance for the Morphogenesis of Limestone Coasts and for Nearshore Sedimentation (Northern Adria). - Senckenbergiana marittima, 11, 3/6, S. 193 - 265

TRUDGILL, S.T.(1972): Quantification of Limestone Erosion in Intertidal, Subaerial and Subsoil Environments, with Special Reference to Aldabara Atoll, Indian Ocean. - Transact. Cave Res. Group of Great Britain, Vol. 14, No. 2, S. 176 - 179

VALENTIN, H.(1979): Ein System der zonalen Küstenmorphologie. - Z. f. Geomorph., NF 23, S. 113 - 131

WERTH, E.(1911): Die Bedingungen zur Bildung einer Brandungskehle. - Z. Ges. Erdkunde zu Berlin, S. 35 - 42

WILHELMY, H.(1972): Geomorphologie in Stichworten. III. Exogene Morphodynamik. - Hirt's Stichwortbücher

ZAHN, G.W. von (1909): Die zerstörende Arbeit des Meeres an Steilküsten nach Beobachtungen in der Bretagne und Normandie in den Jahren 1907 und 1908. - Mitt. Geogr. Ges. Hamburg, 24, S. 193 - 284

ZUR BIOTOP- UND VEGETATIONSENTWICKLUNG AUF ISLÄNDISCHEN LAVAFELDERN

von

Jörg-Friedhelm Venzke*

(mit 9 Abbildungen und 4 Tabellen)

Zusammenfassung: Es werden die Biotop- und Vegetationsentwicklungen auf holozänen isländischen Lavaströmen beschrieben. Dabei können entsprechend der Position der Lavafelder im Relief verschiedene Entwicklungsreihen unterschieden werden: Im Bereich ohne allochthone Lockersedimentauflage bildet sich eine organogene Sere heraus, die in ihrer ozeanischen Variante über eine *Racomitrium*-Heide und in ihrer mehr kontinentaleren Variante über eine *Stereocaulon*-Heide zu Zwergstrauchheiden und letztlich zu Birken-Gebüschwald führt. Wo hingegen sandige Lockersubstrate durch aquatische und äolische Prozesse auf den Laven eine instabile Oberfläche schaffen, läuft eine psammogene Sere mit einer moos- und flechtenarmen, aber gras- und chamaephytenreichen Vegetation ab. Beiden Seren ist gemein, daß sie wegen der Struktur der Lava unbeeinflußt vom Grundwasser und wegen der ökophysiologisch meist unzureichenden Bodenwasserverhältnisse unter edaphischer Trockenheit stattfinden.

Summary: On the development of biotopes and vegetation on Icelandic lava-fields. - The genesis of biotopes and vegetation on holocene Icelandic lava-fields is described. Corresponding to their position in the relief different seres on the lava-fields can be distinguished: Where there is no allochthonous accumulation of loose sediments, an organogenic sere develops that leads in its oceanic variant, going via a *Racomitrium*-heath, and in its more continental variant, going via a *Stereocaulon*-heath, to dwarf shrub-heathes and to a birch coppice, finally. Where on the contrary sandy loose substrata build up an instabile surface on the lavas by aquatic and eolian processes, a psammogenic sere develops with a vegetation poor in mosses and lichens, but rich in grasses and chamaephytes. For both seres it is common that they happen without an influence of ground-water because of the structure of the lava and under edaphic dryness because of the eco-physiologically often insufficient soil-water conditions.

---

* Jörg-Friedhelm Venzke, Universität Essen GHS, Fachbereich 9 - Geographie, Universitätsstr. 5, D-4300 Essen 1

In Island ist mit dem Entstehen der Vulkaninsel Surtsey vor der SW-Küste im November 1963 die seltene Gelegenheit gegeben, die Entwicklung von Lebensgemeinschaften und ihrer unbelebten Umwelt vom 'status nascendi' aus zu verfolgen. Genaue Kenntnis des Entstehungsdatums, überschaubare Größe, sofortiger weitgehender Schutz vor anthropogener Verfälschung der natürlichen Ökogenese sowie alsbaldige wissenschaftliche Datenerfassung haben Surtsey zu einem außergewöhnlichen Studienobjekt der Sukzessionsforschung werden lassen - eine Tatsache, die sich auch in zahlreichen Publikationen niedergeschlagen hat (vgl. SCHWABE 1970, EINARSSON, E. 1973, FRIDRIKSSON 1975).

Die Ökogenese auf Surtsey ist jedoch stark durch den Einfluß des Meeres geprägt; die dort gewonnenen Erkenntnisse können nicht ohne weiteres auf die meerferneren vulkanischen Substrate Islands übertragen werden. Außerdem umfassen die Untersuchungen natürlich nur die allerersten Phasen der Sukzession.

Die große Vielfalt verschieden strukturierter sowie unterschiedlich alter und räumlich verteilter holozäner Lavaströme wie auch ihre gute Datierbarkeit u.a. durch tephrochronologische Untersuchungen und ^{14}C-Datierungen verschaffen jedoch auch die Gelegenheit, durch den Vergleich der Zustände des landschaftshaushaltlichen Inventars zu Aussagen über Strategien der Landschafts-Sukzession (i.S.v. TROLL 1963) zu kommen. Mit der Entwicklung von Biotopen und Biozönosen auf Laven in Island beschäftigen sich bislang nur wenige Arbeiten, besonders zu nennen sind JÓNSSON (1906) uns STEINDÓRSSON (1957). Exakt quantifizierende Dauerflächenuntersuchungen oder andere, kontinuierlich die Vegetationsentwicklung beobachtende Verfahren, wie sie auf Surtsey - aber auch auf Nunatakkern im Vatnajökull (EINARSSON, E. 1970) - angewendet werden, stehen für die Darstellung der Ökogenese auf jungen Laven <u>nicht</u> zur Verfügung (frdl. briefl. Mitt. v. Prof. HANS BÖTTCHER, GHS Paderborn, v. 5.7.1979).

1. Island - eine physiogeographische Einführung

Island verdankt seine Entstehung der überdurchschnittlich hohen Magmennachlieferung in diesem Abschnitt des Mittelatlantischen Rückens, die auf die Existenz eines sog. 'hot spots' im oberen Erdmantel zurückzuführen ist (TESSENSOHN 1976; vgl. auch dortige umfangreiche und gegliederte Literaturliste zur Geologie und Geophysik Islands). Im geologischen Bau der Insel sind somit die Strukturen eines Mittelozeanischen Rückens - vulkanisch aktive zentrale Grabenzone und parallel dazu inaktiv gewordene, nach außen hin immer älter werdende Basaltareale - deutlich wiederzufinden. Die zentrale Neovulkanische Zone durchzieht Island im NE in überwiegend N-S-licher Richtung und schwenkt dann auf eine NE-SW-Orientierung um, wobei sie sich umgekehrt Y-förmig in zwei Arme aufspaltet. Die Halbinsel Snaefellsnes im W sowie der Öraefajökull im S stellen isolierte Vorkommen vulkanischer Aktivität dar (vgl. Abb. 1).

Die Lavaproduktion des Quartärs beschränkt sich auf diese Gebiete. Wegen des Wechsels von subaërischen und subglaziären Bedingungen liegen die quartären Vulkanite in Form von Basalten bzw. Rhyolithen oder Hyaloklastiten vor.

Die Förderleistung ist beachtlich. Allein für die Zeit genauer historischer Überlieferung (Landnahme ab 874 n.Chr.) berechnen THORARINSSON & SAEMUNDSSON (1979) 32 km^3 Lava und 10 km^3 Tephra, von denen 83% basischer Natur sind. Die Produktionsrate von ca. 4 km^3/Jahrhundert scheint während der gesamten geologischen Vergangenheit Islands (älteste Gesteine ca. 16 Mio. Jahre alt; vgl. MOORBATH, SIGURDSSON & GOODWIN 1968) annähernd gleich gewesen zu sein.

Die heutigen klimatischen Verhältnisse kennzeichnen Island als eine hochozeanische, subpolare Insel, die nach der KÖPPENschen Klimaklassifikation dem Cfc- und ET-Klima, in manchen Teilen des zentralen Hochlandes auch dem EF-Klima zuzuordnen ist (MÜLLER 1980, SCHUNKE 1979a). Trotz des beträchtlichen Strahlungsjahresganges bedingt durch die Lage dicht unter dem Polarkreis weisen die Temperaturjahresamplituden der Stationen einen maritimen Charakter auf (Kontinentalitätsgrade nach GORCZYNSKI von ca. 6 - 12%, vgl. SCHUNKE & STINGL 1973). Sie betragen an Küstenorten ca. 9 - 11°C und im Hochland ca. 12 - 15°C. Dies ist vor allem auf die advektive Energiezufuhr durch Meeresströmungen (Golfstrom!) und Luftmassen zurückzuführen. Da jedoch die absoluten Temperaturen (s. Tab. 1) recht niedrig liegen, treten selbst im Tiefland, besonders aber im Hochland, zahlreiche Eis- und Schneetage auf; Frostwechseltage kommen im küstennahen Flachland öfter vor als im Hochland (SCHUNKE & STINGL 1973).

Das Feuchteregime Islands ist bestimmt durch die überwiegend aus südlicher bis südöstlicher Richtung Niederschlag bringenden Winde, so daß sich ein Gradient im Jahresniederschlag von 2000 -

Tab. 1

KLIMADATEN AUSGEWÄHLTER ORTE IN ISLAND

ORT	HÖHE Ü.M. (m)	T_{Jan}[1] (°C)	T_{Jul}[1] (°C)	T_{Jahr}[1] (°C)	N_{Jahr}[1] (mm)	FROST-[2] TAGE	SCHNEE-[2] TAGE
Reykjavík	50	-0.4	11.2	5.0	805	117	43
Hornbjargsviti	26	-0.8	8.2	3.1	1373	172	112
Akureyri	23	-1.5	10.9	3.9	474	162	100
Raufarhöfn	5	-1.4	8.9	2.9	530	173	119
Grímsstadir	384	-4.8	8.9	1.2	353	207	160
Dalatangi	9	0.9	8.4	4.1	1418	122	107
Fagurhólsmýri	46	0.0	10.7	5.0	1761	111	30
Sámsstadir	90	-0.3	11.6	5.0	1101	111	16
Hveravellir	641	-6.9[3]	7.0[3]	-1.1[4]	776[4]	240	210

Quellen:

[1] Meßperiode 1931 - 1960 (n. EYTHORSSON & SIGTRYGGSSON 1971)
[2] Meßperiode 1961 - 1970 (n. SCHUNKE 1975)
[3] Meßperiode 1969 - 1980 (berechn. n. VEDRÁTTAN, Monatshefte)
[4] Meßperiode 1969 - 1979 (berechn. n. VEDRÁTTAN, Jahreshefte)

SCHNEETAGE = Tage mit vollständiger Schneebedeckung des Bodens

Zur Lage der Orte s. Abb. 1

Abb. 1

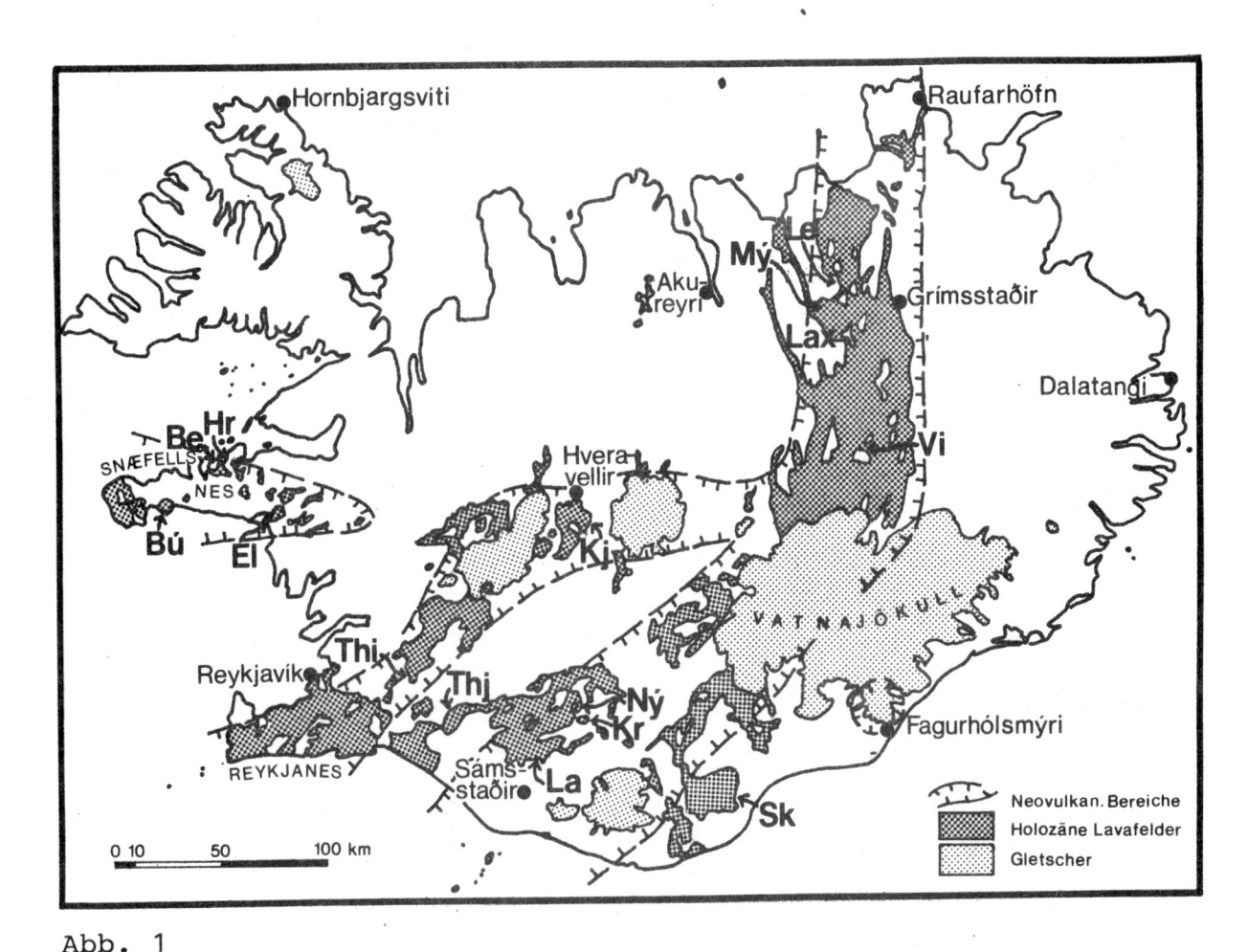

NEOVULKANISCHE BEREICHE UND HOLOZÄNE LAVAFELDER IN ISLAND

Im Text finden Erwähnung: Be = Berserkjahraun (ca. 2000 BP, EINARSSON, Th. 1964; SIGURDSSON 1966), Bú = Búdahraun, El = Eldborgarhraun, Hr = Hraundalshraun, Kj = Kjalhraun, Kr = Krakatindshraun (1878, JÓNSSON 1906), La = Langvíuhraun, Lax = Jüngere/Ältere Laxárhraun (ca. 2000 BP/ca. 3800 BP, THORARINSSON 1951), Le = Leirhnjúkshraun (1980, VENZKE & FUGE 1981), Mý = Mývatnseldahraun (1724 - 1729, THORARINSSON 1951 u. 1979), Ný = Nýjahraun (1878, THORARINSSON 1967), Sk = Skaftáreldahraun, Thi = Thingvallahraun, Thj = Thjórsárhraun (ca. 8000 BP, THORARINSSON 1960), Vi = Vikrahraun (1961, EINARSSON, Th. 1962).

4000 mm im Gebirgs- und Gletscherstau im S zu weniger als 400 mm im Leebereich im NE ergibt.

Die geomorphologische Gestalt und Formung Islands wird von SCHUNKE (1979b) beschrieben. Deutlich ist neben den großen Eiskappen und Gletschern, die immerhin 11% der Landesfläche ausmachen, die vulkano-tektonische Prägung des Makroreliefs, während im Meso- und Mikrorelief die glaziäre bzw. periglaziäre Morphodynamik die charakteristischen Leitformen schaffen. Dabei ist die Verteilung insbesondere der periglaziären Formen jedoch nicht ausschließlich durch den hypsometrischen und peripher-zentralen Wandel der Klimaelemente bestimmt, sondern ebenso durch die edaphischen Verhältnisse. Diese wiederum sind von den im Pleistozän unter subglaziären und subaërischen Bedingungen entstandenen Vulkaniten anhängig, so daß die Verteilungsmuster exogen entstandener und entstehender Formen auch Ausdruck endogener und vergangener Faktorenkombinationen sind.

2. Methodik und Untersuchungsgebiete

Während der Jahre 1977, 1979 und 1980 sind im Rahmen von Studien zur geoökologischen Charakteristik der edaphisch bedingten Wüsten Islands[1] auch Untersuchungen zur Geoökogenese[2] auf verschiedenen Lavaströmen durchgeführt worden.

Hierzu sind Beobachtungen und Experimente zur Verwitterung der Laven (über die Experimente wird an anderer Stelle berichtet werden) sowie zur Mikroreliefgestaltung angestellt worden. Detailkartierungen einzelner Physiotope haben dies ergänzt. Mit Bodenprofilanalysen und bodenphysikalischen und -chemischen Untersuchungen sowie Vegetationsanalysen anhand pflanzensoziologischer Aufnahmen sind weitere Komplexe der geoökologischen Ausstattung der Laven studiert worden. Die Vegetationstabellen (vgl. Tab. 2, 3 u. 4) sind dabei nach standörtlichen, nicht nach floristisch-soziologischen Kriterien geordnet. Bei der Nomenklatur der Pflan-

---

[1] Die Studienaufenthalte in den Jahren 1979 und 1980 dienten Geländearbeiten im Zusammenhang mit einer Dissertation. Die Aufenthalte wurden durch Stipendien des Deutschen Akademischen Austauschdienstes (DAAD) erst ermöglicht. Hierfür möchte ich auch an dieser Stelle meinen Dank aussprechen.

[2] Unter Geoökogenese soll die Entwicklung der ökologischen Hauptmerkmale des Geographischen Komplexes (NEEF 1965, S. 186 - 187) Vegetation, Bodentyp, Bodenwasserhaushalt, Relief und (Meso-, Mikro-)Klima unter dem Einfluß der morpho-, pedo- und vegetationsdynamischen Prozesse verstanden werden.

zenarten wird in dieser Arbeit der isländischen Flora von LÖVE (1970) gefolgt. Geländeaufenthalte auch im Früh- und Spätwinter haben Einblicke in die recht bedeutsame Schneeverteilung auf Lavaströmen zugelassen. Es hat sich weiterhin recht bald gezeigt, daß die Landschaftsentwicklung auf Laven ohne das Einbeziehen der umgebenden Landschaftsteile nicht ohne weiteres zu erklären ist - die Untersuchung der Umgebung ist folglich immer Bestandteil der Lavafeldstudien gewesen.

Neben dem Kennenlernen zahlreicher Lavagebiete, insbesondere der Ódádahraun[3], Kjalhraun, Thjórsárhraun und Skaftáreldahraun sowie der im Bereich der Hekla, des Skjaldbreidur und der Halbinseln Reykjanes und Snaefellsnes gelegenen und dem Erleben neuentstehender Lava in der Gjástykki 1980 (Leirhnjúkshraun, vgl. VENZKE & FUGE 1981) sind Detailstudien zu dieser Arbeit in Gebieten durchgeführt worden, die in Abb. 1 besonders vermerkt sind.

3. Geoökogenese auf isländischen Lavaströmen

3.1 Erscheinungsformen der Lavaströme

Die primäre Oberflächengestaltung der Lavaströme, die auf die Lavastruktur und die Fließdynamik der noch nicht erkalteten Lava zurückzuführen ist, hat große Bedeutung für die verschiedenen, später ablaufenden Prozesse der Geoökogenese.

Die überwiegend basischen Laven entstehen meist bei Spalteneffusionen und treten je nach dem Grad ihrer Entgasung beim Ausfluß in zwei verschiedenen Erscheinungsformen auf, die sich jedoch in ihrem Chemismus nicht unterscheiden, sofern sie derselben Lavaquelle entstammen.

---

[3] 'hraun' (isl.) = Lava, Lavafeld

Abb. 2

Am 10. Juli 1980 entstand bei einer Spalteneffusion in der Gjástykki, NE-Island, ein ca. 6 km² großer Lavastrom (vgl. VENZKE & FUGE 1981). Die 'jungfräuliche' Lava überlagert ein älteres Lavafeld z.T. mehrere Meter. An den Rändern verbrennt Zwergstrauchvegetation, die auf der älteren Lava entwickelt war; aus den feuchten Torflagern verdampft Wasser. Das neue Lavafeld, das hier überwiegend 'helluhraun'-Struktur aufweist, ist absolut leblos und wird erst Jahre später den ersten Krustenflechtenbewuchs zeigen.

Die dünnflüssige und, falls es das Gelände zuläßt, ruhig fließende Lava heißt im Isländischen 'helluhraun'[4] (Fladenlava, 'pahoehoe') (vgl. Abb. 2). Der Gasgehalt der Lava ist nach der anfänglichen Entgasung bei der Effusion immer noch groß genug, um bei der letzten Entgasung die typische 'helluhraun'-Oberfläche zerstören zu können (SCHENK 1964, S. 212: "... in Island kann man den Übergang von der gasreichen Pahoehoe-Lava bis zur gasärmsten Aa-Lava gut beobachten."). Beim Abkühlen des 'helluhraun'-Lavatyps, das gewöhnlich von oben her stattfindet, überzieht sich die Lava mit Erkaltungskrusten, besser -häuten, die zusammengeschoben

---

[4] 'hella' (isl.) = flacher Stein

werden können und dann die charakteristischen Strickwülste der
Strick- und Seillava bilden. Die erstarrte Schmelze enthält dann
häufig kleine, gasgefüllte Blasen. Im Kontakt mit nicht glutflüssigen Dingen erkaltet und erstarrt die 'helluhraun' oftmals auch
dort. Da die sich unter der Erkaltungsdecke befindliche Lava
meist noch heiß und flüssig ist, können durch Abfließen dieser
Schmelze Hohlräume und Tunnel entstehen, in die später das deckende Lavagestein einstürzen kann. Solch ein erkalteter 'helluhraun'-Strom besteht somit aus kompakten Lavaplatten mit glatter
oder wulstiger Oberfläche, die gelegentlich eingestürzt und stark
verstellt sowie häufig durch Kontraktionsspalten zerrissen und an
Geländestufen in sechskantigen Blockschutt zertrümmert ist.

Der Typ der viskoseren und sich langsam bewegender Lava heißt auf
isländisch <u>apalhraun</u>' (Brockenlava, 'a-a') (vgl. Abb. 4). Trotz
geringerer Fortbewegungsgeschwindigkeit können 'apalhraun'-Ströme sehr weit fließen und große Flächen bedecken. Das Material ist
durch viele große, zerspratzte Gasblasen an der Oberfläche sehr
rauh und im Innern von schwammig-poröser Struktur. Große Brocken
bereits erkalteter Lava liegen dem Lavastrom z.T. meterdick als
Rollschlackenlager locker auf und fallen am Rand herunter. Verursacht durch geländebedingte Stauungen staucht sich die 'apalhraun'
zu quer im Tal liegenden Wällen auf, die bis zu zehn Meter Höhe
erreichen können. Dadurch entsteht ein sehr rauhes und enggekammertes Relief, das außerordentlich schwierig zu begehen ist[5].

---

[5] SCHENK (1964, S. 212 - 214) gibt an hawaiischen Beispielen eine eindrucksvolle Schilderung solch einer Oberflächengestaltung: "Die Ströme beginnen als rotglühende, nachts dagegen goldgelb leuchtende schmale oder breite Bäche, werden dann dunkelrot und nach genügender Abkühlung - unter Krustenbildung über der Glut - an der Oberfläche metallischgrau und schwarz. Die Lava fließt in Kanälen unter der erstarrten Kruste weiter. An Hängen werden die Krustenbildungen aber durch die Fließbewegungen in Schollen und Blöcke zerrissen, die mittransportiert und im flachen Gelände mit der Verlangsamung und Ausbreitung des Stromes gestaut werden, wobei wiederum charakteristische Fließstrukturen entstehen können, die nur im Gesamtbild erkennbar sind. Die mechanische Beanspruchung beim Transport und der gleichzeitig wirkende Druck freiwerdender Gase führt zur Zertrümmerung der Krustenstücke, zur Bildung von Rollschlacke und Blocklava. Als Schlackenmaterial aus koksförmigen Brocken und dicken Blöcken bilden sie oft einen Tunnel um die noch glühende, träg oder auch rasch fließende Lava im Innern des Stromes. Durch ständiges Abrollen von der Stirn des vorrückenden Lavastromes bilden sie bei allmählich ausklingender Entgasung eine Basisschlackenlage. Die, wenn auch sehr gehemmte Bewegung und Mitverfrachtung des Schlackenmaterials beim Vorrücken des Stromes führt zur Bildung wallartiger Bögen."

3.2 Prozesse der initialen Geoökogenese

Jeglicher primären terrestrischen Ökogenese geht die Aufbereitung des leblosen Fest- oder Lockergesteins zu einem Substrat voran, das die Potenz zum Standort für Höhere Pflanzen besitzt.

Entsprechend dem Klimaregime ist in Island die Frostdynamik bei der Aufbereitung der Gesteine das wichtigste Agens. SCHUNKE (1975, S. 211 - 214) beschreibt die 'periglazialmorphologische Wertigkeit' der verschiedenen in Island vorkommenden Gesteine und stellt kaum Spuren von Frostverwitterung an den holozänen Vulkaniten fest. Die große Porosität der Laven bedingt nur geringe Wassergehalte in den Gesteinsporen und -rissen, so daß die Sprengwirkung trotz häufiger Frostwechsel im Früh- und Spätwinter unbedeutend ist. Die Oberflächen älterer Laven zeigen deshalb die typische, sehr fragile, blasig-schwammige Struktur ebenso, wie man sie bei sehr jungen feststellen kann. Selbst die Laven unter Sedimentbedeckung weisen nur wenig erkennbare Spuren der Frostverwitterung auf, wie Grabungen leicht zeigen. Der Lavaschutt, der den Laven aufliegt, ist in erster Linie bei der Kontraktion vom soliden Gestein abgesprungen bzw. als Rollschlacke separat erstarrt. Bereits auf wenige Stunden alten Laven finden sich diese Lavaschuttlagen[5]. Da die silikatischen feinkristallinen Vulkanite unter den existierenden klimatischen Bedingungen chemisch ebenfalls kaum verwittern, kann festgestellt werden, daß <u>die Verwitterung während des Holozäns nicht in der Lage gewesen ist, auf den Laven genügend autochthones Material für die Pedogenese zur Verfügung zu stellen</u>.

Das Lockersubstrat, aus dem sich auf den Laven Boden i.S. einer pedologisch-ökologischen Definition (vgl. z.B. SCHROEDER 1972, S. 9) entwickelt, wird durch verschiedene morphodynamische Prozesse in die Lava-Physiotope eingebracht. Für die Wirksamkeit dieser Prozesse ist die Lage des Lavastroms im Relief von großer Bedeutung.

Zwei grundsätzlich unterschiedliche Positionen sind möglich, von denen auch die weitere Biotopentwicklung abhängig ist: Erstens

Abb. 3

Die schollige 'helluhraun' der Ódáðahraun in NE-Island stammt aus vorhistorischer Zeit und ist z.T. stark übersandet. Deutlich zu erkennen sind im Vordergrund die feinsubstratlosen und deshalb auch weitgehend vegetationslosen Lavaschollenflächen. Dazwischen existieren tieferliegende Bereiche mit Sandakkumulationen und typischer Steinpflaster- bzw. Sandvegetation. Die Deflation in diesen Physiotopen ist wegen des geringen Windschutzes in dem wenig reliefierten Lavafeld beträchtlich.

mag sich der Lavastrom in Tal-, Mulden- oder Senkenlage befinden, d.h. er liegt i.a. unterhalb von Hängen in potentiellen aquatischen Akkumulationsgebieten. Zweitens kommen Laraströme in grosser Hangferne vor, so daß keine vom Hang gesteuerten morphodynamischen Prozesse wirksam werden.

In beiden Reliefpositionen entwickeln sich zwei unterschiedliche Reihen von Entwicklungsstadien, die sich besonders durch die Textur und Struktur des allochthonen Materials und die Vegetation voneinander differenzieren lassen.

Beiden Entwicklungsreihen ist jedoch gemeinsam, daß sie auf einem oberflächennahen Untergrund stattfinden, der durch sehr hohe Porosität gekennzeichnet ist. Damit sind die hier zu besprechenden Biotope aus dem Einfluß des Grundwassers ständig herausgehoben; wegen der ebenfalls hohen Versickerungsgeschwindigkeit in der sandigen Auflage herrscht an der Oberfläche oft edaphische Trockenheit.

In Räumen, in denen die Laven unter Grundwassereinfluß geraten, setzen limnische oder semiterrestrische Lebensraumentwicklungen ein, bei denen allerdings die spezifischen Lavaeigenschaften keine Rolle mehr spielen (z.B. Seggenniedermoore in der Jüngeren Laxárhraun am S-Ufer des Mývatn).

3.3 Organogene Sere[6]

Im Rahmen der organogenen Sere sollen die Biotop- und Vegetationsentwicklungen besprochen werden, die auf Lava ablaufen, die nicht durch die aquatische Einfuhr allochthonen Materials aufsedimentiert wird. Es steht somit kein mineralisches Ausgangssubstrat für die Pedogenese zur Verfügung. Es sind hier überwiegend Niedere Pflanzen - insbesondere Flechten und Moose - die die wichtigsten geoökogenetischen Prozesse steuern. Neben den eigenen Beobachtungen kann häufig auf die Studien von JÓNSSON (1906) zurückgegriffen werden.

Die rohe Lava wird beständig durch den Wind mit den Diasporen von Pflanzen beliefert. Während die Samen der Höheren Pflanzen aufbereiteten Boden als Keimstandort benötigen und deshalb auf der nackten Lavaoberfläche bald austrocknen bzw. 'verhungern', vermögen besonders Flechten Fuß zu fassen. Es sind vor allem Krustenflechten, häufig Arten der Gattungen *Lecidea* und *Rhizocarpon*, die jeglichen Standort auf den Laven als Pioniere besiedeln. Lediglich die windexponierten Seiten hoch aufragender Lavatürme werden gemieden - der Windschliff poliert hier selbst die Gesteinsoberfläche. An tieferen Stellen im Lavafeld sind

---

[6] Unter 'Sere' soll die ganze Sequenz von Lebensgemeinschaften verstanden werden, die auf einem gegebenen Gebiet einander folgen (ODUM 1980, S. 405). Der Begriff ist somit synonym mit 'syngenetische Reihe oder Serie' bzw. 'Chronosequenz' (vgl. REICHELT & WILMANNS 1973, S. 138).

Abb. 4

Dieser kleine 'apalhraun'-Strom östlich des Hverfjall, Mývatnssveit, NE-Island, gehört in die letzte Phase der vor ca. 2000 Jahren entstandenen 'Jüngeren Laxárhraun'. Auf der von Rollschlacke verkleideten Lava hat sich bislang nur eine kümmerliche *Stereocaulon*-Heide und Ansätze zur Sandvegetation entwickelt. Der Standort wird mit zu wenig Feinmaterial versorgt; die Geoökogenese bleibt hier in den Anfangsstadien stecken.

verschiedene Laubmoose dort, wo sich in kleinsten Wannen im Mikrorelief längere Zeit Regenwasser hält, konkurrenzfähiger. Ausserdem ist hier in den windstillen Standorten die relative Luftfeuchtigkeit höher. Es handelt sich dabei besonders um *Racomitrium canescens* und *R. lanuginosum*. Das Graue Zackenmützenmoos (*R. canescens*) gedeiht noch auf äußerst nährstoffarmen Substraten, bedarf jedoch der winterlichen Schneebedeckung (JÓNSDÓTTIR SVANE 1963). Beide Standortbedingungen sind in den tieferen Bereichen besonders der enggekammerten 'apalhraun'-Ströme gegeben.

Dieses erste Stadium der Vegetationsentwicklung, in dem nur vereinzelt Flechten und Moose auftreten, kann viele Jahre währen. JÓNSSON (1906) fand 1901 auf der damals 23 Jahre alten Krakatindshraun östlich der Hekla nur 12 Moos-, drei Flechten- und eine Algenart. Diese Aufstellung zeigt einen bedeutenden Unterschied zu der Ökogenese auf dem vulkanischen Substrat im marin-littoralen Milieu Surtseys, wo Algen und Gefäßpflanzen die ersten makroskopischen Organismen stellen (FRIDRIKSSON 1975, S. 74).

Die Entwicklung zum zweiten Vegetationsstadium - der Moosheide (isl.: 'mosathembur') nach JÓNSSON (1906) - vollzieht sich zunächst in den tieferen Lagen des Lavastromes. Hier wachsen die einzelnen Moospflanzen zu Polstern zusammen. Dieser Vorgang geht einher mit einer gewissen biogenen Biotopveränderung. Durch die Bildung von Moospolstern wird zunehmend mehr pelitisches Feinmaterial, das äolisch auf die Lava transportiert wird, an der Oberfläche gefangen und festgehalten, so daß es nicht mit dem perkolierenden Regenwasser in die Tiefe der Lava verschwindet. Das weitere Mooswachstum führt bald zu einer nahezu vollständigen Verkleidung des Lavagesteins durch Decken von *Racomitrium canescens* und *R. lanuginosum* (s. Abb. 5). Großräumig unterscheidet JÓNSDÓTTIR SVANE (1963) beide Arten, die durchaus gemeinsam vorkommen können, durch die mehr ozeanische Verbreitung von *R. lanuginosum*, d.h. eine Bevorzugung der südlichen und tiefer gelegenen Landesteile. *R. canescens* besiedelt dagegen innerhalb der bis ca. 600 m ü.M. gelegenen *Racomitrium lanuginosum*-Heide die schneereicheren Senken und dominiert oberhalb dieser Höhe. Auch STEINDÓRSSON (1945, S. 450ff.) schreibt der von ihm sog. *Grimmia*-Heide humide Klimabedingungen und nicht vorhandene Sanddrift als Standortfaktoren zu; trockene Stellen in N-Island werden deshalb gemieden.

Innerhalb der meist geschlossenen Moosdecke kommt auf den windexponierten, im Winter schneefreien und häufigem Frostwechsel sowie großer Austrocknungsgefährdung unterworfenen Lavakuppen nacktes Gestein mit fleckenhaftem Krustenflechtenbewuchs während der gesamten Ökogenese hindurch vor.

Die Zackenmützenmoose sind gegenüber Höheren Pflanzen oft konkurrenzfähiger, weil sie schon bei niedrigeren Temperaturen zur Photosynthese fähig sind (JÓNSSON 1906). Außerdem weisen sie eine größere Austrocknungsresistenz auf. Bei ABEL (1956, S. 683) steht *Racomitrium canescens* in der Gruppe trockenresistentester Laub-

Abb. 5

Der 'apalhraun'-Strom Skaftáreldahraun der Laki-Eruption 1783 in S-Island ist flächendeckend mit *Racomitrium*-Heide überzogen. Die Moospolster stellen ein Wasserhaushaltsregulativ auf dem mit zahlreichen Hohlräumen durchsetzten Lavakörper dar. Wegen der großen Konkurrenzkraft der Moose kommen andere Pflanzen kaum vor.

moose; im autökologischen Experiment leben bei 5% relativer Luftfeuchtigkeit immer noch alle Blättchen.

Die *Racomitrium lanuginosum*-Heide ist besonders konkurrenzstark. Dort machen höhere Pflanzen nur ca. 10% der Deckung aus (STEINDÓRSSON 1957); lediglich wenige Strauchflechten – *Cetraria islandica* und, besonders oberhalb von 500 m ü.M. *Thamnolia vermicularis* – sowie *Salix herbacea*, *Thalictrum alpinum* und *Carex Bigelowii* kommen häufiger vor (JÓNSDÓTTIR SVANE 1963). In den eigenen Vegetationsaufnahmen in der Berserkjahraun treten die Zwergsträucher *Empetrum Eamesii* und *Vaccinium uligonosum* deutlich hervor (vgl. Tab. 2).

In der *Racomitrium canescens*-Heide wird im Laufe der Zeit der Reichtum vor allem an Höheren Pflanzen und hier besonders an Gräsern, z.B. *Anthoxantum odoratum* und *Deschampsia flexuosa* größer

(JÓNSDÓTTIR SVANE 1963). LÖTSCHERT (1974, S. 20 - 21) erwähnt die Vegetationsentwicklung auf Lava ebenfalls als eine progressive Sukzession und gibt eine umfangreiche Artenliste an. Da sie jedoch nicht näher aufgeschlüsselt ist, können Entwicklungsstadien und räumliche Differenzierungen daraus nicht erkannt werden. Der Zuwachs an Arten liegt daran, daß *Racomitrium lanuginosum* zur Torfbildung neigt, bei zunehmender Torfmächtigkeit jedoch seine dominante Konkurrenzkraft verliert (JÓNSSON 1906). Diese Pionierpflanzen bereiten somit im wahrsten Sinn des Wortes den Nährboden für eine weitergehende Vegetationsentwicklung. Die verbleibenden Moospolster, die immer noch eine beträchtliche Deckung in der Moosschicht aufweisen, schützen die Torflager vor extremer Austrocknung, wie die Moosdecke überhaupt als günstiges Wasserhaushaltsregulativ auf den Laven wirkt. Eigene Messungen stellten im Raum Mývatn in NE-Island im Mai, also in der Zeit des allgemeinen Wachtumsbeginns, an feuchten Standorten in Moospolstern Wassergehalte von 80 - 170% des Trockengewichts und an trokkenen Stellen immerhin noch 30 - 35% fest. Darüber hinaus vermögen die Zackenmützenmoose sog. 'Glashaare', d.h. verdorrte Stämmchenspitzen zu bilden, die eine Erhöhung der Albedo und damit höheren Austrocknungsschutz bedeuten. Auf diese Eigenschaft ist der phänologische Aspekt im Sommer - silbrig-graue Moosflächen - zurückzuführen.

Das Torfwachstum findet besonders stark am Boden von Vertiefungen in der Lava statt, obwohl auch die Hänge der Klippen und Rollschlackenhalden flächendeckend mit Moospolstern überwachsen sind. Dies liegt zum einen an dem größeren Feuchtigkeitsangebot, zum anderen aber auch an der höheren Einschlämmungsrate pelitischen Feinmaterials während der Schneeschmelzzeit, wenn die Moospolster noch gefroren sind und eine Infiltration des Schmelzwassers verhindern. Die Torfe zeichnen sich deshalb durch einen hohen Anteil mineralischer Bestandteile aus. Nur 35 - 60% organische Substanz in den Torfen sind üblich. Die Einwehung von Staub ist für die Moosheide auch die einzige bedeutende Quelle von Nährstoffen - man könnte deshalb den Nährstoffkreislauf, nicht jedoch den Grad der Trophie als quasi 'hochmoorartig' kennzeichnen.

Durch die äolische Materialzufuhr wird das pH-Milieu des Substrates in einem vergleichsweise hohen Bereich, nämlich bei ca. pH 5.8 - 6.0, gehalten.

Der Übergang zur Zwergstrauchheide als dem dritten Vegetationsstadium wird in den schneereicheren, windgeschützteren Mulden durch den Zuwachs an Chamaephyten wie *Vaccinium uliginosum* und *Empetrum Eamesii* bewirkt (vgl. Tab. 2, Gruppe I). Die exponierteren und etwas trockeneren Standorte sind dabei durch die grössere Häufigkeit verschiedener Gefäßpflanzen ausgezeichnet, die u.a. zusammen mit der Rauschbeere in Mitteleuropa Charakterarten 'Saurer Nadelwälder und verwandter Gesellschaften' darstellen: *Arctostaphylos uva-ursi*, *Lycopodium annotinum* und *Juniperus communis* (vgl. Veg.Aufn. 6) (vgl. ELLENBERG 1978). In den tieferen und feuchteren Lagen treten die die Zwergsträucher begleitenden Gefäßpflanzen zurück; verschiedene Laubmoose und Strauchflechten wie *Cladonia rangiferina* und *Cetraria islandica* werden hier bedeutend (vgl. Veg.Aufn. 5). JÓNSSON (1906) zählt zu den weiteren, für die Zwergstrauchheide typischen Arten *Luzula spicata* und *Juncus trifidus*, die stickstoffärmste Standorte anzeigen, sowie *Salix herbacea*, eine Charakterart von sauren Schneebodengesellschaften. Hinzu kommen verschiedene Gräser (*Poa glauca*, *Festuca ovina* und *Trisetum*). Unter den Zwergsträuchern lockert die Moosschicht allmählich auf, was auf die zunehmende Beschattung und die Ausbildung eines andere Arten favorisierenden, bodennahen Mikroklimas zurückzuführen sein mag (vgl. Vegn.Aufn. 5 u. 6). Mit den Feinmaterialakkumulationen wächst die Frostanfälligkeit der Substrate, so daß periglaziäre Leitformen wie z.B. Thúfur-Bildungen auftreten. Dies ist jedoch nur bei mächtigeren Substratlagen möglich, in denen keine den Bodenwasserstrom unterbrechenden Straten bzw. Lavakörper vorkommen (vgl. SCHUNKE 1977). Außerdem wird durch das Einschlämmen von Peliten in die Lavaporen das Gestein einer kräftigeren Frostverwitterung unterworfen.

In diesem Milieu kommen schließlich auch Gehölzpflanzen zur Keimung, die bei genügendem Windschutz baumartige Wuchsformen annehmen. Als vierte Phase der Vegetationsentwicklung stellen sich

Abb. 6

An manchen unzugänglichen und windgeschützten Stellen in der 'apalhraun' der Jüngeren Laxárhraun (ca. 2000 BP) östlich des Mývatn, NE-Island, kommt Birken-Gebüschwald auf. Unter den Moorbirken (*Betula pubescens*) existieren noch eine Zwergstrauch- und eine Moosschicht.

Gebüschwälder ein, die hauptsächlich aus *Betula pubescens* bestehen. *Sorbus aucuparia*, *Salix cordifolia* und *S. phylicifolia* können eingestreut sein. JÓNSSON (1906) weist jedoch darauf hin, daß dieses Stadium nur entsteht, wenn die Entwicklung nicht durch Überweidung gestört wird. In den sehr unwegsamen 'apalhraun'-Feldern gibt es allerdings immer Stellen, die auch bei der für Island typischen sommerlichen Fernweidewirtschaft mit Schafen nie oder nur selten erreicht werden. Fleckenhaft und bezeichnenderweise an die unzugänglichsten und windgeschütztesten Standorte gebunden treten dann auch die nur wenige Meter hohen Moorbirken-Bestände in älteren Lavaströmen auf. Unter den Gebüschwäldern hat sich dann i.a. ein mehrere Dezimeter mächtiger, mineralreicher Torfboden entwickelt, der wegen seiner günstigeren Bodenwasserhaushaltsverhältnisse als der initiale Gesteinsrohboden für die Vegetation eine ausgeglichenere Wasserversorgung gewährt (vgl. Abb. 6). Häufig ist jedoch unter dieser Torfbodenlage weiterhin der hohlraumreiche Lavakörper vorhanden und hält den oberflächennahen Untergrund aus dem Grundwasserniveau heraus.

Ein Sonderstandort innerhalb der stark reliefierten Lava ist noch zu erwähnen, den bereits JÓNSSON (1906) anspricht. Tief in den Klüften und Einbruchslöchern gedeiht eine Vegetation, die an ständige Schattenlage, hohe relative Luftfeuchtigkeit und niedrige Temperaturen angepaßt ist. Der Farn *Cystopteris fragilis* ist für diesen Standort charakteristisch und kommt oft in Reinbeständen vor. Gibt es genügend eingeschwemmten Schluff, stellen sich an höher liegenden Stellen, wo noch genügend diffuse Beleuchtung herrscht, auch *Bartsia alpina* und *Alchemilla alpina* ein.

Zu den von JÓNSSON (1906) genannten Beispielen für derartige Gebüschwälder auf der Búdahraun, Eldborgarhraun, Hraundalshraun und Thingvallahraun lassen sich ohne weiteres die auf der Jüngeren und Älteren Laxárhraun in NE-Island sowie verschiedene Laven auf den Halbinseln Snaefellsnes und Reykjanes hinzufügen.

Diese geschilderte Vegetationsentwicklung scheint die ozeanische Variante der organogenen Sere zu sein. Wie bereits erwähnt, schreibt JÓNSDÓTTIR SVANE (1963) *Racomitrium lanuginosum* eine ozeanische Verbreitung zu. Die mit Moosheide verkleideten Lavaströme befinden sich vornehmlich in den flacheren und feuchteren Landesteilen (z.B. auf der Berserkjahraun, N-Snaefellsnes, wo die Vegetationsaufnahmen der Tab. 2 gewonnen worden sind). Besonders im NE der Insel, wo das Klima einen kontinentaleren Charakter aufweist, und zudem eine jährliche negative klimatologische Wasserbilanz herrscht (EINARSSON, M.Á. 1972), überziehen sich die Laven mit mehr oder weniger flächendeckenden Strauchflechtenlagen, nachdem die Initialstadien überwunden sind.

Tab. 3 beschreibt die Vegetationsverhältnisse der *Stereocaulon*-Heide, die als die kontinentalere Variante der organogenen Sere aufgefaßt werden kann. Es wird ersichtlich, daß die bestandsbildenden Strauchflechtenpolster vornehmlich der Art *Stereocaulon vesuvianum* - aber auch *St. arcticum* und *St. alpinum* kommen vor - nicht die Flächendeckung erreichen, wie sie bei der Moosheide für die *Racomitrium*-Decken typisch sind. Außerdem ist die *Stereocaulon*-Heide bereits in der Anfangsphase reicher an Höheren Pflanzen; *Poa alpina* z.B. kommt in allen Aufnahmen der Tab. 3 vor. Offensichtlich besitzen die langsamer wachsenden Strauchflechten nicht die fast alle anderen Pflanzen unterdrückende Konkurrenzkraft der Zackenmützenmoose. Die in Gruppe I der Tab. 3 zusammengefaßten Arten können als typisch für die reine *Stereocaulon*-Heide (vgl. Veg.Aufn. 7 u. 8) bis hinein in die Flechten- und Krautschicht der sich später entwickelnden Zwergstrauchheide genommen werden. Als Zwergsträucher und sie begleitende Pflanzen treten die in Gruppe III genannten Arten auf. Im Gegensatz zur Zwergstrauchheidenentwicklung aus Moosheide geht hier *Vaccinium uliginosum* zugunsten von Weiden (*Salix phylicifolia* und *S. lanata*) zurück. Möglicherweise ist dies ein Zugeständnis an die größere edaphische und klimatische Trockenheit der Standorte. Etwas Ähnliches ist bei der Vegetationsentwicklung auf übersandeter Lava zu beobachten (s.u.).

3.4 Psammogene[7] Sere

Der häufigere Fall der Ökotopentwicklung ist der, daß durch überwiegend fluviale Prozesse große Mengen Lockersubstrats in und auf die Lavaströme eingebracht werden. Dies geschieht natürlich nur in entsprechender Position im Relief.

Während des Beginns der psammogenen Entwicklung werden die Pioniere von denselben poikilohydren Pflanzen gestellt, die auch das Anfangsstadium der organogenen Sere charakterisieren. Zu dieser Zeit verschwindet der eingeschwemmte Sand noch in der stark mit Hohlräumen durchsetzten Lava. Sobald sich jedoch an

---

[7] 'psammal' (grch.) = Sand

den tiefsten Stellen der Lava wegen der totalen Ausfüllung dieser Hohlräume oder der Verstopfung der Sedimentationskanäle eine sandige Oberfläche bildet, verlieren die Moose gegenüber Höheren Pflanzen ihre Überlegenheit, da sie nicht der ständigen Substratbewegung zu widerstehen vermögen[8]. Das Substrat, das Einzelkornstruktur und wegen des hohen Anteils von Fein- und Mittelsanden keine Aggregatbildung aufweist, zeigt eine nur geringe Stabilität und ist deshalb gegenüber den jahreszeitlich unterschiedlichen morphodynamischen Prozessen anfällig. Während der Schneeschmelze im Frühjahr bilden sich oft Schmelzwasserpfützen und -tümpel über dem noch gefrorenen Untergrund - kurzlebige limnische Formen wie Ufermarken und Flachwasserrippeln sind die Folge. Aber auch Schmelzwasserrinnen, die zwischen verschieden hohen Sedimentationsbeckenniveaus vermitteln und oft in Schwemmfächern enden, gehören zu diesem Formenschatz. Er wird jedoch während des Sommers und Herbstes, wenn wegen der hohen Porosität keine aquatische Formung stattfindet, durch Windwirkung weitgehend aufgearbeitet. Besonders durch die Düsenwirkung zwischen Lavaklippen befördert die Deflation Material - durchaus auch in der Sand- und Kiesfraktion - aus den Mulden heraus und zerstört die frühjährlichen Oberflächen. Äolische Formen wie Windrippeln, Deflationswannen und Dünen kleinerer Größe prägen nun den Formenschatz.

Durch diese alternierend niveo-aquatische und äolische Morphodynamik wie durch die - auch wenn sie wenig charakteristische Leitformen hinterläßt - periglaziäre Formung entstehen auf den übersandenden Lavaströmen drei voneinander zu unterscheidende Physiotope, die sich auch häufig als verschiedene Phytotope dar-

---

[8] Auf morphodynamisch stabilen Sand- und Ascheflächen sind durchaus Moosheideentwicklungen mit *Racomitrium* spec. möglich, wie z.B. einige Bereiche nördlich der Berserkjahraun, N-Snaefellsnes, zeigen! Diese Gesellschaft ähnelt der Pioniervegetation, die JOCHIMSEN (1975) für extrem bodentrockene Standorte im jüngst eisfrei gewordenen, alpinen Gletschervorfeld beschreibt. Dort stellt sich eine *Racomitrium canescens*-Gesellschaft mit *Stereocaulon alpinum* ein, die bei Verbesserung des Wasserhaushalts in eine *Poa alpina*-Gesellschaft übergeht (vgl. auch ELLENBERG 1978, S. 585 - 586).

Abb. 7

Die 'apalhraun' der Thjórsárhraun (ca. 8000 BP) im Bereich nördlich des Valafell, SW-Island, ist stark übersedimentiert. Hier ist das Lavarelief so eng gekammert, daß neben den herausragenden Lavaklippen fast nur Steinpflasterflächen vorkommen.

stellen:

Die Lavaklippen zeichnen sich durch den typischen Krustenflechtenbesatz an geschützten Standorten und Windschliffoberflächen an windexponierten Seiten aus.

In der Mitte der Senken liegen in Schwemmsandphysiotopen derart mächtige Sandablagerungen vor, daß die oben geschilderten Verhältnisse zutreffen. Eine die häufige Substratbewegung ertragende Vegetation stellt sich hier ein.

Eine räumlich zwischen beiden genannten Physiotopen liegende und vermittelnde Raumeinheit stellen Steinpflasterflächen dar. Dort wird durch Auffrieren von Lavaschutt durch den Sedimentkörper hindurch und Anreicherung von groben und gröbsten Skelettanteilen des Substrats die Oberfläche morphodynamisch geschützt und quasi inaktiviert. Lediglich geringfügige äolische Akkumulation kann hier eine Rolle spielen.

Die Vegetationsentwicklung innerhalb der beiden letztgenannten Physiotope erfolgt verhältnismäßig ähnlich, wobei sich allerdings die Steinpflasterflächen durch einen größeren Artenreichtum auszeichnen. Die in Gruppe I der Tab. 4 genannten vier Arten scheinen für beide Physiotope ausgesprochen charakteristisch zu sein. Die Deckung in den Schwemmsandsenken ist, besonders wegen der morphodynamischen Unruhe, sehr niedrig. Es existieren in dieser Raumeinheit auch weite Flächen ohne jegliche Pflanze. Veg.Aufn. 14 vermerkt nur ein einziges, intaktes Exemplar des Taubenkropfleimkrautes auf 500 m²; dies ist nicht als Ausnahme, sondern als typisch anzusehen! Oft zeigen Einzelpflanzen an diesem Standort Spuren von Beschädigung durch aquatische Erosion bzw. Sandschliff (vgl. Veg.Aufn. 16). Diese reine Hemikryptophyten-Gesellschaft vermag durch ein weitverzweigtes Wurzelsystem der edaphischen Trockenheit ebenso wie der Substratbewegung zu begegnen. *Silene acaulis* und *Thymus praecox*, beide auch oft beschädigt oder übersandet, stellen sich bei fortschreitender Entwicklung aus der Pflanzengruppe, die zusätzlich zu Gruppe I die Steinpflasterflächen prägt (Tab. 4, Gruppe II), ein.

Wegen der durch das Steinpflaster stabilisierten Oberflächen und der Neigung des Physiotops, eher äolisch transportierbares Material zu sammeln als zu verlieren, sind die Lebensbedingungen hier für Pflanzen besser als in den Schwemmsandsenken. Mehr Arten und eine etwas, z.T. sogar deutlich höhere Deckung zeichnen die Steinpflasterflächen aus. Der Wassergehalt ist besonders in den Feinerdenestern, die sich aus eingeschlämmten Peliten unter den Lavabrocken gebildet haben, recht günstig, so daß hier auch die Durchwurzelung höher ist.

Neben der typischen Ausbildung der Steinpflastervegetation mit Horsten von *Agrostis stolonifera* (vgl. Veg.Aufn. 21) - LÖTSCHERT (1974, S. 18) gibt Vegetationsaufnahmen mit noch höherer Bedeckung sowohl des ganzen Bestandes als auch vom Weißen Straußgras an - kommen Varianten vor, die Anklänge an Schneetälchen- und Sauerbodengesellschaften aufweisen (Veg.Aufn. 22, Gruppe IV). Mit Ausnahme von *Huperzia selago* sind die anderen Arten dieser

Abb. 8

In größeren Senken in der Thjórsárhraun (ca. 8000 BP) zwischen Búrfell und Valafell, SW-Island, haben sich Schwemmsandflächen und Dünen entwickelt. Die Dünen sind bereits wieder durch die stark wirksame Deflation in Zerstörung befindlich; selbst die dichte *Festuca rubra* - *Leymus arenarius* - Vegetation kann das nicht verhindern.

Gruppe charakteristisch für verschiedene Klassen der Steinfluren und alpinen Rasen in der mitteleuropäischen Vegetation (vgl. ELLENBERG 1978).

Innerhalb beider Physiotope ist die verstärkte Akkumulation von vom Wind verfrachteten Sanden und Dünenbildung möglich. Hier übertrifft *Leymus arenarius* alle anderen Pflanzen an Konkurrenzkraft. Der Strandroggen legt die Kleindünen fest, erobert sich aber auch durch ungeschlechtliche Vermehrung die Randbereiche und sorgt dort für weitere Akkumulationen. Auf die Vegetation der Dünen soll an dieser Stelle nicht weiter eingegangen werden; es kann auf TÜXEN (1970) verwiesen werden. Es ist jedoch zu vermerken, daß durch spätere Vergesellschaftung der reinen *Leymus*-Bestände mit *Festuca rubra* und anderen Gräsern sowie dem Durchsetzen der Dünen mit den Erdsprossen des geophytischen *Equisetum arvense* die Sandanwehungen endgültig festgelegt werden.

Ein Übergang zu einem Zwergstrauchheidenstadium findet sich nur sehr selten. Gelegentlich existieren im Windschatten von aus dem Sand ragenden Lavabrocken einzelne Exemplare von *Salix lanata* und *S. phylicifolia*. Sie dürften an Grundwasservorkommen in den Lavaströmen gebunden sein, die sie mit ihrem Wurzelsystem erreichen können. Sonst gehören die Weiden nämlich zu der Vegetation im zentralen Island, die kleine, i.a. perennierende Bachläufe begleitet. Etwas Ähnliches gilt auch in verstärktem Maße für *Angelica archangelica*, die üblicherweise eines hohen Feuchte- und Nährstoffangebotes bedarf, jedoch dennoch, wenn auch nur sehr selten, in den übersandeten Laven, z.B. der Thjórsárhraun im Thjórsárdalur, vorkommt. Die Einzelexemplare von *Salix lanata* und *S. phylicifolia* zeigen häufig starke Beschädigung. Besonders freigeblasene Wurzeln werden stark vom vom Wind transportierten Sand beschliffen.

Es scheint somit nicht nur die Überweidung, sondern besonders die hohe Gefährdung langsam wachsender und sich überwiegend sexuell vermehrender Pflanzen durch die aktuelle Oberflächendynamik zu sein, die das Aufkommen einer geschlossenen Zwergstrauchheide und - weitergehend - eines Gebüschwaldes verhindert. Unter diesen Umständen verdichtet sich lediglich die Grasvegetation mit *Festuca rubra*, *F. vivipara*, *Agrostis stolonifera*, *A. tenuis*, *Poa glauca*, *Trisetum spicatum* und auch *Kobresia myosuroides*. Eine derartige Grasvegetation wird für die Búdahraun von JÓNSSON (1906) und für verschiedene Heklalaven von LÖTSCHERT (1974) beschrieben.

4. Zusammenfassung

Es kann zum Abschluß festgehalten werden, daß es folgende Strategien der Physiotopentwicklung und -gestaltung sind, die aus den leblosen Lavaströmen charakteristische Biotope in den isländischen Vulkanlandschaften werden lassen (vgl. Abb. 9):

Abb. 9:

SCHEMATISCHE DARSTELLUNG DER GEOÖKOGENESE AUF ISLÄNDISCHEN LAVASTRÖMEN

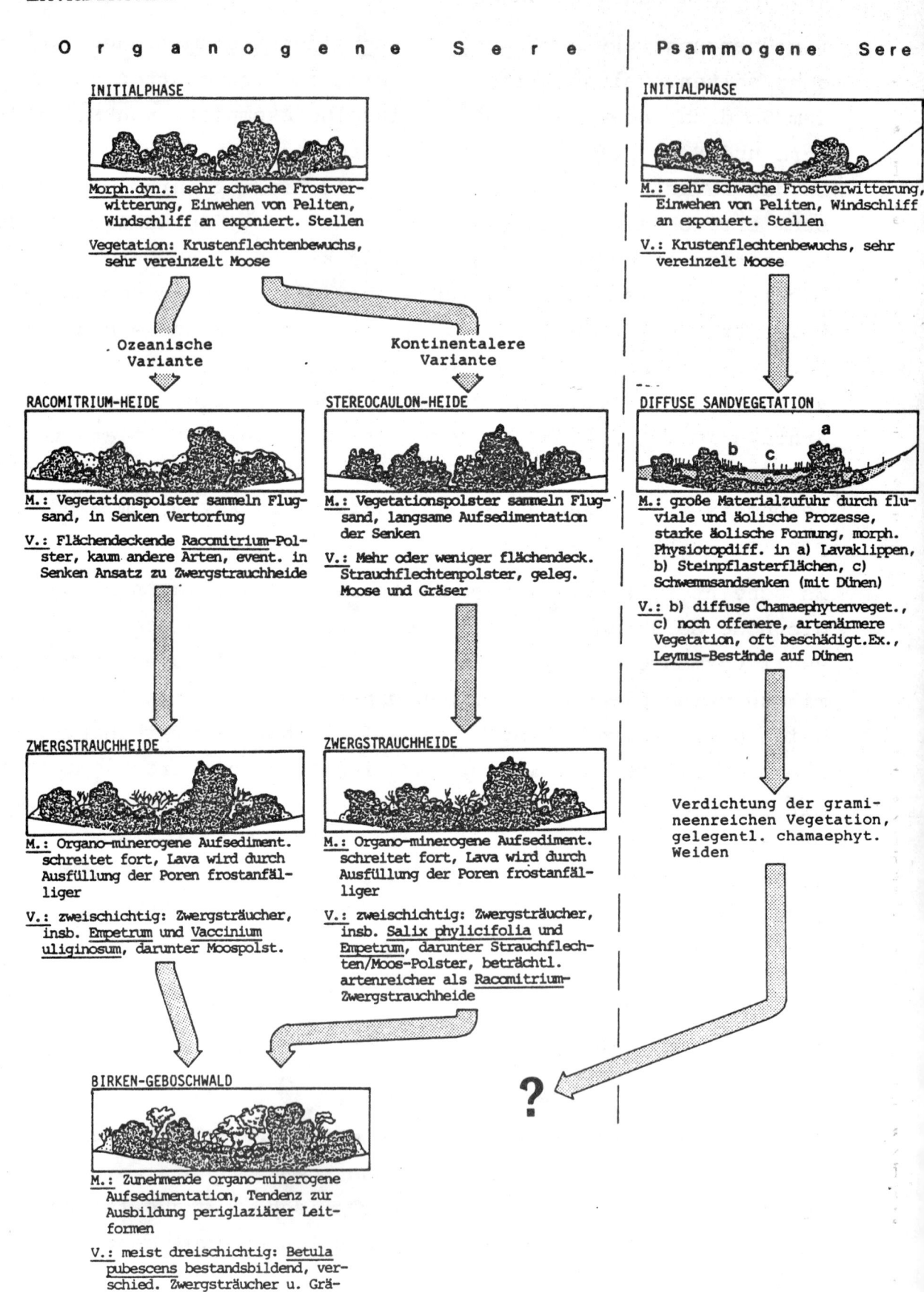

Organogene Sere

INITIALPHASE

Morph.dyn.: sehr schwache Frostverwitterung, Einwehen von Peliten, Windschliff an exponiert. Stellen

Vegetation: Krustenflechtenbewuchs, sehr vereinzelt Moose

Ozeanische Variante

RACOMITRIUM-HEIDE

M.: Vegetationspolster sammeln Flugsand, in Senken Vertorfung

V.: Flächendeckende Racomitrium-Polster, kaum andere Arten, event. in Senken Ansatz zu Zwergstrauchheide

ZWERGSTRAUCHHEIDE

M.: Organo-minerogene Aufsediment. schreitet fort, Lava wird durch Ausfüllung der Poren frostanfälliger

V.: zweischichtig: Zwergsträucher, insb. Empetrum und Vaccinium uliginosum, darunter Moospolst.

Kontinentalere Variante

STEREOCAULON-HEIDE

M.: Vegetationspolster sammeln Flugsand, langsame Aufsedimentation der Senken

V.: Mehr oder weniger flächendeck. Strauchflechtenpolster, geleg. Moose und Gräser

ZWERGSTRAUCHHEIDE

M.: Organo-minerogene Aufsediment. schreitet fort, Lava wird durch Ausfüllung der Poren frostanfälliger

V.: zweischichtig: Zwergsträucher, insb. Salix phylicifolia und Empetrum, darunter Strauchflechten/Moos-Polster, beträchtl. artenreicher als Racomitrium-Zwergstrauchheide

BIRKEN-GEBOSCHWALD

M.: Zunehmende organo-minerogene Aufsedimentation, Tendenz zur Ausbildung periglaziärer Leitformen

V.: meist dreischichtig: Betula pubescens bestandsbildend, verschied. Zwergsträucher u. Gräser, Moospolster

Psammogene Sere

INITIALPHASE

M.: sehr schwache Frostverwitterung, Einwehen von Peliten, Windschliff an exponiert. Stellen

V.: Krustenflechtenbewuchs, sehr vereinzelt Moose

DIFFUSE SANDVEGETATION

M.: große Materialzufuhr durch fluviale und äolische Prozesse, starke äolische Formung, morph. Physiotopdiff. in a) Lavaklippen, b) Steinpflasterflächen, c) Schwemmsandsenken (mit Dünen)

V.: b) diffuse Chamaephytenveget., c) noch offenere, artenärmere Vegetation, oft beschädigt.Ex., Leymus-Bestände auf Dünen

Verdichtung der gramineenreichen Vegetation, gelegentl. chamaephyt. Weiden

?

Die im periglaziären Milieu ablaufende Verwitterung vermag es aufgrund der Gesteinseigenschaften der Lava nicht, genügend Lockermaterial für die Pedogenese zur Verfügung zu stellen. In aquatischen und äolischen Akkumulationsgebieten führt die ständige Übersandung, aber auch das gelegentliche Einbringen von Tephra, das jedoch nur in der Nähe von explosiv fördernden Vulkanen landschaftsökologische Bedeutung hat, zu überwiegend sandigen Physiotopen, die durch edaphische Trockenheit, morphodynamische Instabilität und psammophile Vegetation gekennzeichnet sind. Die im Laufe der Zeit dichter werdende, überwiegend aus Gräsern bestehende Pflanzendecke sammelt zunehmend mehr feinkörniges äolisches Material und verringert die Deflationsanfälligkeit der Standorte. In der Folge kann sich gelegentlich eine aus Weiden-Chamaephyten bestehende Zwergstrauchgemeinschaft einstellen. Hierbei sind die durch Steinpflaster festgelegten Oberflächen in entsprechenden Physiotopen begünstigt.

Damit ist ein Stadium erreicht, das - zumindest bezüglich der Physiognomie - dem Zwergstrauchheidenstadium entspricht, welches sich aus der organogenen Entwicklungsreihe herleitet. Diese Sere läuft in morphodynamisch vorwiegend inaktiven Bereichen ab, wo poikilohydre Moose und Flechten die Rolle der Pioniere übernehmen. Sie besiedeln das nackte Gestein und stellen Sedimentfallen dar, so daß auch hier allochthones, allerdings äolisches, also feinkörnigeres Substrat mit hohem Anteil organischer Substanz zur weiteren Pedo- und Vegetationsgenese akkumuliert. Hierbei scheint in den kontinentaler getönten Gebieten NE-Islands die *Stereocaulon*-Heide die sonst übliche *Racomitrium*-Heide als zweites Vegetationsstadium vor der Zwergstrauchheide zu ersetzen.

Als Endgesellschaften können - besonders bei der organogenen Entwicklungsreihe - *Betula pubescens*-Gebüschwälder mit Moos- und Krautschicht sowie Zwergstrauchschicht angenommen werden. Dieses wie z.T. auch das Zwergstrauchheidenstadium wird allerdings wegen der landesweiten, im Sommer unkontrollierten Schaffernweide weitestgehend verhindert. Ob nicht nur unter den gegenwärtigen Weidebedingungen, sondern vor allem auch unter dem pedologisch-morphodynamischen Prozeßgefüge in den übersandeten Lavaströmen der Gebüschwald ebenso die potentiell natürliche Vegetation darstellt, darf bezweifelt werden!

Literatur

ABEL, W.O.(1956): Die Austrocknungsresistenz der Laubmoose. - Sitzungsber. Österr. Akad. Wiss., Abt. I, 165, S. 619-707

EINARSSON, E.(1970): Plant ecology and succession in some nunataks in the Vatnajökull glacier in South-east Iceland. - In: 'Ecology of the subarctic regions', Proc. Helsinki Symp. 1966, UNESCO Paris, S. 247-256

--- (1973): Invasion of terrestrial plants on the new volcanic island Surtsey. - In: 'Ecology and reclamation of devasted land', Int. Symp. Ecol. Revegetation Drast. Disturb. Areas 1969, London, S. 253-270

EINARSSON, M.A.(1972): Evaporation and potential evapotranspiration in Iceland. - Vedurstofa Islands (Icelandic Meteorological Office), Reykjavík, 23 S.

EINARSSON, Th.(1962): Askja og öskjugosid 1961 (The Askja-Caldera and the Askja-Eruption 1961). - Náttúrufraedingurinn 32, Reykjavík, S. 1-18 (isl.)

--- (1964): Jardfraedi svaedisins umhverfis Baulárvalla- og Hraunsfjardarvatn á Snaefellsnesi. - Gutachten der Raforkumálastjóri, B-234, Reykjavík, 8 S. (isl.)

ELLENBERG, H.(1978): Vegetation Mitteleuropas mit den Alpen in ökologischer Sicht. - Stuttgart, 2. Aufl., 981 S.

EYTHORSSON, J. & SIGTRYGGSSON, H.(1971): The climate and weather of Iceland. - In: 'The zoology of Iceland', I, 3, Kopenhagen, 62 S.

FRIDRIKSSON, S.(1975): Surtsey - evolution of life on a volcanic island. - London, 198 S.

GAMS, H.(1973): Die Moos- und Farnpflanzen. - In: 'Kleine Kryptogamenflora', IV, Stuttgart, 5. Aufl.

JOCHIMSEN, M.(1975): The development of pioneer-communities on raw soil above alpine timberline. - Verh. Ges. Ökol., Wien, S. 61-63

JÓNSDÓTTIR SVANE, S.(1963): Um mosathembugródur (Über die *Rhacomitrium*-Heide in Island). - Náttúrufraedingurinn 33, Reykjavík, S. 233-263 (isl.)

JÓNSSON, H.(1906): Gródursaga hraunanna á Íslandi (Vegetationsgeschichte der Lavafelder auf Island). - Nachdruck in: Flóra 6, Reykjavík, S. 51-64 (isl.)

LÖTSCHERT, W.(1974): Über progressive und regressive Sukzessionen auf Island. - Ber. Forschungsst. Nedri As 16, Hveragerdi, S. 16-25

LÖVE, A.(1970): Íslenzk Ferdaflóra. - Reykjavík, 428 S. (isl.)

MOORBATH, S., SIGURDSSON, H. & GOODWIN, R.(1969): K/Ar ages of the oldest exposed rocks in Iceland. - Earth Planet. Sci. Lett. 4, S. 197-205

MÜLLER, M.J.(1980): Handbuch ausgewählter Klimastationen der Erde. - Forschungsst. Bodenerosion Univ. Trier, Mertesdorf, 5, 2. Aufl. (Hrsg. G. RICHTER)

NEEF, E.(1965): Elementaranalyse und Komplexanalyse in der Geographie. - Mitt. Österr. Geogr. Ges. 107, S. 177-189

ODUM, E.P.(1980): Grundlagen der Ökologie, Bd. 1: Grundlagen. - Stuttgart/ New York, 476 S.

REICHELT, G. & WILMANNS, O.(1973): Vegetationsgeographie. - Das Geographische Seminar, Praktische Arbeitsweisen, Braunschweig, 210 S.

SCHENK. E.(1964): Zur Entstehung von Stricklava. - Geol. Mitt. 5, 3, S. 211-226

SCHROEDER, D.(1972): Bodenkunde in Stichworten. - Kiel, 2. Aufl., 144 S.

SCHUNKE, E.(1975): Die Periglazialerscheinungen Islands in Abhängigkeit von Klima und Substrat. - Abh. Akad. Wiss. Göttingen, Math.-Phys. Kl., 3. F., 30, 273 S.

--- (1977): Zur Ökologie der Thufur Islands. - Ber. Forschungsst. Nedri As 26, Hveragerdi, 69 S.

--- (1979a): Aktuelle thermische Klimaveränderungen am Polarrand der Ökumene Europas. - Erdkde. 33, S. 282-291

--- (1979b): Das vulkanische, glaziäre und periglaziäre Gefügemuster der Oberflächenformen Islands. - In: 'Gefügemuster der Erdoberfläche - die genetische Analyse von Reliefkomplexen und Siedlungsräumen'. Festschr. 42. Deut. Geogr.Tag Göttingen 1979 (Hrsg. HAGEDORN, J., HÖVERMANN, J. & NITZ, H.-J.), S. 125-151

SCHUNKE, E. & STINGL, H.(1973): Neue Beobachtungen zum Luft- und Bodenfrostklima Islands. - Geogr. Ann. A, 55, S. 1-23

SCHWABE, G.H.(1970): Zur Ökogenese auf Surtsey. - Schr. Naturwiss. Ver. Schlesw.-Holst., Sonderbd., S. 101-120

SIGURDSSON, H.(1966): Geology of the Setberg Area, Snaefellsnes, Western Iceland. - Greinar IV, 2, Reykjavík, S. 53-122

STEINDÓRSSON, S.(1945): Studies on the vegetation of the Central Highland of Iceland. - In: 'The botany of Iceland', III, 4, 14, Kopenhagen, S. 351-547

--- (1957): Um gródur í Reykjaneshraunum (The vegetation in the lavafield of the Reykjanes peninsula, South-west Iceland). - Arsrít Raektunarfélags Nordurlands 57, Akureyri, S. 137-150 (isl.)

TESSENSOHN, F.(1976): Lineare und zentrische Elemente im geologischen Bau Islands. - Geol. Jb. 20, S. 57-95

THORARINSSON, S.(1951): Laxárgljúfur and Laxárhraun. A tephrochronological study. - Geogr. Ann. A, 33, S. 1-89

--- (1960): The postglacial volcanism. - In: 'On the geology and geophysics of Iceland', Int. Geol. Congr., XXI, guide to excursion no. A 2 (Hrsg. S. THORARINSSON), Reykjavík, S. 33-45

THORARINSSON, S.(1967): The eruptions of Hekla in historical times. - In: 'Eruptions of Hekla 1947 - 1948', Vísindafélag Íslendinga I, Reykjavík, 183 S.

--- (1979): The postglacial history of the Mývatn area. - Oikos 32, S. 17 - 28

THORARINSSON, S. & SAEMUNDSSON, K.(1979): Volcanic activity in historical time. - Jökull 29, Reykjavík, S. 29 - 32

TROLL, C.(1963): Über Landschafts-Sukzession. - In: H.-J. BAUER, Landschaftsökologische Untersuchungen im ausgekohlten rheinischen Braunkohlenrevier auf der Ville. Arb. Rhein. Landeskde. 19, S. 5 - 12

TÜXEN, R.(1970): Pflanzensoziologische Beobachtungen an isländischen Dünengesellschaften. - Vegetatio 20, S. 253 - 278

Vedurstofa Íslands (Icelandic Meteorological Office): VEDRATTAN. Monats- und Jahreshefte. - Reykjavík

VENZKE, J.-F. & FUGE, K.(1981): Aktueller Vulkanismus in Nordost-Island. - Geogr. Rdsch. 33, S. 234 - 236, 245 - 247

Tab. 2

Organogene Sere, ozeanische Variante
RACOMITRIUM-HEIDE
UND ENTWICKLUNG ZUR ZWERGSTRAUCHHEIDE

Beispiel: Berserkjahraun, N-Snaefellsnes ('apalhraun')(ca. 2000 BP)
Aufn. v. 18./19. 6. 1980

Nr.	1	2	3	4	5	6
Höhe ü.M. (m)	40	40	40	40	40	40
Relief/Exposition	kupp	eben	eben	SW	senk	S
Aufnahmefläche (m²)	4	8	10	6	8	6
Deckung (%)	100	100	100	100	100	90
Artenzahl	3	5	5	7	9	7
Racomitrium spec.[1]	5.5	5.5	5.5	5.5	3.3°	2.2°
I *Empetrum Eamesii*		1.2	2.2	3.3	3.3	4.4
Vaccinium uliginosum		1.2	2.2	3.3	2.2	4.4
II *Festuca rubra*				1.1	2.2	
Arctostaphylos uva-ursi						3.3
Alchemilla alpina				r		1.2
Taraxacum spec.						1.1
Juniperus communis						+.2
Lycopodium annotinum		+.2				
Carex Bigelowii					1.1	
III *Cladonia rangiferina*	+.1	r	+.1	1.2	2.3	
Cetraria islandica	+.1				1.2	
M u s c i					1.2	
Thamnolia spec.[2]				r	+.2	
Cladonia coccifera					r	

[1] *R. lanuginosum* und/oder *R. canescens*

[2] vermutl. *Th. vermicularis*

Tab. 3

Organogene Sere, kontinentalere Variante
STEREOCAULON-HEIDE
UND ENTWICKLUNG ZUR ZWERGSTRAUCHHEIDE

Beispiel: Mývatnseldahraun im Hlidardalur und am Leirhnjúkur (nur Veg.Aufn. 10), Mývatnssveit, NE-Island (überwiegend 'apalhraun')(1724 - 1729)
Aufn. v. 19./20. 6. 1979

Nr.	7	8	9	10	11	12	13
Höhe ü.M. (m)	395	395	395	500	395	395	395
Relief/Exposition	eben	eben	eben	eben	senk	senk	senk
Aufnahmefläche (m²)	50	5	25	50	40	10	20
Deckung (%)	80	80	100	80	60	90	50
Artenzahl	7	7	11	11	13	17	18
Stereocaulon spec.[1]	4.2	3.2	5.5	4.2	2.2	2.2	1.2
I *Poa alpina*	+.1	+.1	+.1	+.1	+.1	+.1	+.1
Saxifraga nivalis	r	1.2	+.1	1.1			+.1
Racomitrium spec.	2.2	2.2		2.2		2.2	
Saxifraga caespitosa caesp.	+.1	+.1		+.1		+.1	
Cladonia coccifera		r	+.1	+.2	+.2	+.2	r
Huperzia selago	+.1		+.1	r	r		+.2
II *Luzula spicata*			+.1		+.1	+.1	+.1
Festuca rubra			+.1			+.1	+.1
Cerastium alpinum lan.				r	+.1	+.1	
Silene acaulis			+.1	r			r
III *Salix phylicifolia*				r	2.1	2.2	1.1
Empetrum Eamesii					2.2	2.2	+.2
Dryas octopetala					+.2	+.2	
Bistorta vivipara					+.1		+.2
Festuca vivipara					r	r	r
Salix lanata						r	r
Saxifraga oppositifolia						r	r
IV M u s c i			2.2				1.2
Cladonia arbuscula	r						
Carex nigra			+.1				
Armeria maritima			+.1				
Oxyria digyna			r				
Draba norvegica				r			
Betula nana					+.1		
Galium Normanii					r		
Draba incana						+.1	
Kobresia myosuroides						+.1	
Veronica officinalis						r	
Salix herbacea						r	
Alchemilla alpina							+.2
Cystopteris fragilis							+.2
Saxifraga tenuis							+.1
Vaccinium uliginosum							r

[1] vermutl. *St. vesuvianum*

Tab. 4

Psammogene Sere
SANDVEGETATION VERSCHIEDENER PHYSIOTOPE

Beispiele: Thjórsárhraun im Thjórsárdalur (Veg.Aufn. 14, 15, 16, 17, 20 und 21) und nw-Valafell (Veg.Aufn. 19)(ca. 8000 BP), Nýjahraun n-Hekla (Veg.Aufn. 18)(1878) und Langvíuhraun se-Hekla (Veg. Aufn. 22)(überwiegend 'apalhraun')
Aufn. v. 5. 6. 1979 (Veg.Aufn. 14, 15, 17 und 20), 17. 8. 1979 (Veg.Aufn. 21), 19. 8. 1979 (Veg.Aufn. 22), 27. 6. 1980 (Veg. Aufn. 16), 29. 6. 1980 (Veg.Aufn. 19) und 4. 7. 1980 (Veg.Aufn. 18)

Nr.	14	15	16	17	18	19[1]	20	21	22
Höhe ü.M. (m)	125	125	125	125	370	260	125	125	430
Relief	Schwemmsandsenke					Steinpflasterfläche			
Aufnahmefläche (m²)	500	25	50	25	80	60	25	100	50
Deckung (%)	0	0-2	2	2	2	5	5	5	5
Artenzahl	1	4	4	5	9	6	9	10	11
I *Silene vulgaris*	r	r	+.1	+.1	+.1	+.1	r	+.1	+.1
Festuca rubra		r	r°	+.1	+.1	1.2	1.2	1.2	+.2
Cardaminopsis petraea		r	r°	+.1	+.1	+.1	+.1	+.1	+.1
Armeria maritima		r	r°	+.1	+.1	+.2	+.1	+.1	+.1
II *Silene acaulis*					+.2	1.2	+.1	+.2	+.2
Thymus praecox					+.2	+.2		+.2	
M u s c i							r	+.1	+.1
Equisetum arvense bor.							+.1	1.1	
Carex capitata								+.1	+.1
Acetosella vulgaris				+.1			r		
III *Poa arctica*					+.1				
Cerastium alpinum lan.					r				
Galium Normanii					r				
IV *Salix herbacea*									+.2
Juncus trifidus									+.2
Huperzia selago									+.2
Luzula spicata									+.1
V *Leymus arenarius*								+.2	
Agrostis stolonifera									+.2

[1] Innerhalb dieses Physiotops kommen verschiedene *Stereocaulon*-Arten synusial auf Lavabrocken vor und greifen z.T. auf die Sandoberfläche über.

KOLLEKTIVIERUNG UND SESSHAFTMACHEN VON NOMADEN IN DER MONGOLISCHEN VOLKSREPUBLIK

von

Werner Kreuer*

(mit 7 Abbildungen und 1 Tabelle)

Zusammenfassung: Die Mongolei, ein klassisches Land des Nomadismus, wandelt sich zu einem Agrar- und Industriestaat. Aber der von nomadischen Araten (Hirten) betreute Viehbestand des Landes bildet noch die Basis der nationalen Ökonomie. Im Staatssozialismus der M.V.R. gehören fast alle Hirten zu "Landwirtschaftlichen Vereinigungen" (NEGDEL). Es handelt sich dabei um wirtschaftliche Einheiten, die mit einem administrativen Gegenstück verknüpft sind, den sogen. SOMONs. Das "SOMON-KOOPERATIV"-System ist in zwei weitere Basiseinheiten differenziert: BRIGADE und SUR. Diese Struktur einer staatlichen Verwaltungs- und Wirtschaftshierarchie hat sich als sehr wirksam erwiesen. Sie spart ausgebildetes Personal und erleichtert den Wandel von Hirten zu Fabrikarbeitern. Sie stellt ebenfalls ein effektives Siedlungsmuster für das Seßhaftmachen von nomadischen Hirten dar. Die Abwanderung von Hirten aus abgelegenen Gebieten hat zu einer Verknappung von Araten für die Betreuung der verstaatlichten Herden geführt.

Summary: <u>Collectivisation and settling of nomads in the People's Republic of Mongolia.</u> - Mongolia, a classic land of nomadism is on the way to become a farming and industrial country. But the country's livestock tended by nomadic Arats (herdsmen) is still basis of the nation's economy. In the state socialism of the People's Republic of Mongolia nearly all herdsmen belong to "Agricultural Cooperatives" (NEGDEL). They are economic units linked to administrative counterparts, the so-called "SOMONs. The "SOMON-COOPERATIVE"-system is differentiated into two further basic units: BRIGADE and SUR. This structure of a combined state administrative-economic hierarchy has proved as very effective in saving trained personnel and changing herdsmen to labourers. It is also an effective settlement pattern to settle down nomadic herdsmen. The migration of herdsmen from remote regions to industrial towns brings shortage of Arats for tending the nationalized herds.

---

* Prof. Dr. Werner Kreuer, Universität Essen GHS, Fachbereich 9 - Geographie, Universitätsstr, 15, D-4300 Essen 1

Die Mongolische Volksrepublik ist ein Land, dessen zahlreiche Eigentümlichkeiten seit je das Interesse von Wissenschaftlern vieler Disziplinen geweckt hat.

In der Tat finden immer wieder Wissenschaftler sozialistischer Länder Gelegenheit, sich mit der Fülle naturwissenschaftlicher und geisteswissenschaftlicher Fragen, die diesen zentralasiatischen Raum betreffen, auseinanderzusetzen. Die Zahl westlicher Wissenschaftler, die sich an Ort und Stelle mit diesen Fragen beschäftigen dürfen, ist leider gering.[1]

Schon einige statistische Besonderheiten genügen, um ein spontanes Interesse an Fragen des sozialgeographischen Problemkreises zu wecken:

Eine Bevölkerung von 1,67 Mio. Einwohnern teilt sich einen Raum von 1,565 Mio. qkm, oder im Vergleich die Bevölkerung der Stadt Mailand würde über ein Gebiet von der 6,3-fachen Größe der Bundesrepublik oder etwa ganz Westeuropas verfügen.

Die Bevölkerungsdichte beträgt 1,1 E/qkm für das Gesamtgebiet. Sie zeigt jedoch regional sehr unterschiedliche Werte. Inzwischen wohnen rund 51 % der Bevölkerung in wenigen städtischen Siedlungen, wovon die Hauptstadt Ulan Bator 334.000 Bewohner (1976) zählt, und dies sind wiederum 52 % der städtischen Bevölkerung des Landes. Das Wachstum der städtischen Siedlungen liegt derzeit bei 4,1 %, während das jährliche Bevölkerungswachstum (1970 - 79) bei 2,9 % liegt. Die größten Dichtegebiete der Bevölkerungsverteilung liegen im Raume des Changai-Berglandes und im Bereich des zentralen Orchon- und Selenga-Einzugsgebietes, in dem Ulan Bator an der Transmongolischen Eisenbahn einen Siedlungsschwerpunkt darstellt.

---

[1] Dank finanzieller Hilfe der Deutschen Forschungsgemeinschaft hatte der Verfasser im Sommer 1979 erstmalig Gelegenheit, die Mongolische Volksrepublik zu besuchen. Sein Dank gilt auch der Akademie der Wissenschaften der M.V.R. und den zuständigen Stellen im Kultusministerium der M.V.R., die dem Verfasser als Mitglied der Deutschen Mongolei-Gesellschaft ihre Unterstützung gewährten. Sein besonderer Dank richtet sich an den leider zu früh verstorbenen Vorsitzenden der Deutschen Mongolei-Gesellschaft, Herrn Dr. Richard Mönnig, der sich in seiner liebenswürdigen Art unermüdlich für die kulturellen und wissenschaftlichen Anliegen einer freundschaftlichen Verbindung zwischen der Mongolischen Volksrepublik und der Bundesrepublik Deutschland eingesetzt hat.

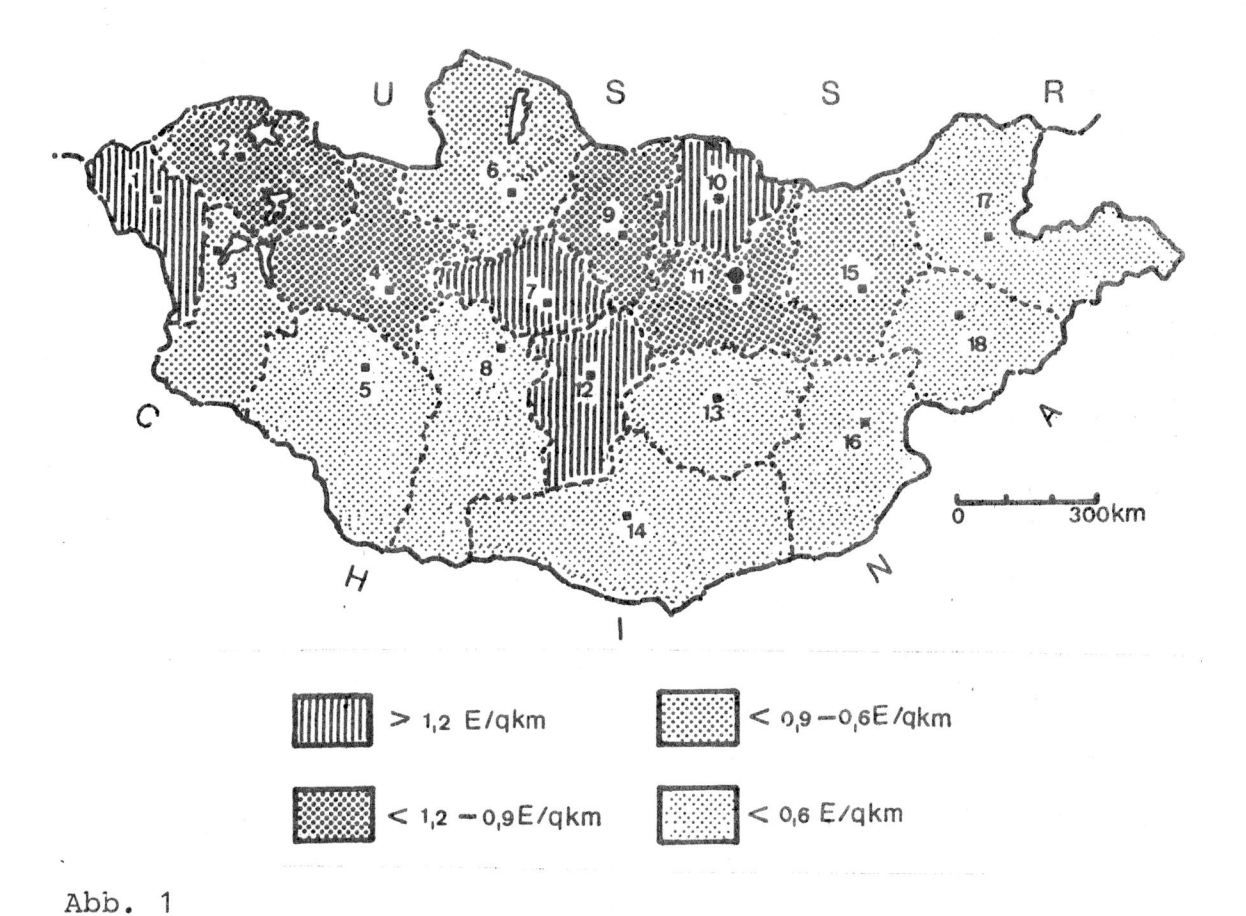

Abb. 1

VERWALTUNGSGLIEDERUNG UND BEVÖLKERUNGSDICHTE IN DER
MONGOLISCHEN VOLKSREPUBLIK

Quellen: Statistisches Bundesamt 1977, BARTHEL 1971

	Aimak	Aimakzentrum
1	Bajanölgij (Bajan-Ulegei)	Ölgij (Ulegei)
2	Uvs (Ubsa-Nur)	Ulaangom (Ulan-Gom)
3	Chovd (Kobdo)	Chovd (Kobdo)
4	Dzavchan (Dsabchan)	Uliastaj (Uljassutai)
5	Gov'altaj (Gobi-Altai)	Altaj (Altai)
6	Chövsgöl (Chubsugul)	Mörön (Muren)
7	Archangaj (Nord-Changai)	Cecerleg (Zezerleg)
8	Bajanchongor (Bajan-Chongor)	Bajanchongor (Bajan-Chongor)
9	Bulgan (Bulgan)	Bulgan (Bulgan)
10	Selenge (Selenga)	Süchbaatar (Suche-Bator)
11	Töv (Zentrum)	Dzuunmod (Dsun-Mod)
12	Övörchangaj (Süd-Changai)	Arvajcheer (Arbei-Chere)
13	Dundgov' (Mittel-Gobi)	Mandalgov' (Mandal-Gobi)
14	Ömnögov' (Süd-Gobi)	Dalandzadgad (Dalan-Dsadagad)
15	Chentij (Chentei)	Öndörchaan (Undur-Chan)
16	Dornogov' (Ost-Gobi)	Sajnsand (Sain-Schanda)
17	Dornod (Dornod)	Cojbalsan (Tschoibalsan)
18	Süchbaatar (Suche-Bator)	Baruun urt (Barun-Urt)

● Stadt Ulaanbaatar (Ulan-Bator)

✳ Stadt Darchan (Darchan)

In diesem Gebiet beträgt die Bevölkerungsdichte 1,2 E/qkm bis 1,3 E/qkm, während sie im Süden, in den ausgedehnten Gobilandschaften 0,1 E/qkm beträgt, wobei die großen, trockenen Wüstengebiete nahezu menschenleer sind.

Die Basis der Wirtschaft des Landes liegt noch immer in der traditionellen Viehhaltung[2]. In den letzten 20 Jahren wurde die Industrialisierung bedeutsam vorangebracht. Ihr Ziel ist, die Mongolei in ein Industrie-Agrarland umzuwandeln. Der Prozeß der Sozialisierung der Produktionsmittel wird für 1959 als vollendet angegeben. Nach mongolischen Quellen wurde 1981 das Ziel erreicht, wonach die Industrie 44 % des gesellschaftlichen Gesamtproduktes und über 30 % des Nationaleinkommens erzeugte (Rechenschaftsbericht des 6. Fünfjahresplans, 1976 - 1980, der M.V.R.).

Trotz der vergleichsweise starken Dynamik der an der internationalen Bahnlinie gelegenen städtischen Siedlungszentren der nördlichen Zentralregion von Suche-Bator, Darchan und Ulan-Bator ist das von der Nomadenwirtschaft geprägte Grundmuster der räumlichen Erschließung und Entwicklung ziemlich konstant geblieben. Ähnlich wie früher die Standorte der vielen tausend Klöster, die nun zerstört sind, stellen auch die neuen Siedlungen sich z.Z. noch als stark isolierte Gebilde in einem noch weitgehend von ihnen unbeeinflußten Raum dar, da die Kommunikationsverbindungen schwach entwickelt sind. Auch die Industrieansiedlungen stellen so letztlich punktuelle Standorte dar. Ulan Bator, die frühere buddh. Klosterstadt Urga, ist eine der wenigen Siedlungen des Landes mit einer über 300-jährigen Kontinuität bis zur Gegenwart. Ein ortsfestes Siedlungsnetz entstand aus ökonomischen und administrativen Erfordernissen erst in den letzten Jahrzehnten. Es gibt z.Z. rund zwei Dutzend "städtische" Siedlungen in der Größenordnung von 2.000 bis 15.000 Einwohner, die als administrative oder

---

[2] Traditionsgemäß wird folgendes Vieh in der nomadischen Weidewirtschaft gehalten (Bestand einschließlich der Stallbestände der Staatsfarmen, 1975, und Zuchtstationen):

Schafe	14,5 Mio Stck.
Ziegen	4,6 Mio Stck.
Yaks und ihre Bastarde mit Rindern (Khainak)	2,888 Mio Stck.
Pferde	2,264 Mio Stck.
Kamele	0,67 Mio Stck.

industrielle Standorte nach der Revolution von 1921 gegründet wurden. "Ländliche" ortsfeste Siedlungskerne verdanken ihre Entstehung der 1960 abgeschlossenen Kollektivierung der nomadenhaften Viehwirtschaft.

Der Aufbau des Industriesektors ist in der Mongolischen Volksrepublik ebenso beeindruckend wie der Ausbau des exportorientierten, rohstoffliefernden Bergbaubereichs und der übrigen Zweige der Wirtschaft. Die landwirtschaftliche Produktion bleibt aber auch für die Zukunft ein wesentlicher Bestandteil der Volkswirtschaft. Hier ist vor allem die Weideviehhaltung das wesentliche wirtschaftliche Bindeglied zu einer im Lande selbst tätigen, weiterverarbeitenden Industrie.

Zahlreiche Merkmale des traditionellen Nomadentums kennzeichnen noch die mongolische Weidewirtschaft, die geographisch in den großen asiatischen nomadischen Weidewirtschaftsgürtel einzuordnen ist.

Die Probleme der Kollektivierung und des Seßhaftmachens der Nomaden haben z.T. ihre Ursachen in den Besonderheiten der Landesnatur und in der historischen Entwicklung. Sie sollen deshalb kurz skizziert werden.

Das Gesamtgebiet der Mongolischen Volksrepublik gehört zum extrem kontinentalen, winterkalten Klimabereich mit langen, kalten und schneearmen Wintern und kurzen, relativ niederschlagsreichen Sommern mit insgesamt kurzen Übergangszeiten von Frühling und Herbst. Bemerkenswert ist das von N nach S zonal ausgerichtete naturgeographische Grundmuster, das unverkennbare Auswirkungen auch auf die Kulturgeographie hat. Die zonale Abfolge der naturgeographischen Differenzierung äußert sich so in von N nach S abnehmenden Niederschlägen, in der entsprechend ausgerichteten Verbreitung bestimmter Bodentypen und in der Vegetationsbedeckung mit charakteristischen Landschaftsgürteln und in einem von N nach S insgesamt abnehmenden Naturpotential.

Im N der Mongolischen Volksrepublik nimmt die Gebirgstaiga rund 4,1 % der Landesfläche ein. Nach S schließt sich die Zone

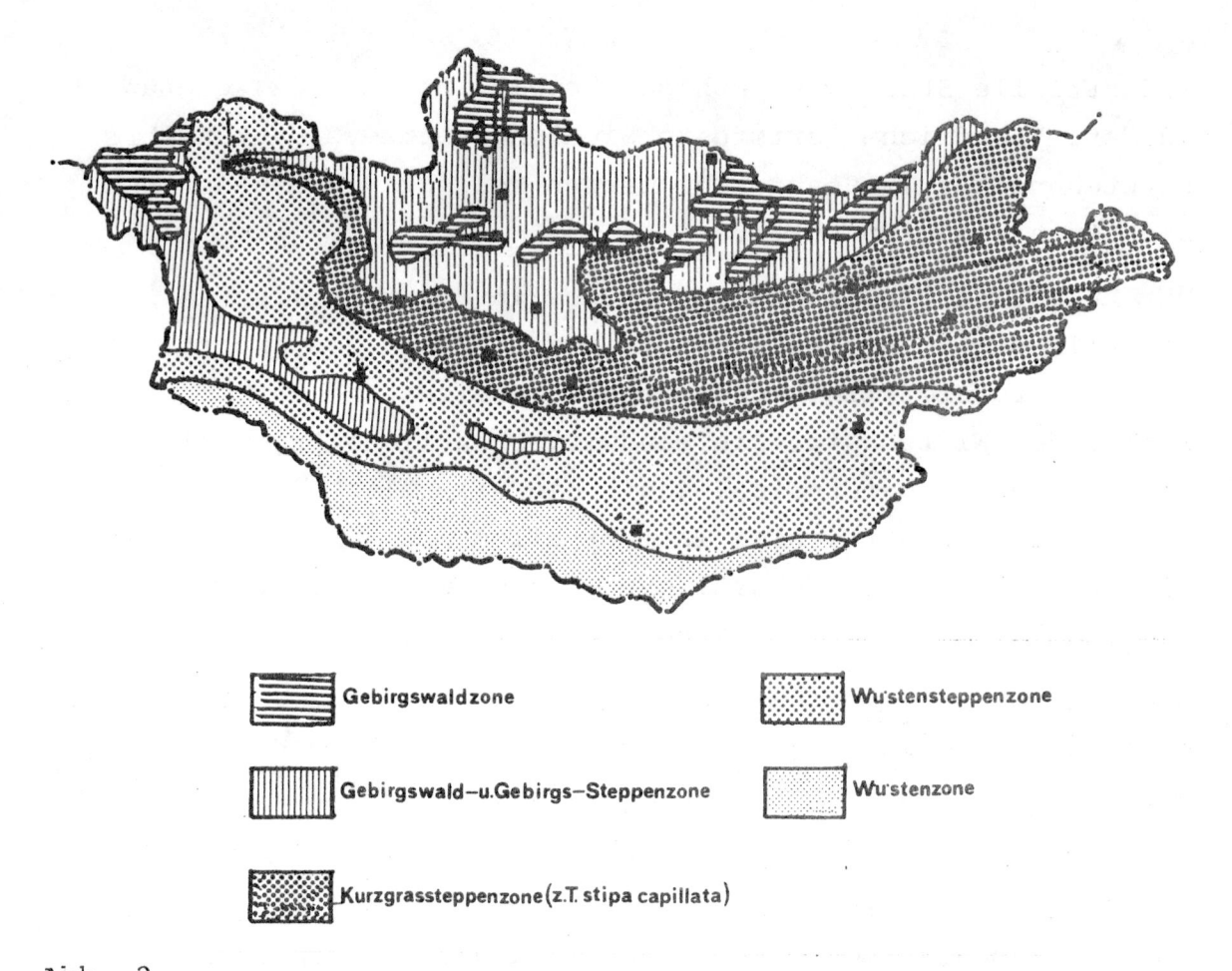

Abb. 2

LANDSCHAFTSGLIEDERUNG IN DER MONGOLISCHEN VOLKSREPUBLIK
Quellen: Statistisches Bundesamt 1977, BARTHEL 1971

Legende:
- Gebirgswaldzone
- Gebirgswald- u. Gebirgs-Steppenzone
- Kurzgrassteppenzone (z.T. stipa capillata)
- Wüstensteppenzone
- Wüstenzone

der Gebirgswaldsteppen mit lichten Lärchenwäldern und großflächigen Bergweiden, die zur Zone der reinen Gebirgssteppen überleitet, an.

Bei abnehmendem Niederschlag wandelt sich dann das Landschaftsbild zu den weit verbreiteten Federgras-Steppen, die wiederum allmählich in die Wüstensteppen und Wüsten der Gobi übergehen. Insgesamt bedecken die verschiedenen Steppentypen (außer Wüstensteppen) zusammen 51,3 % der Landesfläche, während die Wüstensteppen und Wüsten der Gobi und des Beckens der Großen Seen im Westen des Landes 42,6 % des Territoriums der M.V.R. einnehmen. (BARTHEL 1975, S. 456)

Die durchschnittlichen Niederschläge liegen im Gebiet der Gebirgswaldsteppen und Gebirgssteppen bei rund 250 mm/Jahr und sinken nach S in den Wüstengebieten der Transaltaigobi auf knapp 50 mm/Jahr.

Analog zum zonalen Grundmuster der Landesnatur mit einem von N nach S abnehmenden Potential wurden von den nomadisierenden Viehzüchtern (=Araten) optimal angepaßte agrarische Wirtschaftszonen entwickelt[3]. In ihnen dominiert die Haltung verschiedener Nutztiere.

Sie sind auch durch eine von N nach S abnehmende Bevölkerungs- und Siedlungsdichte sowie eine abnehmende Viehbestandsdichte charakterisiert.

Die Sozialisierung der Viehzucht in der M.V.R. beginnt mit den Anfängen des Regimes im Jahre 1921. Bereits 1929 wurde Grund und Boden des Adels und der lamaistischen Klöster enteignet und nationalisiert. Ebenso geschah es mit den großen Viehherden, die zum Nationaleigentum deklariert wurden. Bis dahin waren Adel und Klöster im Besitz von über 50 % der Viehbestände des Landes. Die Nationalisierung der gesamten Herdenbestände wurde nach dem Vorbild der U.d.S.S.R. durch den achten Parteikongreß im Februar 1930 beschlossen. Auf diesem wurde ebenfalls die allgemeine, sofort vollziehbare Seßhaftmachung der nomadischen Viehzüchter (Araten) angeordnet. Teilweise wurden diese Maßnahmen mit Gewalt durchzusetzen versucht, führten jedoch ähnlich wie in der U.d.S.S.R. zu Mißerfolgen. Den Araten mangelte es u.a. an Fachkenntnissen in der Leitung großer kollektiver Viehwirtschaftsbetriebe, die man als "Landwirtschaftliche Vereinigungen" (*Negdel*) bezeichnete.

Im Mai 1932 wurde das Experiment abgebrochen und als "Abweichlertum der Linken" verurteilt. Der Viehbestand hatte sich um 32 % verringert. Natürlich hatte dieser Mißerfolg auch Auswirkungen auf eine entsprechende Einstellung der Araten, die nun eine starke Abneigung gegen jede Form der Sozialisierung an den

---

[3] Es soll einer späteren Darstellung vorbehalten sein, Nomadismus und Seßhaftwerden als Anpassungsvorgänge, die von natürlichen, historischen und ethnischen Faktoren beeinflußt wurden, auch für die vorrevolutionäre Zeit aufzuzeigen.

Tag legten. So gab es 1935 erst ein Kollektiv im W der M.V.R. 1938 gab es 34 Kollektive mit zusammen 190 Mitgliedern, 1940 gab es 91 Kollektive und 1945 stieg ihre Zahl auf 99 an. In ihnen waren je 55 Mitglieder mit je ca. 300 Stück Vieh zusammengefaßt. 1950 werden 139 Kollektive mit je 56 Mitgliedern und mit je 850 Stück Vieh angegeben. 1952 war die Zahl auf 165 "Landwirtschaftliche Vereinigungen" mit zusammen ca. 9.000 Aratenwirtschaften gewachsen, die zusammen ca. 280.000 Stück Genossenschaftsvieh betreuten. Bis etwa 1950 brachten die Araten nur sehr kleine Viehbestände in die Genossenschaften ein; teilweise besaßen sie weder Geld noch Vieh und konnten nur ihre Arbeitskraft zur Verfügung stellen. Viele versuchten, die Vergünstigungen der Kollektive (Betreuungsvieh und Befreiung von den Zwangsabgaben) zu erlangen und sich dann den Verpflichtungen zu entziehen.

So kamen bis 1949 die Herden der "Landwirtschaftlichen Vereinigungen" meist durch Regierungsaufkäufe (bzw. Regierungsdarlehen zum Ankauf von Vieh) zustande, so daß es nicht verwunderlich ist, wenn 1952 der Anteil des kollektiven Viehbestandes nur 1,2 % des Gesamtbestandes an Vieh der M.V.R. betrug (ZADAMBA 1956).

Eine drastische Wende brachten die Beschlüsse des 12. Parteitages von 1954. Gestützt auf eine hinreichend ausgebildete Führungsequipe waren nach mongolischen Angaben Anfang 1960 99,3 % der Aratenwirtschaften mit 72,3 % des Viehbestandes in den "Landwirtschaftlichen Vereinigungen" erfaßt. Nur in der Gobi gibt es heute noch private Aratenwirtschaften. Für Ende 1959 wird die Kollektivierung, "die Organisation der Landwirtschaft in Produktionsgemeinschaften (Kooperativen)" als "abgeschlossen" angegeben (GOURJAV 1974). Der dieses Mal erfolgreiche Verlauf der Kollektivierung zeigt sich darin, daß die Viehbestände nicht so massiv zurückgingen wie 1930[4].

Parallel zur Kollektivierung der nomadischen Viehhaltung wurden nach russischem Vorbild Staatsgüter gegründet, die sich zunächst dem Ackerbau widmeten, der den mongolischen Araten fremd war.

---

[4] Der Bestand an Kooperativen wird für 1963 mit 354, für 1966 mit 289, für 1976 mit 259 angegeben. Zunächst wurden Kooperativen, die sich in das Gebiet eines *Somons* (="Kreis") teilten, zusammengelegt. Später gibt es dann weitere Zusammenschlüsse aus Rationalisierungsgründen.

Hier waren und sind auch heute noch zahlreiche russische Spezialisten tätig. Die Staatsgüter erbringen bis heute fast ausschließlich die Getreide-, Kartoffel- und Gemüseproduktion des Landes, die der Versorgung der städtischen Bevölkerung dient. Sie liegen hauptsächlich in den nördlichen Landesteilen, wo es genügend Niederschlag und Bewässerungsmöglichkeiten gibt. Es sind die Flußtäler der Einzugsgebiete von Selenga, Orchon und Uldsa. Die Anbaufläche sollte 1980 rund 1,5 Mio. ha umfassen. Von den 45 Staatsgütern widmen sich elf speziell dem Futterbau (ZEDENBAL 1976). Teilweise halten sie auch Schlachtvieh oder widmen sich der Zucht von Wollschafen. Zwei Drittel der Staatsgüter sind auf den Getreide- und Gemüseanbau ausgerichtet.

Hand in Hand mit der genossenschaftlichen Entwicklung wurde eine administrative Reform in der Mongolischen Volksrepublik vorangebracht. Die Kollektivierung bildete die Basis für das Instrumentarium des Seßhaftmachens der Araten, einem nachdrücklich verfolgten Ziel der sozialistischen Regierung. Durch die Kollektivierung war gleichzeitig die Möglichkeit gegeben, über eine Reform der Verwaltungsgliederung ein raumplanerisches Grundmuster und Instrument für die agrarökonomische und siedlungsgeographische Erschließung des Landes zu schaffen[5]. Wichtiges Element dieser Reform ist die allgemeine Identität zwischen der administrativen Einheit eines *Somons* (entspricht in etwa unserem Kreis) und dem Wirtschaftsgebiet einer "<u>Landwirtschaftlichen Vereinigung</u>" von Araten.

Administratives Zentrum des *Somons* und Wirtschaftszentrum der *Negdel* (="Landwirtschaftliche Vereinigung") sind ebenfalls identisch. Diese Festlegung der *Somon*-Grenzen als Grenzen eines Bewirtschaftungs- und Verwaltungsareals erfolgte 1959. In einigen Fällen ist auch die Begrenzung der Wirtschaftsfläche eines Staatsgutes ganz oder teilweise identisch mit einem *Somon*-Gebiet.

Geographisch erfassen die *Somone* das gesamte Staatsgebiet der Mongolischen Volksrepublik: Als administrative und auch "festumrissene agrarische Wirtschaftseinheiten" (BARTHEL 1971).

---

[5] Das alte Instrumentarium der Raumbeherrschung wurde mit der Zerstörung von rund 2700 Klostersiedlungen und einer Reihe alter Handelszentren sowie chinesischer Verwaltungssitze nach der Revolution von 1921 praktisch liquidiert.

Es gibt insgesamt 314 *Somone* mit den entsprechenden Zentren, die auch die Grundstruktur des ortsfesten, ländlichen Siedlungsnetzes bilden. In einigen Gobi-*Somonen* sind die zugehörigen Verwaltungs- und Wirtschaftszentren noch nicht ortsfest, sondern nomadisieren noch mit den Araten, wie dem Verfasser bei seinem Aufenthalt im *Aimak* "Ömnö Gov" berichtet wurde.

So stellen die *Somon* - Zentren politisch-administrative, wirtschaftliche und kulturelle Grundeinheiten für ein fest umrissenes Territorium dar. Dies wird auch in ihrer Ausstattung deutlich: Sitz der staatlichen Verwaltung und Leitung der landwirtschaftlichen Vereinigung, Sammelstelle für Produkte der Viehhaltung und evtl. Anbaus, Tankstelle, medizinische Einrichtungen, Post-, Telegraphen- und Funkstation, achtklassige Schule, Geschäft, Kultur- und politisches Schulungshaus, E-Station, Schuppen für Geräte und Maschinen und evtl. noch weitere Zweckbauten für die örtliche Wirtschaft. In zahlreichen Fällen gruppieren sich Wohnbauten für die im Zentrum tätigen Araten um den rein funktionalen Siedlungskern, der um einen großen Platz arrangiert ist, auf dem das jährliche Nadomfest (Nationalfeiertag) gefeiert wird. Die Bebauung ist meist eingeschossig.

Die 314 *Somone* bilden zusammen die 18 *Aimak* (Provinzen) der Mongolischen Volksrepublik. Hinzu kommen die selbständigen und provinzunabhängigen Stadt-*Aimaks* der Industriestadt Darchan (1976: 30.600 E.) und der Landeshauptstadt Ulan Bator (1976: 334.000 E.).

Jedes der 18 *Aimak* besitzt ein zugehöriges administratives und wirtschaftliches Regionalzentrum der straff organisierten Verwaltungs- und Planungsinstanzen. Bis auf fünf sind diese Zentren funktionale Neugründungen.

Die Größe der *Somone* wird von ihrem ökonomischen Nutzungspotential bestimmt. Die meisten umfassen ein Gebiet von weit mehr als 2.000 qkm. In der Gobi-Region sind Flächengrößen von mehr als 6.000 qkm keine Seltenheit. Es werden Durchschnittsgrößen von 5.400 qkm mit durchschnittlich 492 Familien (968 arbeitsfähige Personen über 16 Jahre) und 63.460 Stück Kollektiv-Vieh sowie 14.980 Stück Privatvieh angegeben[6].

Nach dem Rechenschaftsbericht von Staatspräsident Tsedenbal von 1976 entfallen durchschnittlich auf eine landwirtschaftliche Vereinigung 69.000 Stück genossenschaftliches Vieh. Bereits 1966 zählte man bei 20,5 % der landwirtschaftlichen Vereinigungen mehr als 80.000 Stück Vieh. Im *Aimak* Dsavchan werden Flächen von Kooperativen z.B. mit einer Größe von 5.363 qkm und einem Viehbesatz von 115.000 Stück angegeben. Die Staatsgüter und die aus den früheren Heustationen entwickelten Tierzuchtstationen haben neben ihrer Produktions- und Versorgungsfunktion für die seßhafte Bevölkerung noch Dienstleistungsaufgaben für die landwirtschaftlichen Vereinigungen wahrzunehmen. Sie versorgen diese mit hochwertigem Zuchtvieh und Saatgut, mit Futtermitteln (z.B. im Winter mit Heu) und Maschinen. Ein Staatsgut bzw. eine Zuchtstation muß diese Serviceleistungen für ca. 7 bis 8 Kooperativen aufbringen.

Bei genauerer Betrachtung sind die landwirtschaftlichen Vereinigungen Organisationseinheiten mit universellem Auftrag. Sie sind Entwicklungsinstrumente der staatlichen Wirtschaftsplanung für den wichtigen Bereich der Landwirtschaft, und sie besitzen bedeutsame administrative, juristische und kulturelle Funktionen. So werden in der sozio-politischen und sozio-ökonomischen Einheit des *Somons* eine Verringerung des Verwaltungspersonals, eine höhere Effektivität des gesellschaftspolitischen und ökonomischen Wirkens der Kooperative erzielt.

An der Spitze der "*Somon*-Kooperative"[7] steht ein Präsident, der für zwei juristisch verschiedene Aufgabenbereiche zuständig ist. Ihm unterstellt ist der *Somon-Khural* (der örtliche "Sowjet"), der aus den über 16 Jahre alten Mitgliedern der Kooperative gebildet wird und den Präsidenten nach dem auch in der U.d.S.S.R.

---

[6] Laut Gesetz sind 50 Stück Privatvieh pro Familie in der Provinz Archangai, 75 Stück in den Gobilandschaften erlaubt. Auf jedes Familienmitglied entfällt mindestens 1 Pferd und eine Anzahl von Schafen und Ziegen.

[7] Die Begriffe "Kooperative" und "Landwirtschaftliche Vereinigung" (*Negdel*) werden synonym verwendet.

üblichen Wahlverfahren wählt. Für die Regelung von Zivil- und Verwaltungsangelegenheiten stehen dem Präsidenten Vizepräsidenten zur Seite, die voll vom Staat bezahlt werden und den *Aimak*-Behörden wiederum verantwortlich sind.

In der Amtsführung als Chef der Kooperative wird der Präsident ebenfalls von Vizepräsidenten unterstützt, die Referenten für Produktionsfragen, für Tierhaltungstechnik, Agronomie und andere Spezialisten sind.

Der Präsident des *Somons* muß über seine Amtsführung als Chef der landwirtschaftlichen Vereinigung berichten und Rechenschaft ablegen. Er erhält wegen seiner Doppelfunktion ein Ergänzungsgehalt aus den von der Kooperative erwirtschafteten Einnahmen. Ein mobiles Tribunal ist für das Rechtswesen und für die politische Bildung zuständig.

Die Doppelfunktion der Kooperative bzw. des *Somons*, für Verwaltung und Ökonomie alle notwendigen Organisationsaufgaben zu leisten, äußert sich in einer entsprechenden Doppelbezeichnung. Die geographische Bezeichnung (sie allein erscheint auf den geographischen Karten) des *Somon*-Zentrums wird nach sowjetischem Muster ergänzt durch eine Devise, die die zugehörige landwirtschaftliche Vereinigung kennzeichnet:

Santmargas *Somon* - "Bajasgalant amdral" = (-"Freudiges Leben")

Burenkhangai *Somon* - "Chodolnor" = (-"Arbeit")

Die eigentlichen Träger eines grundlegenden Wandels in der landwirtschaftlichen Produktion sind die Brigaden als Unterabteilungen der landwirtschaftlichen Vereinigungen. Auch sie besitzen funktional zugeschnittene Siedlungszentren mit Verwaltungs- und Wirtschaftsgebäuden.

Als eigentliche Basis der Arbeitsorganisation und Produktion ist die Kooperative in vier bis fünf <u>Brigaden</u> aufgeteilt, die spezielle Aufgaben wahrzunehmen haben.

Abb. 3

SOMON-ZENTRUM

Das Foto zeigt ein ausgebautes *Somon*-Zentrum, das zusätzlich die Funktion eines Kurzentrums besitzt. Das große, weiße Gebäude dient der Unterbringung von Erholungsbedürftigen.

Die Tendenz zur Seßhaftigkeit wird dadurch verstärkt, daß eine Brigade stets ihren Sitz im *Somon*-Zentrum hat. Dort, wo die entsprechenden Baulichkeiten und die notwendige Infrastruktur für bestimmte Dienstleistungen bereitgestellt sind, hat diese Brigade alle Aufgaben zu erfüllen, die nicht direkt die nomadische Viehhaltung betreffen.

Sie betreibt zur Versorgung der seßhaften "Siedler" des *Somon*-Zentrums Ackerbau, wo dies möglich ist; sie betreibt Schweine- und Hühnerhaltung und ist mit der Winterfutterbereitung (Heu) beschäftigt. Sie hat Baumaterial zu besorgen und Gebäude zu errichten. Zu ihren Aufgaben gehören ebenfalls zahlreiche kommunale Dienste, wie die Verwaltung von Fahrzeug- und Geräteschuppen, die Betreuung der mit Dieselmotoren betriebenen E-Station, der öffentlichen Gebäude, der Badeeinrichtungen, des Schulinternats, der Wasserversorgung etc.

Abb. 4

BRIGADE-ZENTRUM

Das Foto zeigt ein Brigade-Zentrum, das für mehrere Monate von einem
seßhaften "Verwaltungsstammpersonal" allein bewohnt wird. Die übrigen
Brigademitglieder nomadisieren mit den Herden im angewiesenen Weidegebiet. Das weiße Gebäude (rechts) ist Verwaltungs- und Schulungshaus
des Brigadiers und des Brigade-Parteisekretärs der M.R.V. Partei.

Die übrigen Brigaden haben für die Viehhaltung je ihre eigenen
zugewiesenen Weidewirtschaftsbereiche, in die das *Somon*-Gebiet
aufgeteilt ist. Zuschnitt und Größe des Brigadegebietes ist
dabei von der *Somon*-Größe, vom weidewirtschaftlichen Nutzungspotential evtl. für eine bestimmte Tierart abhängig[8].

---

[8] Im genau abgegrenzten Weidegebiet einer Brigade können dann die Herden
in einem auf die Ertragsfähigkeit abgestimmten Rhythmus geweidet werden.
Hierbei werden nach Möglichkeit häufig noch traditionelle Routen berücksichtigt. Oft versucht man auch, moderne Gesichtspunkte der Futter-
lehre etc. durchzusetzen und traditionelle Weideverfahren durch wissen-
schaftlich begründete zu korrigieren. Dabei kann es dann zu Kontroversen
zwischen modern ausgebildeten Spezialisten und auf die Erfahrung ver-
weisenden Araten kommen. Die Brigaden dürfen die Grenzen ihrer Weidegebiete nicht überschreiten.

Die Brigade zählt durchschnittlich 200 Arbeitskräfte. An der Spitze einer jeden Brigade steht ein Leiter, der Brigadier oder Chef. Er repräsentiert zwar nicht de jure, sondern de facto die unterste wirtschaftliche und administrative Macht über ein bestimmtes Gebiet. Jede Person, die auf dem zugewiesenen Brigadeweidegebiet lebt, untersteht der Autorität des Brigadiers. Er bestimmt auch über die durchzuführenden Arbeiten der Brigade. Er ist zuständig für die ordnungsgemäße Verwaltung und Unterhaltung der landwirtschaftlichen Ausrüstung (Brunnen, Gebäude, Maschinen), der Weidegebiete und der kollektiven Weidetiere. Der Brigadier hat zur Wahrnehmung seiner Aufgaben einen gewählten Rat von sieben oder acht Mitgliedern (Technisches Personal, Veterinärmediziner, Praktiker etc.) zur Verfügung.

Im allgemeinen wird der Leiter der Brigade in den *Khural* deputiert. Die eigenständige Verantwortung des Brigadiers ist zwar eher auf ökonomische Angelegenheiten als auf politische und administrative Fragen ausgerichtet, jedoch werden ihre weiteren Befugnisse, z.B. arbeitsrechtlicher Art laufend erweitert, was durchaus auch in der Konsequenz des Rätesystems und "der konsequenten Anwendung der Prinzipien des demokratischen Zentralismus und der Kollektivität der Parteileitung" liegt (TSEDENBAL, 1976). So ist es auch verständlich, daß auf allen Ebenen der Verwaltungsgliederung bis hinunter zu den nomadisierenden *Sur* Parteisekretäre der M.R.V.P. fungieren.

Bei einer Abwägung der feststellbaren Aufgabenverteilung ist die Kooperative die juristisch mit umfassender offizieller Autorität ausgestattete untere Instanz in der pyramidenartig, zentralistisch aufgebauten Verwaltungsorganisation. Sie ist weiter untergliedert in Brigaden und diese in *Sur*. Die Aufgaben der Leitung dieser Organisationseinheiten liegen schwerpunktmäßig und eigenverantwortlich im sozio-ökonomischen Bereich, während ihre sozio-politischen Verpflichtungen und administrativen Funktionen vom *Somon*-Präsidenten noch weitgehend delegiert erscheinen[9].

---

[9] Aus den laufenden Rechenschaftsberichten mit den Fünfjahresplänen geht hervor, daß die "Rechtsgrundlagen der Tätigkeit der Deputierten" besonders der unteren örtlichen Basis "vervollkommnet" werden sollen.

Im ganzen Land gibt es rund 950 Brigaden, die sich der Viehwirtschaft widmen. Die durchschnittlich 200 Araten betreuen ca. 14.000 - 15.000 Stück Vieh. (Bei Rindern und Yaks sind es ca. 4.000 - 5.000 Stück, bei Schafen und Ziegen sind es ca. 32.000 Stück). In Anpassung an die natürlichen Verhältnisse sind die Brigaden auf eine Viehart spezialisiert, soweit dies möglich ist. So ist z.B. im Arakhangai-*Aimak* eine Brigade im *Somon*-Zentrum beschäftigt; eine weitere Brigade betreut ca. 3.000 Rinder und Yaks, und die übrigen zwei Brigaden betreuen ca. 25.000 Schafe und Ziegen. Zur privaten Verfügung stehen dann noch Pferde und Kamele als Reit- und Zugtiere. Im Gobigebiet trifft man häufig auf eine Brigade, die Kamelhaltung betreibt, während die beiden übrigen auf die Schafhaltung spezialisiert sind.

Nach den vorhandenen Möglichkeiten sind die Brigaden angehalten, in ihren Zentren schon feste Gebäude für die Verwaltung, die wirtschaftliche Tätigkeit und kulturellen Veranstaltungen zu errichten. Hier wohnen auch zum Teil schon das ganze Jahr über die alten Mitglieder der Brigade, hat der Leiter sein festes Verwaltungsbüro etc., während die übrigen Araten mehrere Monate des Jahres zur Betreuung der Herden auf den Naturweiden weilen und nur zur Wintersaison sich im Zentrum aufhalten.

Ob man hier von einer Teilseßhaftigkeit sprechen kann, bedarf weiterer Untersuchungen. Die Fixierung der Brigadezentren an festen Siedlungsplätzen ist besonders im Norden der M.V.R. in den Gebirgswaldsteppengebieten, wo gute Weideflächen vorhanden sind, zu beobachten. Sie liegen meist an für die Viehversorgung wichtigen Punkten: An Quellen, Wasserläufen, Brunnen und in geschützten Lagen, an guten Verkehrsverbindungen, wo es zweckmäßig ist, feste Gebäude für die Beherbergung und Versorgung von Mensch und Tier in den Jahreszeiten mit extremen Wetterlagen zu schaffen.

Als Unterteilung der Brigade ist schließlich noch, wie schon angedeutet, der *Sur* als gesellschaftliche Gruppe, aber auch als geographisch fixierbare Zelle der ökonomischen Basis faßbar.

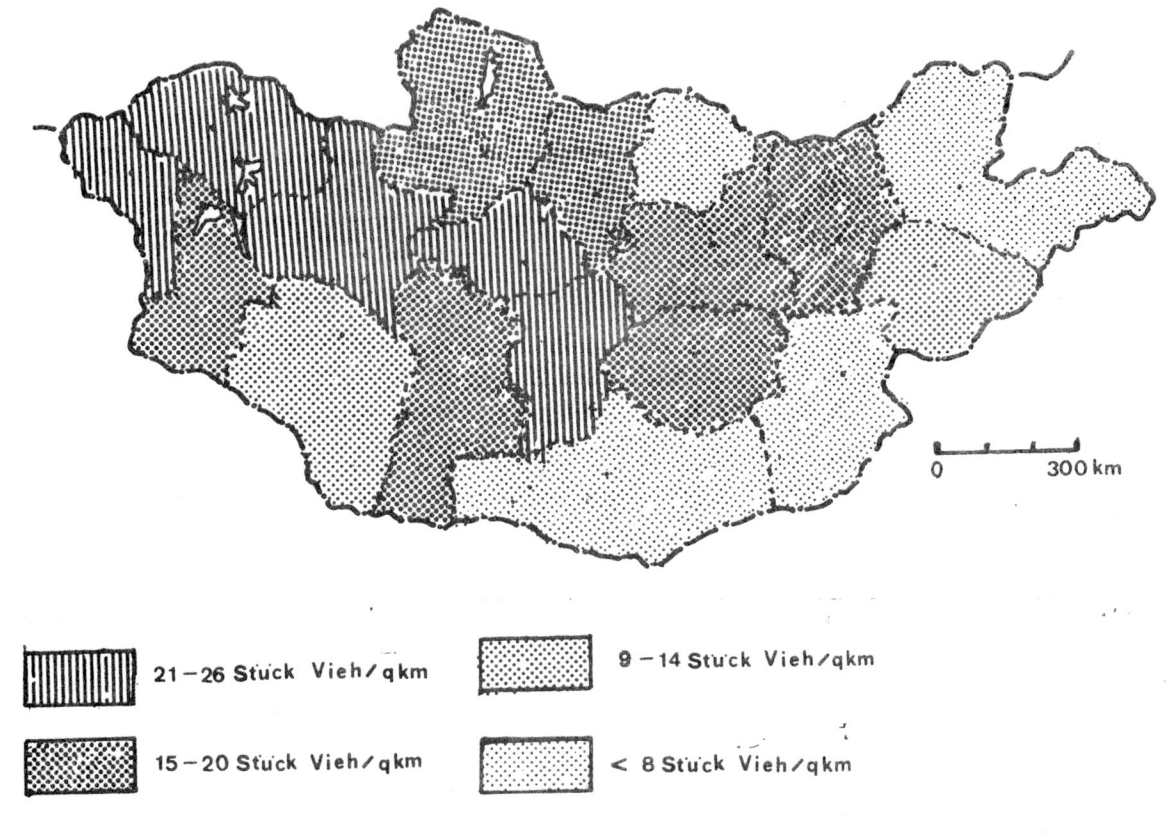

	21–26 Stück Vieh/qkm		9–14 Stück Vieh/qkm
	15–20 Stück Vieh/qkm		< 8 Stück Vieh/qkm

(Haupttierarten sind: Kamel, Pferd, Rind und Yak, Schaf, Ziege)

Abb. 5

VIEHDICHTE IN DER MONGOLISCHEN VOLKSREPUBLIK

Quellen: Statistisches Bundesamt 1977, BARTHEL 1971 und eigene Berechnungen

Im Durchschnitt bilden 34 *Sur* eine Viehzuchtbrigade, so daß zu einer landwirtschaftlichen Vereinigung durchschnittlich 114 *Sur* gehören.

Im Gesamtgebiet der Mongolischen Volksrepublik zählt man ca. 33.000 *Sur*-Einheiten. In einem *Sur* ist eine Gruppe von Araten mit ihren Familien vereint, die eine Herde spezieller Tiere, evtl. spezifiziert nach Geschlecht, Alter oder Nutzungsbestimmung, betreut.

Der *Sur* wurd ebenfalls von einem "Chef" geführt. Er wird von den Mitgliedern der Gruppe, die eine Arbeits- und Produktionseinheit darstellt, gewählt. Die Art der Herde oder die ökonomische Nutzung ist bestimmend für die Größe des *Sur*.

Eine Schafherde von 800 Stück wird gewöhnlich von einem *Sur* gehütet, der bis zu drei Familien umfaßt. Eine gleich große Yak- und Rinderherde wird von ca. zehn Familien betreut, die dann ein *Sur* bilden. Zu diesen Kollektivherden gehören dann auch noch ca. 80 Zugtiere und das Privatvieh[10].

Entsprechend den Bedürfnissen der nomadischen Weidewirtschaft wechselt der *Sur* mehrmals im Jahr seinen Standort. Er fällt im Gelände als eine Gruppe von weißen Jurten auf, die in einer oder bei einer größeren Gruppe in zwei Reihen aufgestellt sind. Die Eingänge der Jurten sind stets nach S gerichtet. Diese Jurtengruppe bleibt stets zusammen.

In der südlichen Hälfte der Mongolischen Volksrepublik, in den futterarmen Wüstensteppen trifft man auch häufig auf einzelstehende Jurten. Einige Gestelle für die private Käse- und Butterherstellung vervollständigen die Ausrüstung einer *Sur*-Gruppe. Eine weitere Aufteilung der *Sur*-Gruppe erfolgt nicht. So werden Heugewinnung und Herdenbetreuung vom gleichen Standort der Gruppe in der Nähe der Winter- und Frühjahrsweide betrieben, danach verlegt man in einem gewissen Rotationsrhythmus den *Sur* geschlossen zum nächsten festgelegten saisonalen Standort. Jede Tierart erfordert ihre eigene Pflege und ihre eigenen Weiden mit einem speziellen Tagesablauf beim Hüten, um eine rentable Nutzung zu erzielen. Auch der Rhythmus des Weidewechsels und des Nomadisierens ist von der Tierart abhängig. Schafherden erfordern einen häufigeren Standortwechsel als Rinder- und Yakherden. Die festgelegte Rotation und die saisonale Standortveränderung wird in der nomadischen Weidewirtschaft nur im Notfall (heftiger Schneefall, Vereisung, Dürre), bei dem das Vieh gefährdet ist, aufgegeben.

Für das Nomadisieren ist der Chef des *Sur* verantwortlich. Er entscheidet über die Wanderungsroute, die Länge und Dauer der einzelnen Wanderungsabschnitte. Die Standortveränderungen muß

---

[10] In den letzten Jahren ist ein Anwachsen der Stückzahlen der Kollektivherden bzw. eine Reduzierung der Anzahl der Familien, die ein *Sur* bilden, feststellbar. Eine Abwanderung der Familien oder auch der jungen Generation in die Industrieorte ist hierbei eine Ursache.

Abb. 6
Zwei Jurten von zwei Familien, die ein *Sur* bilden; das *Sur* stellt sich als ökonomische Kleinstzelle dar. Die beiden Familien betreuen eine Herde von staatlichem Vieh und eine Anzahl privater Tiere.

er mit den übrigen *Sur*-Chefs seiner Brigade abstimmen. Dies ist notwendig, weil die saisonbedingten Wanderungen aller *Sur*-Mitglieder einer Brigade innerhalb eines Gebietes mit annähernd gleichem Naturpotential fast gleichzeitig stattfinden.

Das Gesamtgebiet einer Brigade ist in vier jahreszeitlich zu nutzende Weideareale aufgeteilt, wovon jeweils in der Saison ein Areal von den *Surs* der Brigade genutzt wird, während die restlichen drei Zeit zum Nachwachsen haben.

Es gibt auch Fälle, daß ein *Sur* eine bestimmte Weidefläche zur ausschließlichen Nutzung durch alle Jahreszeiten hindurch zugewiesen erhält, wenn der Bewuchs und das Gelände eine Tragfähigkeit für eine bestimmte Herde zuläßt.

Inzwischen versucht man besonders in den begünstigten nördlichen und nordwestlichen Regionen, zwei oder drei *Sur* an festen Standorten und in festen Unterkünften mit entsprechender

Ausstattung zusammenzufassen und durch Aufgabenteilung seßhaft zu machen, so daß nur noch einige wenige Araten mit der Herde unterwegs auf der Weide sind.

Innerhalb des *Sur* sind die Aufgaben auf Spezialisten verteilt. Die Frauen sind fast alle Melkerinnen, sie bewachen auch die Herden. Zu den speziell aufgeteilten Arbeiten gehören Gesundheitskontrolle und -vorsorge bei den Tieren, Zucht, Jungtieraufzucht, Milch-, Woll- oder Tierhaargewinnung und Transport zu den Sammelstellen, Fellkonservierung; Männer sind häufig Spezialisten für die Reparatur und Instandhaltung der Heukarren, der Schlitten, des Schirrzeugs, der Brunnen und Viehunterstände.

Z.Z. ist es ein wichtiges Anliegen, in der bevölkerungsarmen Mongolischen Volksrepublik optimale Bedingungen für die Arbeitsorganisation bei der Viehhaltung zu erforschen, um Arbeitskräfte aus der Landwirtschaft für die Industrie freizusetzen und um die Rendite zu erhöhen. Problematisch und noch im Erprobungsstadium ist ein gerechtes Entlohnungssystem, da die Arbeits- und Existenzbedingungen der Araten von *Aimak* zu *Aimak* sehr unterschiedlich sind.

Ein bedeutsamer Faktor für die Seßhaftmachung sind die soziopolitischen und sozio-kulturellen Aufgaben der Kooperative und auch der Brigaden. Dazu gehört der Schulunterricht und die Führung der Schulinternate für die Schüler der nomadisierenden Brigadenmitarbeiter[11]. Es gehört die Einrichtung von Kinderkrippen dazu, die Organisation von Weiterbildungskursen für Jugendliche und Erwachsene, die politische Erziehung aller Araten. Die Aufgaben der "ideologisch-politischen" und "kulturell-erzieherischen Aufklärung" werden personell sowohl auf *Somon*-Kooperativ-Ebene als auch noch auf Brigaden-Ebene eigens von einem Parteisekretär mit zugehörigem Kader geleistet. Dafür sind in jedem *Somon*-Zentrum eigene Gebäude oder Räume bereitgestellt und eingerichtet.

---

[11] Dadurch verdoppelt sich häufig zu Beginn des Schuljahres, im September die Einwohnerzahl des *Somon*-Zentrums. Bis zum Jahre 1980 sollten 60 % der Landschüler während der Schulzeit Unterkunft in den *Somon*-Schülerheimen finden.

In den festen Brigadezentren gibt es dafür ebenfalls eigene Räume, allerdings hier häufig in der Form von sogen. "negdsen kontor" (= "vereinigtes Büro").

Bei dieser Arbeit der Parteisekretäre spielen Aktivitäten und Anregungen zur Seßhaftmachung der Araten eine besondere Rolle. Diese spezielle Instruktion der Araten geschieht auf der Basis der entsprechenden Beschlüsse des 16. und 17. Parteitages (1973) und des Plenums des ZK der Mongolischen Revolutionären Volkspartei.

Obwohl man allgemein feststellen kann, daß die Mehrheit der Brigadezentren nur zeitweilig bewohnte "Siedlungen" darstellen, in denen meist in Abhängigkeit von der Futtergrundlage alle oder ein Teil der Mitglieder einer Brigade 3 - 4 Monate, manchmal auch bis zu 6 Monate Wohnung nehmen, ist der Unterschiedsgrad des Übergangs zur Seßhaftigkeit selbst bei den die gleiche Tierart im gleichen *Aimak* betreuenden Araten sehr groß.

Zur Veranschaulichung sei hier ein konkretes Beispiel, das aber für die M.V.R. ideale Verhältnisse wiedergibt, angeführt. Es ist die "Erste Viehzuchtbrigade" der Kooperative "Bajasgalant amdral" (Kooperative "Freudiges Leben") des Manchan-*Somon* im Chovd-*Aimak* im zentralen W der Mongolischen Volksrepublik.

Das Weidegebiet der Brigade liegt im Bereich des Nordabfalls des Mongolischen Altai, im zentralasiatischen Binnenentwässerungsgebiet mit den Becken der Großen Seen. Nach GRAJWORONSKIJ (1979) ist sie als "eine der seßhaftesten im ganzen Lande" zu betrachten. Das Brigadezentrum gilt als vorbildlich für alle Zentren von Viehzuchtbrigaden im *Aimak*.

Die Brigade wird seit vielen Jahren von dem in der Mongolei bekannten "Held der Arbeit" und Deputierten des Großen Volkskhurals, B. LUVSAN, geleitet.

Ein großer rechteckiger Hof, der von einer auf Natursteinfundament errichteten Stampflehmmauer umgeben ist, bildet das Zentrum der Brigadenniederlassung. Innerhalb des Hofes waren folgende einstöckigen Gebäude erbaut: Ein Wirtschaftslager, ein Gebäude mit Räumen für "kulturelle Aufklärungsarbeit" (für ca. 150 Per-

Abb. 7

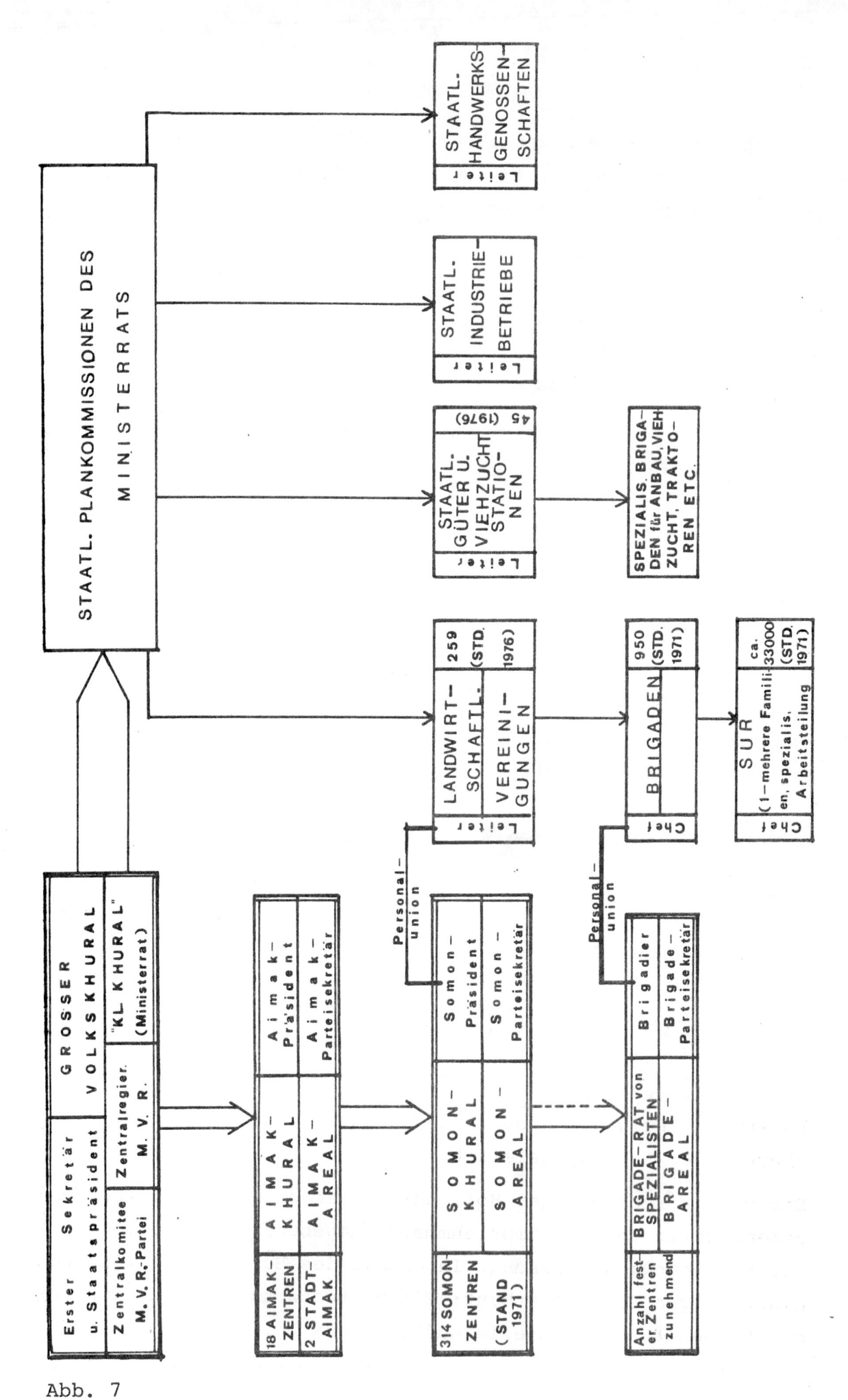

GLIEDERUNG DER ZENTRALEN STAATSORGANE UND DES ÖKONOMISCHEN
INSTRUMENTARIUMS DER RAUMENTWICKLUNG IN DER MONGOLISCHEN
VOLKSREPUBLIK

sonen) und für die Bibliothek, ein Bürogebäude mit separaten Räumen für den Brigadeleiter B. LUVSAN, für den Buchhalter, für den Parteisekretär, für einen Veterinärgehilfen und für einen Wirtschaftsleiter; dann gab es ein kleines Badgebäude, eine Sanitätsstation, ein Gästehaus und ein Geschäft. Alle Bauten sind aus an der Luft getrockneten Stampflehmziegeln (*tuuchij tujpuu*) erbaut.

Alle fünf Brigaden des Manchan-*Somon* besaßen seit 1971 solche festen Zentren. Zu der "Ersten Viehzuchtbrigade" zählten 130 Familien mit über 400 Personen. 60 % der Mitglieder waren unter 16 Jahre alt. Die Brigade besaß (1971) wie auch die übrigen vier Brigaden ca. 36.000 Stück Vieh: 900 Kamele, 800 Pferde, 1.100 Stück Rindvieh (Yak und *Khainag*[12]), 22.000 Schafe, 11.000 Ziegen. Von diesem Viehbestand sind ca. 20 % Privatvieh, die restlichen 80 % sind Genossenschaftsvieh.

Aufgrund der vorhandenen Naturweiden und Wasserstellen und den Möglichkeiten der Heugewinnung können sich die Brigadenmitglieder mit ihren Familien in wettergünstigen Jahren bis zu zehn Monate im Jahr im Brigadezentrum aufhalten. Dies gilt als optimale Kennziffer für den Seßhaftigkeitsgrad aller Viehzuchtbrigaden des Landes, die besonders auf Schaf- und Ziegenhaltung ausgerichtet sind. In diesem Falle könnte man von einer Teilseßhaftigkeit in Wirtschafts- und Lebensweise sprechen. Die Mobilität nimmt in der Vegetationsperiode zu, während der man unter Ausnutzung der Naturbedingungen das Vieh mästet.

Ende Juni zieht die Brigade zu den in den Bergen in 20 - 80 km Entfernung liegenden Sommerweiden. Man bleibt dort bis Ende August - Anfang September. Auf die Sommerweide nimmt man in der Regel "Leichtgepäck" mit, kleine Jurten und die notwendigen Gerätschaften. Die Kamele dienen dabei als Transporttiere. Die Wanderung unternimmt man in geschlossenen Familiengruppen (*Sur*) und erreicht in maximal 3 - 4 Tagen die Sommerweiden. Je nachdem wieviel Gras auf den Naturweiden zur Verfügung steht, wird der Standort 2 - 3 mal gewechselt, wobei man in einer Entfernung

---

[12] Es gibt zahlreiche Kreuzungen des Yak mit dem Rind, die man mit *Khainag* bezeichnet

von 5 - 10 km vom letzten *Sur*-Lager erneut seine Jurten aufschlägt. Wie schon betont, ist dies kein typisches Beispiel.

Im *Aimag* Ömnö-Gobi mit seinen sehr dürftigen Wüstensteppen nomadisieren noch viele *Somone*, und es gibt riesige Areale, die immer nur kurz in eine nomadisierende Weidewirtschaft einbezogen werden können. Obwohl man hier durch Brunnen die Wasserversorgung der Tiere gesichert hat, ist es für absehbare Zeit kaum zu erwarten, daß man hier eine Seßhaftigkeit der auf Kamelhaltung spezialisierten Araten erreichen kann. Hier muß man oft bis zu 60 mal den Lagerplatz wechseln und legt dabei nicht selten bis zu 1.000 km zurück.

Die Seßhaftmachung der nomadisierenden Viehzüchter ist in der M.V.R. als langfristig angelegter Entwicklungsplan zu betrachten. Ein wesentlicher Schritt vorwärts dazu war die von der Partei betriebene Kollektivierung der Viehbestände in landwirtschaftlichen Vereinigungen im Fünfjahresplan 1955 - 59. Im 6. Fünfjahresplan (bis 1980) gab es im Lande 259 landwirtschaftliche Vereinigungen und 45 Staatsgüter. Es war vorgesehen, bis 1980 ein "Generalschema für die Entwicklung und Standortverteilung der Produktivkräfte" auszuarbeiten (TSEDENBAL, 1976).

Aus den Ausführungen ist zu entnehmen, daß mit der sozio-ökonomischen Entwicklung in der Mongolischen Volksrepublik das Seßhaftmachen der nomadischen Araten und ein direkt darauf bezogenes Siedlungsprogramm mit den erforderlichen Infrastrukturen Hand in Hand geht.

Darin sind zweifellos die *Somon*-Zentren als Kerne eines ländlichen Siedlungsnetzes zu betrachten. Sie sind bis auf die Extremgebiete im Süden und Osten schon zu bedeutsamen Punkten der Stabilisierung der Lebensweise der Araten geworden.

Bei der gewaltigen Ausdehnung des zugehörigen Gebiets (im Durchschnitt 4.500 qkm, d.i. fast doppelt so groß wie Luxemburg) macht die Regierung Anstrengungen, durch die zusätzliche Schaffung von Brigadezentren die Punkte zur Seßhaftmachung zu vermehren.

Als ergänzende Maßnahmen dazu sind der Bau von Einfriedungen, festen Wohnbauten für die Araten, festen Heuställen auf den Winter- und Frühjahrsweideplätzen bei Brunnenstellen zu betrachten. An diesen Punkten werden wandernde Propagandakader zur politischen, ökonomischen und kulturellen Unterweisung an die einzelnen Nomadengruppen herangebracht.

Es ist auch die Vielfältigkeit der Aufgabenstellung der *Somon*-Kooperative deutlich geworden:

1. Politisch-ideologische Erziehung der im Kollektiv organisierten Viehzüchter in der marxistisch-leninistischen Ideologie, in der Nomadismus als gesellschaftlich rückständig gilt.

2. Verbesserung der Wettbewerbsfähigkeit der noch größtenteils nomadischen Viehwirtschaft, da sie die ökonomische Basis der nationalen Wirtschaft ausmacht. Dies geschieht durch eine straff organisierte Produktionsorganisation in Form und auf der Siedlungsbasis der *Somon*-Kooperativen unter der Leitung des zentralisierten staatlichen Planungs- und Verwaltungsapparates.

3. Nutzung der ebenfalls hierarchisch gegliederten ökonomischen Organisationsstruktur für administrative, juristische und kulturelle sowie politische Funktionen sozusagen in Organisationseinheit [13].

Die Vorteile dieses Systems für die bevölkerungs- und spezialistenarme M.V.R. liegen auf der Hand:

A. Konzentration von politisch-administrativen Aufgaben und sozio-ökonomischen Funktionen in einer Organisations- und Personalunion.

B. Direkte und effektive Umsetzung von sozio-politischen und sozio-ökonomischen, auch raumwirksamen Zielsetzungen über die gleiche Organisationsstruktur bis zur Basis.

---

[13] Damit wurde das asiatische Modell der Volkskommune, in der die Produktionsgenossenschaftseinheit identisch mit der Verwaltungsbezirkseinheit ist, übernommen.

Verfolgt man die statistische Entwicklung der seßhaften und nichtseßhaften Bevölkerung der Mongolischen Volksrepublik, so fällt auf, daß in den zwanzig Jahren von 1940 - 1960 der Übergang zur Seßhaftigkeit durch die Aufnahme einer neuen Tätigkeit im wirtschaftlichen und politisch-gesellschaftlichen Entwicklungsprozeß des Landes, die keine nomadenhafte Lebensweise mehr erforderte, vonstatten ging. Dies trifft für ein Drittel der damaligen Bevölkerung zu, während zwei Drittel als Araten noch nicht seßhaft waren.

Seit den 60-iger Jahren erfaßt der Prozeß des Seßhaftwerdens in seinem schrittweisen Ablauf die Viehzüchter selbst. Zur Zeit kann man allerdings nicht exakt feststellen, ob schon der größte Teil der Araten zu einer teilseßhaften Lebensweise übergegangen ist

Andererseits sind vom Beginn der 60-iger Jahre bis Mitte der 70-iger Jahre über 140.000 Personen, das sind mehr als 30 % der in der Landwirtschaft Tätigen, in andere Wirtschaftsbereiche in festen Siedlungszentren abgewandert. Obwohl sich das Urbanisierungstempo merklich verringerte, übertraf das Zuwachstempo der städtischen Bevölkerung das Zuwachstempo der ländlichen Bevölkerung in dieser Periode um das 3-fache:

Tab. 1
BEVÖLKERUNGSZUWACHS IN DER MONGOLISCHEN VOLKSREPUBLIK

	1956	1963	1969	1976	1977
Städt. Bevölkerung (in 1000)	183,0	408,8	527,4	696,5	719,0
Ländl. Bevölkerung (in 1000)	662,5	608,3	670,2	770,4	793,4

Quelle: Statistischer Sammelband, Ulan Bator, 1977

Diese Entwicklung ist nicht unproblematisch. Daß dies auch in der Mongolei erkannt wird, zeigen die Äußerungen, die auf dem 9. Plenum des Z.K. der Mongolischen Revolutionären Volkspartei 1971 bereits dazu gemacht wurden, "daß sich in einer Reihe von Landesteilen ein ernsthafter Mangel an Arbeitskräften in der Landwirtschaft bemerkbar macht." (Materialien, 1971)

Literatur

(Der in russischer Sprache zur Verfügung stehende Teil der Literatur ist mit * gekennzeichnet)

AXELBANK, A. (1971), Mongolia, Tokyo

BARTHEL, H. (1971): Land zwischen Taiga und Wüste. - Gotha/Leipzig

BARTHEL, H. (1975): Bilder aus der Mongolischen Volksrepublik. - In: Zeitschrift für den Erdkundeunterricht, H. 8 + 9, Berlin

GOURJAV, L. (1974): Die Sozialistische Wirtschaft der Volksrepublik der Mongolei, Ulan Bator*

GRAJWORONSKIJ, W.W. (1979): Von der nomadenhaften Lebensweise zur Seßhaftigkeit, Moskau*

HEISSIG, W. (1978^2): Die Mongolen. Ein Volk sucht seine Geschichte. - dtv 1342, München

KREUER, W. (1971): Kultureller und wirtschaftlicher Wandel in der Mongolischen Volksrepublik. - In: Zeitschrift für Wirtschaftsgeographie, Heft 8, Hagen

Materialien des 9. Plenums des Z.K. der M.V.R.P. (1971), Ulan Bator*

SCHÖLLER, P., DÜRR, H. & DEGE, E. (1978): Ostasien. - Fischer-Länderkunde Nr. 1 (Hrsg. W.W. PULS), Frankfurt, 480 S.

Statistisches Amt der M.V.R., (1977), Statistischer Sammelband, Ulan Bator*

Statistisches Bundesamt, Hrg. (1977), Statistik des Auslandes: Mongolei, Wiesbaden

ZADAMBA, S. (1956): Grundsätzliche Probleme der Entwicklung der landwirtschaftlichen Kooperation in der Mongolischen Volksrepublik, Moskau*

ZEDENBAL, J. (1976): Rechenschaftsbericht des Zentralkomitees der Mongolischen Revolutionären Volkspartei, Ulan Bator*

ZUM GEGENWÄRTIGEN STAND
DER STAATLICHEN UMSTRUKTURIERUNGSMASSNAHMEN
IN DER ALGERISCHEN STEPPE

von

Wolfgang Trautmann*

(mit 1 Karte)

Zusammenfassung: Während der dritten Phase der Agrarrevolution von 1975 bis 1977 setzte die algerische Regierung eine Umstrukturierung der Steppengebiete in Gang. Sie umfaßt die Umverteilung der Viehherden, eine Intensivierung der Produktion und die Reorganisation der Nomadenbevölkerung. Bisher wurde in den Pilot-Wilayaten Tebessa, M'Sila und Saida mit der Enteignung der Großzüchter, dem Aufbau stationärer extensiver Weidewirtschaften und der Einrichtung staatlicher Genossenschaften begonnen. Darüber hinaus gibt es Diversifikationsprojekte für die marginalen Kleinzüchter.

Summary: On current changes of the agrarian structure in the Algerian steppe. - During the third phase of the Agrarian Revolution from 1975 to 1977 the Algerian government set about the restructuring of the steppe areas. Therin are included the redistribution of livestock, the intensification of production, and the reorganization of the nomadic population. Up to the present the dispossession of large-scale breeders, the equipment of stationary pastureland as well as the setting-up of state-directed co-operatives were started within the wilayates of Tebessa, M'Sila, and Saida. In addition there exist projects concerning the diversification of traditional economic activities performed by small-scale sheep-breeders.

1971 wurde in Algerien eine Agrarrevolution eingeleitet mit dem Ziel, die Lebens- und Arbeitsbedingungen der ländlichen Bevölkerung zu verbessern. In den ersten beiden Phasen von 1972 bis 1975 stand die Neuordnung der agrarsozialen Verhältnisse in den Ackerbauregionen im Vordergrund, soweit sie nicht von Selbstverwaltungsdomänen bewirtschaftet werden, die kurz nach der Unab-

---

* Priv.-Doz. Dr. Wolfgang Trautmann, Universität Essen GHS, Fachbereich 9 - Geographie, Universitätsstr. 5, D-4300 Essen 1

hängigkeit Algeriens auf ehemaligem französischen Siedelland entstanden. In der dritten Phase von 1975 bis 1977 wurde dagegen die Umstrukturierung der Steppengebiete zwischen dem Tell-Atlas und den südlichen Piedmontflächen des Sahara-Atlas in Angriff genommen. Sie verdient vor allem deshalb Aufmerksamkeit, weil in einem breitgefächerten Ansatz nicht nur sozio-ökonomische, sondern auch ökologische Faktoren in die Planung einbezogen wurden[1].

1. Die Ziele des Reformprogramms

1.1 Die Neuordnung der Eigentums- und Besitzverhältnisse

Ausgangspunkt für die Durchführung der Agrarrevolution in der algerischen Steppe ist die Beseitigung der ungleichen Eigentums- und Besitzverhältnisse. 1975 gehörten nach offiziellen Angaben nur 5% der Viehzüchter über die Hälfte aller Schafherden mit insgesamt 8 - 10 Mill. Tieren[2]. Die Enteignung der Großeigentümer wurde daher in den einschlägigen Gesetzen (Charte de la Révolution Agraire, Code Pastoral) als vordringlichste Aufgabe angesehen.

Die Bestimmung, daß davon alle Züchter betroffen sind, die nicht direkt und persönlich von den Erträgen ihrer Herden leben, zielt vor allem auf die absentistischen Großeigentümer. Dabei handelt es sich hauptsächlich um Städter aus den nördlichen Anbauregionen, die überschüssiges Kapital in die extensive Viehhaltung investieren, sowie um Viehhändler, die häufig in Dürrejahren ihre Herden auf Kosten der Kleinzüchter vergrößern konnten. Allerdings geben die Gesetze über den Enteignungsmodus keine klare Auskunft. Während auf der einen Seite der freigesetzte Viehstapel in einen Na-

---

[1] Grundlage der folgenden Ausführungen ist ein Algerienaufenthalt im März 1980, der durch eine Reisebeihilfe der Deutschen Forschungsgemeinschaft ermöglicht wurde. Die Deutsche Botschaft in Algier hat mir die Wege bei den algerischen Behörden geebnet. Herr Smail Lauameur (Subdirektion M'Sila des M.A.R.A.) hat mir unveröffentlichtes Material zur Verfügung gestellt und bereitwillig Auskünfte erteilt. Ihnen allen danke ich an dieser Stelle sehr herzlich.

[2] Textes relatifs à la troisième phase d'application de la Révolution Agraire, S. 9 f.

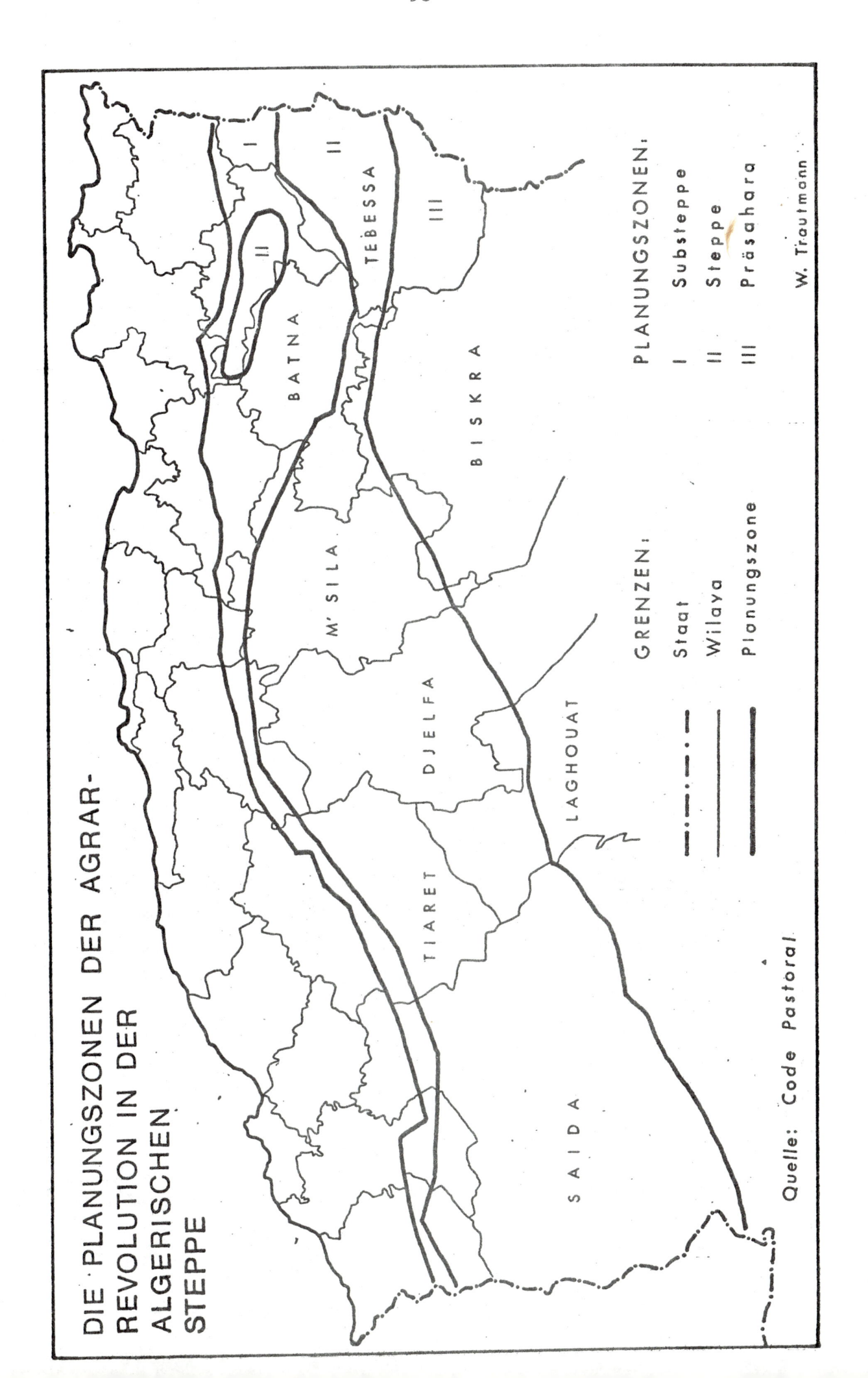

DIE PLANUNGSZONEN DER AGRAR-REVOLUTION IN DER ALGERISCHEN STEPPE

GRENZEN:
- Staat — · — · —
- Wilaya ———
- Planungszone ———

PLANUNGSZONEN:
- I Substeppe
- II Steppe
- III Präsahara

Quelle: Code Pastoral.

W. Trautmann

tionalfond eingebracht werden soll, wird auf der anderen die Möglichkeit des freien Verkaufs eröffnet[3].

Darüber hinaus sollen alle Personen enteignet werden, die zwar direkt von der Viehzucht leben, deren Herden aber zu groß sind. Dabei wurde das obere Limit von der Regierung auf 280 Schafe und 18 Widder für jeden Familienvorstand fixiert. Es kann allerdings um 100 Schafe und 5 Widder für jedes Kind bis auf max. 150% des Bestandes heraufgesetzt werden. Somit würde die absolute Höchstgrenze bei 420 Schafen und 27 Widdern liegen[4]. Alle Züchter, die mehr Tiere besitzen, müssen sie auf dem freien Markt verkaufen.

Eine totale oder partielle Enteignung der Großeigentümer ist allerdings undenkbar ohne eine gleichzeitige Beseitigung der agrarsozialen Abhängigkeiten, wie sie seit kolonialer Zeit in der Steppe üblich waren. Sie basieren vor allem auf verschiedenen Formen der Teilpacht (*azela*). Im Rahmen dieser Verträge wurden die Herden der Großzüchter gegen einen festgesetzten Anteil an der Produktion von Nomaden oder besitzlosen Hirten auf Zeit übernommen. Er betrug im allgemeinen 10 % an den Jungtieren, konnte aber auch in Geld oder Naturalien abgegolten werden[5]. Da damit häufig Schuldknechtschaft und soziale Isolation der Teilpächter verbunden waren, wird ihre Integration in den gesellschaftlichen Fortschritt angestrebt. Wichtige Schritte auf diesem Weg stellen die Annullierung der vorhandenen Schulden sowie die Einführung eines Festlohns dar, dessen Höhe sich an dem gesetzlich garantierten Mindestlohn für Landarbeiter orientiert[6]. Darüber hinaus erhalten die Viehpächter und ihre Familien die entsprechenden sozialen Vergünstigungen.

---

[3] Vgl. ebd. S. 12 u. 26

[4] Ebd. S. 52

[5] EL-KENZ (1978), S. 58

[6] Er betrug 1974 nur 12,50 DA, wurde aber 1978 auf 28 DA pro Arbeitstag heraufgesetzt. Annuaire statistique d'Algérie, S. 313, vgl. EL-KENZ (1978), S. 73

Der durch die Enteignung freigesetzte Viehstapel soll unentgeltlich an diejenige Personen verteilt werden, deren Jahreseinkommen die Mindestgrenze von 3.500 DA unterschreitet[7]. Voraussetzung ist jedoch, daß keine anderen Einkommensquellen außer der Viehzucht vorhanden sind. Im Hinblick darauf, daß das Nettoeinkommen einer Züchterfamilie 1971 im Wilaya Saida bei einer durchschnittlichen Herdengröße von 500 Stück 16.980 DA betrug[8], würde das einem Besitz von weniger als 103 Schafen entsprechen.

Bei der Zuteilung der Herden sollen die bisher benachteiligten agrarsozialen Gruppen nach folgender Reihenfolge berücksichtigt werden: An erster Stelle rangieren die ehemaligen Viehpächter. Dahinter kommen die Kriegsveteranen (*moudjahadine*) und Kriegswaisen (*chouhada*), sofern sie in der extensiven Viehhaltung tätig sind, aber keine eigenen Herden besitzen. Am Schluß stehen besitzlose Hirten und selbständige Kleinzüchter, sofern ihr Jahreseinkommen die festgesetzte Mindestgrenze unterschreitet[9].

Falls alle Voraussetzungen erfüllt sind, können jedem Empfangsberechtigten unentgeltlich 100 Schafe und 5 Widder zugeteilt werden[10]. Ihre Annahme ist jedoch mit der Auflage verbunden, für die Erhaltung dieses Bestandes zu sorgen und einer staatlichen Viehzüchterkooperative (C.E.P.R.A.) beizutreten. Darüber hinaus ist für jede zugeteilte Herde ein festgesetzter Nutzungsanteil am öffentlichen Weideland (*terres de parcours*) vorgesehen. Sein Umfang schwankt entsprechend den unterschiedlichen Niederschlagsverhältnissen in den einzelnen Planungszonen zwischen 100, 250 und 400 ha[11].

---

[7] Textes relatifs à la troisième phase d'application de la Révolution Agraire, S. 29

[8] EL-KENZ (1978), S. 75, vgl. La steppe algérienne, S. 97

[9] Textes relatifs à la troisième phase d'application de la Révolution Agraire, S. 29 f.

[10] Ebd. S. 50. In der Nomadismus-Enquête von 1968 wurde ein Bestand von 100 Schafen und Ziegen als Minimum für die Unterhalt einer Familie angesehen; La steppe algérienne, S. 95

[11] Textes relatifs à la troisième phase d'application de la Révolution Agraire, S. 51

Das Zuteilungsverfahren selbst liegt in der Verantwortung der institutionalisierten kommunalen Volksversammlungen, die zu diesem Zweck um die lokalen Vertreter der Partei und übrigen Massenorganisationen erweitert werden (A.P.C.E.). Sie registrieren u.a. den Besitzstand der Züchter, stellen in Übereinstimmung mit den gesetzlichen Bestimmungen die Kandidatenliste auf und entscheiden über die Zuteilung[12]. Ihre Arbeit wird durch Propagandakampagnen vorbereitet, die insbesondere unter dem Einsatz der nationalen Bauerngewerkschaft (U.N.P.A.) die ländliche Bevölkerung für die Ziele der Agrarrevolution gewinnen sollen.

1.2 Die Intensivierung der Produktion

Zur Verbesserung der Produktionsgrundlagen wurde die algerische Steppe in vier Planungszonen unterteilt, deren Grenzen sich an den Isohyeten orientieren. Es handelt sich dabei um folgende Gebiete:

a) Die Feldbau-Weide-Zone der Substeppe mit Jahresniederschlägen zwischen 300 und 400 mm ("zone semi-aride inférieure")

b) Die nördliche Steppenzone mit Jahresniederschlägen zwischen 200 und 300 mm ("zone aride supérieure à influence tellienne")

c) Die südliche Steppenzone mit Jahresniederschlägen zwischen 200 und 300 mm ("zone aride inférieure à influence saharienne")

d) Die Zone der Subsahara mit Jahresniederschlägen unter 200 mm ("region des dhayas aride inférieure")

Abgesehen davon, daß die Abgrenzung zwischen den Zonen b) und c) aus Mangel an weiteren Kriterien nicht nachvollziehbar ist, handelt es sich keineswegs um homogene Gebiete.

---

[12] Ebd. S. 16; Révolution Agraire (textes fondamentaux), S. 80 f; Recueil des textes d'application relatifs à la Révolution Agraire (1975), S.108 f.

Auf der einen Seite sind in der Steppenzone die stärker beregneten Höhenlagen des Sahara-Atlas eingeschlossen. Auf der anderen Seite findet sich eine Steppenenklave in der Substeppe der Dairate Ain Beida und Ain M'Lila (Wilaya Oum el Bouaghi) sowie Merouana und Batna (Wilaya Batna)[13].

Da innerhalb der beschriebenen Planungsregion die Desertifikation teilweise außerordentlich vorangeschritten ist, gehört es zu den Zielen des Reformprogramms, die ursprüngliche Vegetationsdecke als Futterbasis für die Schafherden zu erhalten. Daher ist das Abholzen von Bäumen und Sträuchern, die den Nomaden seit jeher als Brennmaterial dienten, verboten. Darüber hinaus ist in diesen Zonen - mit Ausnahme der Substeppe und der Bewässerungsareale - jegliche Bodenbearbeitung, die zu Erosionsschäden führen könnte, untersagt[14]. Diese Verfügung trifft vor allem die Kleinzüchter unter den Nomaden, die in den winterfeuchten Bodenmulden (*dayas*) einen extensiven Getreideanbau zur Verbreiterung der Nahrungsbasis und zur Absicherung in Krisenzeiten betreiben.

Alle Ländereien, die in den Kommunen der Planungsregion nach offizieller Definition mindestens 5 Jahre brachliegen[15], wurden zu nationalem Eigentum erklärt. Der Staat behält sich daher das Recht vor, die Richtlinien für die künftige Nutzung zu bestimmen. Im Rahmen der dritten Phase der Agrarrevolution ist dabei in jeder Kommune eine Aufteilung des Brachlandes in folgende Nutzungskategorien vorgesehen:

a) in Weideland, das von den geplanten staatlichen Viehzüchtergenossenschaften (C.E.P.R.A.) genutzt wird.

b) in Weideland, das auch allen übrigen Züchtern offensteht.

---

[13] Textes relatifs à la troisième phase d'application de la Révolution Agraire, S. 47

[14] Ebd. S. 38. Zur Einschränkung des Brennholzbedarfs wurden 1976 durch staatliche Stellen 100.000 Rechauds zu Vorzugspreisen an die Züchter verteilt; Recueil des textes d'application relatif à la Révolution Agraire (1976), S. 95 f.

[15] Statistique agricole, Serie B (1974), S. 8

c) in Weideland, das nach Wiederherstellung seines natürlichen Potentials entweder verteilt oder in Reserve gehalten werden kann.

Die Überwachung der damit zusammenhängenden Regelungen obliegt den institutionalisierten kommunalen Volksversammlungen (A.P.C.). Für die Nutzung der Weiden müssen sowohl von den Kooperativen als auch von den privaten Züchtern Gebühren entrichtet werden, die den Gemeinden zufließen[16].

Die Aufteilung der Steppe in Nutzungskategorien ist insofern von Bedeutung, als damit der Weg vom Nomadismus zur stationären extensiven Weidewirtschaft vorgezeichnet ist. In einer Übergangsphase sollen allerdings die traditionellen Formen der Transhumance aufrechterhalten werden. Dazu gehören einerseits die Sommerwanderungen in den Tell-Atlas, wo die Nomaden Getreide gegen tierische Produkte eintauschen und/oder als Erntearbeiter auch Weiderechte auf den Stoppelfeldern erhalten (*achaba*), andererseits die Winterwanderungen in die nördliche Sahara, wo sie häufig bei der Dattelernte in den Oasen Beschäftigung finden (*azzaba*)[17].

Um den steigenden Fleischbedarf einer sprunghaft wachsenden Bevölkerung zu befriedigen, gehört es zu den Zielen des Reformprogramms, Umfang und Qualität der Produktion zu steigern. Da die Schafherden für die Nomaden bisher überwiegend eine ökonomische Reserve darstellten, so daß eine marktgerechte Selektion außer acht gelassen wurde, ist für alle Züchter der Planungsregion die Zusammensetzung des Viehstapels vorgeschrieben. Nach den vorliegenden Dekreten sollen die Herden zu 90% aus reproduktionsfähigen Schafen, zu 5% aus Widdern sowie zu 5% aus Ziegen bestehen[18]. Die Bestände, die diese

---

[16] Textes relatifs à la troisième phase d'application de la Révolution Agraire, S. 31 f.

[17] La steppe algérienne, S. 137 - 172. In den Gesetzestexten wird allerdings nur auf die Achaba Bezug genommen; vgl. Textes relatifs à la troisième phase d'application de la Révolution Agraire, S. 39

[18] Ebd. S. 34 f. Mit der Zulassung von Ziegen wird deren traditioneller Funktion als Lieferanten von Milch und Haar für den Nomadenhaushalt Rechnung getragen.

Quoten überschreiten, müssen ohne Ausnahme verkauft werden. Die erforderliche regelmäßige Kontrolle fällt in die Zuständigkeit der institutionalisierten Kommunalen Volksversammlungen (A.P.C.).

Die Regeneration des Viehbestandes wird durch den geplanten Ausbau der Infrastruktur unterstützt. In diesem Zusammenhang ist die Einrichtung von Zuchtzentren in den Steppen-Wilayaten vorgesehen, um die Qualität der einheimischen Schafe durch Kreuzungen mit importierten Rassen zu verbessern. Außerdem sollen in den dazugehörigen Dairaten Veterinärstationen zur Bekämpfung von Viehseuchen errichtet werden. Sie unterhalten wiederum Zweigstellen in den einzelnen Kommunen[19].

Besondere Aufmerksamkeit wird den notwendigen Präventivmaßnahmen gegen Tierverluste im Fall von Dürrejahren oder Schneestürmen geschenkt. Abgesehen von einem Programm zum Ausbau des Wasserstellennetzes, das vor allem eine Vermehrung der schon in kolonialer Zeit angelegten Tiefbrunnen vorsieht, sind die Anlage und der Unterhalt von Futtersilos in den Steppengemeinden geplant. Ihr Grundstock besteht aus Lieferungen von Grünfutter und Gerste aus den nördlichen Feldbauregionen, die teils durch staatliche Subventionen, teils durch einen jährlichen Beitrag der Viehzüchter finanziert werden. Darüber hinaus sollen mögliche Verluste durch den Abschluß einer Versicherung auf Gegenseitigkeit abgedeckt werden[20].

Die Einteilung der Steppe in fest umrissene Nutzungsareale sowie die vorgesehene Einschränkung der Transhumance sind als Stationen auf dem Weg zur geplanten Seßhaftmachung der Nomaden zu betrachten. Damit wird von staatlicher Seite eine Entwicklung forciert, die zwar heute überall im Süden Algeriens zu beobachten ist, aber bisher nur in Krisenjahren der Viehwirtschaft größeren Umfang annahm. Die vorgesehen Infrastruktureinrichtungen sollen dabei als Kristallisationspunkte für die künftigen Ansiedlungen dienen. Die Anlage von Weide-Siedlungen ist wiederum Bestandteil eines Regierungsprogramms, das seit 1972 den Bau

---

[19] Textes relatifs à la troisième phase d'application de la Révolution Agraire, S. 35

[20] Ebd. S. 20, 37

von ursprünglich 1000, inzwischen aber einer reduzierten Anzahl sog. "sozialistischer" Dörfer initiierte[21].

1.3 Die Gründung von Kooperativen

Hervorstechendes Merkmal der Agrarrevolution in der Steppe ist die Einführung neuer Organisationsstrukturen. Grundlage ist die gesetzliche Bestimmung, daß sich alle Züchter, die in den Genuß einer Viehzuteilung gelangen, einer staatlich gelenkten Kooperative anschließen müssen. Entsprechend den unterschiedlichen Zielsetzungen, die die geplanten Genossenschaften im Rahmen des Reformprogramms zu erfüllen haben, sind folgende Typen vorgesehen:

a) Präkooperative Gruppen für die Inwertsetzung von Land (G.P.M.V.). Es handelt sich dabei um Genossenschaften, die mit Hilfe des Staates die notwendigen Produktionsgrundlagen schaffen bzw. erneuern sollen. In der Planungsregion gehört es zu ihren Aufgaben, das natürliche Potential der degradierten Steppenareale soweit wiederherzustellen, daß die vorgesehenen Weiden wieder ausreichend mit Schafen bestockt werden können. Dementsprechend sind sie u.a. mit der Bohrung von Brunnen, der Anlage von Windschutzstreifen und der Konservierung der Alfa-Grasfluren betraut[22].

b) Produktionsgenossenschaften für Viehzucht (C.E.P.R.A.) Sie rekrutieren sich entweder aus Empfängern von Viehzuteilungen aus dem Fond der Agrarrevolution oder aus präkooperativen Gruppen, sofern der notwendige betriebstechnische Entwicklungsstand erreicht ist. Ihr Ziel ist die kollektive Nutzung der Schafherden und sonstiger Produktionsmittel, sei es, daß sie vom Staat zur Verfügung gestellt oder von den einzelnen Mitgliedern selbst eingebracht werden. Darüber hinaus widmen sie sich der Ausstattung der Weiden sowie der Einrichtung

---

[21] Ebd. S. 19, 37; vgl. TRAUTMANN (1979), S. 223 ff.

[22] Textes relatifs à la troisième phase d'application de la Révolution Agraire, S. 32, 33

und dem Unterhalt der notwendigen Infrastruktur[23].

c) Kommunale Mehrzweckgenossenschaften für Dienstleistungen (C.A.P.C.S.). Sie werden als die "Bastionen" der Agrarrevolution in den Steppengemeinden angesehen. Abgesehen davon, daß sie in Zusammenarbeit mit den erweiterten kommunalen Volksversammlungen (A.P.C.E.) die staatlichen Viehzuteilungen überwachen, organisieren sie vor allem Produktion und Absatz auf kommunaler Ebene. Sie fungieren einerseits als Verteiler von Betriebsmitteln, andererseits als Abnehmer von Vieh und Viehprodukten, die vorläufig noch von staatlichen Organisationen angeliefert bzw. vermarktet oder verwertet werden (O.N.A.M.A. bzw. O.N.A.B.). Ihre wichtigste Aufgabe ist aber die Integration der verschiedenen agrarsozialen Gruppen. Sie setzen sich daher aus Vertretern der Selbstverwaltungsdomänen, Kooperativen der Kriegsveteranen (C.A.P.A.M.), staatlichen Produktionsgenossenschaften für Feldbau und Viehzucht (C.A.P.R.A. bzw. C.E.P.R.A.), individuellen Landempfängern der Agrarrevolution sowie unabhängigen Bauern und Züchtern zusammen[24].

Alle Genossenschaftstypen zeigen mehr oder weniger den gleichen Organisationsaufbau. Oberstes Entscheidungsgremium ist die Vollversammlung der Mitglieder, die in Übereinstimmung mit den jeweils definierten Zielen die Richtlinien der Aktivitäten festlegt. Sofern es erforderlich ist, kann darüber hinaus ein Führungsrat gewählt werden. Er verfügt in den Produktionsgenossenschaften für Viehzucht (C.E.P.R.A.) mit weniger als 10 Mitgliedern über 3, mit 10 - 25 Mitgliedern über 6 und mit mehr als 25 Mitgliedern über 9 Mandate[25]. An der Spitze jeder Kooperative steht ein Präsident, der entweder von der Vollversammlung oder dem Führungsrat gewählt wird. Er vertritt die Genossenschaft nach außen und überwacht die Entscheidungen der Selbstverwaltungsgremien.

---

[23] Ebd. S. 53 ff.

[24] Ebd, S. 13 f., 15, 21, 31, 33, 35; Recueil des textes relatifs à la coopération agricole, S. 181 ff. Zur Organisation des Sozialistischen Sektors und des Sektors der Agrarrevolution; vgl. TRAUTMANN (1979)

[25] Recueil des textes relatifs à la coopération agricole, S. 81 ff., 225 ff.

Der Aufbau der kommunalen Mehrzweckgenossenschaften für
Dienstleistungen (C.A.P.C.S.) weicht von den übrigen Kooperativen insofern ab, als zu dem Präsidenten ein technischer
Direktor tritt, der vom Agrarministerium ernannt wird. Obwohl
er lediglich die Geschäftsführung zu überwachen hat, ist damit der Einfluß des Staates auf die Realisierung des Reformprogramms gewährleistet[26].

Um von vornherein einen finanziellen Mißerfolg der Kooperativen zu vermeiden, wurden detaillierte Vorschriften zur Rechnungsführung erlassen. So müssen 50% des Gewinns an innerbetriebliche Fonds abgeführt werden. In den Produktionsgenossenschaften für Viehzucht (C.E.P.R.A.) sind davon 5% für Rücklagen, 15% für das Betriebskapital, 15% für soziale Zwecke
und Investitionen und 5% für die nationale Verbandsarbeit
bestimmt. Von dem Rest werden 10% als Prämien und 90% als
Gewinnanteile an die Genossenschaftsmitglieder nach Anzahl der
geleisteten Arbeitstage ausgeschüttet[27].

In Anbetracht der Tatsache, daß die präkooperativen Gruppen
(G.P.M.V.) vor ihrer Umwandlung in Produktionsgenossenschaften in der Regel keine Überschüsse abwerfen, werden ihre Mitglieder aus einem Staatsfond bezahlt. Die Höhe des Arbeitslohnes setzt die kommunale Mehrzweckgenossenschaft für Dienstleistungen (C.A.P.C.S.) fest[28].

Mit der Gründung von Kooperativen sollen jedoch nicht nur die
wirtschaftliche Situation, sondern auch die sozialen und kulturellen Lebensbedingungen der Bevölkerung in der Planungsregion verbessert werden. In diesem Zusammenhang beteiligen
sich die Genossenschaften an der Konstruktion oder Restauration
von Wohnungen, wie sie im Dorfprogramm der Regierung vorgesehen
sind. Darüber hinaus sorgen sie für den Ausbau der Infrastruktur,
erleichtern die Versorgung ihrer Mitglieder mit Konsumgütern,
kümmern sich um Bildung und Ausbildung, insbesondere um die

---

[26] Ebd. S. 196 ff.

[27] Ebd. S. 231 ff.

[28] Ebd. S. 84

Alphabetisierung ihrer Mitglieder, organisieren Freizeitaktivitäten und machen jede Art von Information zugänglich[29].

2. Probleme und Perspektiven der Reformen

Nach dem Erlaß der Gesetze über die dritte Phase der Agrarrevolution wurden zunächst drei Bezirke ausgesucht, die bei der Realisierung der angestrebten Reformziele Schrittmacherfunktion ausüben sollen. Es handelt sich um die Wilayate Tebessa an der tunesischen Grenze, M'Sila im Hodnabecken und Saida im westlichen Steppenhochland[30]. Obwohl die Arbeit inzwischen auf allen Ebenen aufgenommen wurde, läßt sich über den Entwicklungsstand kein einheitliches Bild gewinnen.

Da bis jetzt keine offiziellen Angaben über die Enteignung der Großzüchter vorliegen, bleiben Umfang und Zusammensetzung des davon betroffenen Personenkreises unklar. Wertet man die Nomadismus-Enquête von 1968 (in der revidierten Fassung von 1972) als Anhaltspunkt, kommen dafür nicht ganz 2,5% aller Viehhalter in Frage, da sie mehr als 300 Tiere besitzen[31]. Selbst wenn man berücksichtigt, daß die Erhebung nicht vollständig ist, bleibt die Anzahl der Großeigentümer doch weit unter dem Prozentsatz, der in der Agrargesetzgebung veranschlagt wurde.

Bemerkenswert ist ferner, daß der Anteil der absentistischen Großeigentümer, gegen die sich die Reform hauptsächlich richtet, relativ klein ist. In der Enquete von 1968 sind 948 der insgesamt 4.026 Viehhalter mit mehr als 300 Tieren als seßhafte ausgewiesen[32]. Das bedeutet, daß nicht ganz ein Viertel aller Großeigentümer von der totalen und etwas mehr als drei Viertel von der partiellen Enteignung betroffen würden.

Auf der anderen Seite ist die Zahl der potentiellen Viehempfänger außerordentlich groß. In der Enquête von 1968 sind 74.678 nomadische Viehzüchter mit weniger als 100 Tieren erfaßt, die

---

[29] Ebd. S. 222

[30] Recueil des textes d'application relatifs à la Révolution Agraire (1975), S. 107

[31] La steppe algérienne, S. 77, 96

[32] Ebd. S. 96

somit unter der angesetzten Einkommensgrenze von 3.500 DA bleiben. Davon stellen allein die marginalen Kleinzüchter mit weniger als 10 Tieren fast 70%[33].

In diesem Zusammenhang muß allerdings die Frage aufgeworfen werden, ob das gesetzlich vorgeschriebene Höchsteinkommen für die Zuteilungsberechtigung als realistisch angesehen werden kann. Wie Berechnungen aufgrund der jüngsten Preisentwicklung ergaben, betrug der Durchschnittsverdienst einer Nomadenfamilie im Wilaya Saida 1977 unter Voraussetzung einer gleichbleibenden Herdengröße 46.960 DA[34]. Daraus folgt, daß das fragliche Höchsteinkommen eher bei 9.392 DA anzusetzen wäre. Eine Beibehaltung des festgesetzten Limits würde demnach bedeuten, daß ein großer Teil der in Frage kommenden Zielgruppen nicht von der vorgesehenen Umverteilung des Besitzes profitiert.

Wie aus dem Statistischen Jahrbuch Algeriens für 1977/78 hervorgeht, verfügte der Sektor der Agrarrevolution über 310.020 Schafe und 14.910 Ziegen. Das sind noch nicht einmal 3% der insgesamt 11.798.320 Tiere, die sich zu diesem Zeitpunkt in Privatbesitz befanden[35]. Wenn man bedenkt, daß bereits 1968 auf der einen Seite lediglich ein Bestand von 1.961.325 Schafen und Ziegen für die Enteignung in Frage gekommen, auf der anderen aber ein Bedarf von 7.841.190 vorhanden gewesen wäre[36], so ist auch im Hinblick auf das rasche Bevölkerungswachstum leicht ersichtlich, daß die erstrebte Verbesserung der Lebensbedingungen in der Steppe mit einer Umverteilung des Besitzes allein nicht erreicht werden kann.

Somit bietet sich die Lösung an, einem Teil der zuteilungsberechtigten Nomadenbevölkerung Erwerbsmöglichkeiten außerhalb der extensiven Schafhaltung zu eröffnen. Obwohl in der Agrargesetzgebung von 1975 bereits das Handwerk als Alternative ins

---

[33] Ebd. S. 77, 96

[34] EL-KENZ (1978) S. 78

[35] Annuaire statistique de l'Algérie 1977-78, S. 189

[36] La steppe algérienne, S. 77, 96

Auge gefaßt wurde[37], sind in jüngster Zeit weitere Diversifizierungsprojekte angelaufen. Im Pilot-Wilaya M'Sila wird das traditionelle Kunsthandwerk mit Formen intensiver Kleintierhaltung (Geflügel-, Kaninchen-, Bienenzucht) kombiniert, um in adäquater Weise die Existenzgrundlagen der zahlreichen marginalen Kleinzüchter zu verbreitern. Bis jetzt befinden sich 18 von insgesamt 100 geplanten kooperativen Mischbetrieben im Aufbau. Vorbild ist die Versuchsstation Sidi Brahim nordöstlich von Bou Saada, wo mehrere Nomadenfamilien in den Betrieb von zwei Webereien sowie in die Haltung von Schafen, Kaninchen und Geflügel eingewiesen werden.

Trotz dieser vielversprechenden Ansätze muß allerdings im Hinblick auf die hohe Anzahl von Kleinzüchtern bezweifelt werden, ob ein genügend großer Teil dieses Arbeitskräftepotentials durch verwandte Erwerbszweige absorbiert werden kann.

Obwohl viele Nomaden beim Aufbau der geplanten Infrastruktur oder parallelen Regierungsvorhaben, wie z.B. dem Programm der "sozialistischen" Dörfer, Beschäftigung finden werden, handelt es sich in den meisten Fällen nicht um Dauerarbeitsplätze. Somit verdienen die Vorschläge, die die Ansiedlung von Kleinindustrien auf dem Lande propagieren, auch für die künftige Entwicklung der Steppe Beachtung, und das umso mehr, als die Wilayate der zentralen und östlichen Steppe die höchsten Wachstumsraten der Bevölkerung aufweisen[38].

Für diejenigen Nomaden, die auch weiterhin extensive Weidewirtschaft betreiben sollen, ist wiederum die Frage von Bedeutung, ob die vorhandenen Weidemöglichkeiten ausreichen. Von den insgesamt 20 Mill. ha Steppe entfallen 5 Mill. auf Anbauflächen, Wald und Ödland. Weitere 3 Mill. ha werden von Alfa-Gras (*Stipa tenicissima*) eingenommen, das hauptsächlich als Grundstoff für die Zelluloseherstellung dient. Von den verbleiben-

---

[37] Textes relatifs à la troisième phase d'application de la Révolution Agraire, S. 37

[38] La steppe algérienne, S. 295 ff. Entsprechende Ansätze der Industrieansiedlung sind bisher meist gescheitert, weil die entsprechenden Betriebe die Agglomerationsräume an der Küste als Standort bevorzugten, vgl. Villages socialistes et habitat rural, S. 77

den 12 Mill. ha wurden bisher nur 5 Mill. regelmäßig als Weide genutzt, da die restlichen Flächen aus Mangel an Wasserstellen kaum in Frage kamen[39]. Sie wurden deshalb meist von Großzüchtern wegen ihrer besseren Ausstattung mit Tankwagen aufgesucht.

Obwohl somit im Rahmen der vorgesehenen Erschließungsmaßnahmen eine Vergrößerung des Weidepotentials erwartet werden darf, müssen erhebliche Teile der Steppe als erosionsgeschädigt angesehen werden. Wie eine Inventarisierung der Parcours im Wilaya M'Sila ergab, beträgt der Anteil der degradierten Flächen in den einzelnen Gemeinden zwischen 40 und 90%[40]. In den übrigen Arealen ist mit einer Verarmung des Weidepflanzenspektrums durch Viehverbiß zu rechnen.

Es gab daher schon vor Beginn der Agrarrevolution Bestrebungen, die Vegetationsdecke mit Vertretern autochthoner Pflanzengesellschaften zu restaurieren. Es kommen dafür hauptsächlich der Chih (*Artemisia herba alba*), der Sennagh (*Lygeum spartum*) sowie der Guetaf (*Atriplex halimus*) und andere halophile Pflanzen in Frage[41]. Ferner ist auch daran gedacht, auf den erosionsgeschädigten Flächen geeignete allochthone Weidepflanzen anzusiedeln. Entsprechende Untersuchungen werden zur Zeit in Chellalah (Wilaya Tiaret) von australischen Experten durchgeführt.

Die Tatsache, daß große Teile der Steppe im Augenblick nur beschränkt genutzt werden können, wirft die Frage nach dem geeignetsten Weidesystem auf. Die Entscheidung für die Einführung der stationären extensiven Weidewirtschaft ist zugleich mit einer Rotation der Weideflächen innerhalb der einzelnen Gemeinden verknüpft, die in die Zuständigkeit der institutionalisierten kommunalen Volksversammlungen (A.P.C.) fällt. Dabei müßten die betroffenen Areale nicht nur mindestens 1 Jahr von der Beweidung ausgenommen, sondern auch zu verschiedenen Zeiten des Jahres

---

[39] La steppe algérienne, S. 275

[40] Direction de l'Agriculture et la Révolution Agraire de la Wilaya de M'Sila: Inventaire des parcours et leur principale vegetation (unpubl.)

[41] La steppe algérienne, S. 262

freigegeben werden, um den Weidegang dem Vegetationszyklus
anzupassen[42].

Dieser eingeschlagene Weg macht aber zugleich die Vorteile
der traditionellen Fernweidewirtschaft deutlich, die eine
optimale Anpassung an das unterschiedliche ökologische Potential der einzelnen Steppenregionen ermöglichte. Solange
das Problem einer ausreichenden Futterbasis noch nicht gelöst ist, wird sie auch künftig unverzichtbar bleiben. Wie
die bisherigen Erfahrungen mit der Errichtung stationärer
Weidewirtschaften gezeigt haben, ist es zu Konflikten zwischen installierten Kooperativen und nomadisierenden Viehzüchtern gekommen[43]. Somit erweist sich eine Abstimmung über
die saisonalen Herdenwanderungen unter den betroffenen Wilayaten als vordringlich.

Für die künftige Entwicklung der Steppenweidewirtschaft ist
insbesondere das Tragfähigkeitsproblem von Belang. Aufgrund
des derzeitigen natürlichen Potentials wurde für die Niederschlagszone zwischen 400 und 300 mm eine durchschnittliche
Bestockungsdichte von 2 - 4 Schafen pro ha, die Zone zwischen
300 und 200 mm von 1 Schaf pro 1 - 4 ha und die Zone zwischen
200 und 100 mm von 1 Schaf pro 10 - 20 ha veranschlagt[44]. Daraus würde ein maximaler Besatz von 8 Mill. Tieren für die algerische Steppe in Frage kommen. Offensichtlich war jedoch
dieses Limit schon 1975 überschritten. Im Wilaya M'Sila, das
hauptsächlich Anteile an den Zonen b und c besitzt, entfielen
1980 im Durchschnitt 1,33 ha auf eine Einheit aus Ziegen und
Schafen und 3,32 ha auf eine Einheit aus Schafen[45].

Selbst wenn man in Rechnung stellen muß, daß diese Art von
Tragfähigkeitsberechnungen nicht dem unterschiedlichen Natur-

---

[42] Ebd. S. 319

[43] Freundliche Auskunft von Herrn LAUAMEUR

[44] La steppe algérienne, S. 259. Darin sind Anbauflächen, Wald und Ödland sowie die Alfa-Grasfluren eingeschlossen.

[45] Direction de l'Agriculture et la Révolution Agraire de la Wilaya de M'Sila: Inventaire des parcours et leur principale vegetation (unpubl.)

potential der Steppe gerecht wird, so bestehen doch kaum
Zweifel, daß für die geplante stationäre Weidewirtschaft
die natürliche Futterbasis nicht ausreicht. Da aber der
Futterzukauf aus den nördlichen Feldbauregionen zu teuer
ist, wurde mit der Anlage künstlicher Futterflächen (Luzerne, Hafer, Gerste) begonnen. Seit 1978 existieren im Wilaya
M'Sila 500 ha in M'Cif und 300 ha in Ben S'Rour, die künstlich
bewässert werden. Nach Fertigstellung eines Stausees mit 30
Mill. cbm Fassungsvermögen im Qued Ksob nördlich der Stadt
M'Sila ist eine Erweiterung der Futterflächen auf 3.000 ha
geplant[46].

Diese Anstrengungen dürfen jedoch nicht darüber hinwegtäuschen, daß
die Rolle der Steppe als Fleischlieferant Algeriens begrenzt
ist. Wenn man von einem Fleischverbrauch von 7 kg pro Kopf
im Jahr 1980 ausgeht, wäre ein Mindestbestand von 14,4 Mill.
Schafen erforderlich, der selbst bei einem Ausbau der Ressourcen die Tragfähigkeit der Steppe überschreiten würde. Um
das Problem der Fleischversorgung zu lösen, müßte daher eine
intensive Weidewirtschaft aufgebaut werden, deren Standort
besser im Tell gelegen wäre[47].

Was die Reorganisation der agrarsozialen Struktur angeht, so
sind im Wilaya M'Sila bis Ende 1978 insgesamt 10 präkooperative Gruppen für die Inwertsetzung von Land (G.P.M.V.) gegründet worden. Sie umfassen 240 Mitglieder, die auf 1.673
ha stark erosionsgeschädigten Landes operieren. Die Größe
der zugewiesenen Flächen schwankt zwischen 20 und 400 ha[48].

Darüber hinaus wurden 45 Produktionsgenossenschaften für
Viehzucht (C.E.P.R.A.) mit jeweils 10 Mitgliedern eingerichtet. Entsprechend den Richtwerten für die Zone b der Planungsregion beträgt die Durchschnittsgröße der zugeteilten Parcours

---

[46] Freundl. Auskunft von Herrn LAUAMEUR

[47] Vgl. dazu die Ausführungen von BOUKHOBZA (1976), S. 5

[48] Direction de l'Agriculture et la Révolution Agraire de la Wilaya de M'Sila: G.M.V. constitués au 31/12/1978.

2.500 ha. Abweichungen liegen insofern vor, als 4 Kooperative nur 500 ha, 9 dagegen Flächen zwischen 3.000 und 3.600 ha besitzen[49].

14 Produktionsgenossenschaften wurzeln in den ehemaligen Vereinigungen für die Entwicklung von Viehzucht und Weidewirtschaft (A.D.E.P.), die nach 1964 von staatlicher Seite ins Leben gerufen worden waren, um die Produktivität der Schafherden zu steigern, die Degradation der Steppe zu verhindern und die soziale Situation ihrer Mitglieder zu verbessern[50]. Obwohl Ziele und Betriebsorganisation weitgehend übereinstimmen, bereitet ihre Überleitung in die neuen Produktionsgenossenschaften für Viehzucht (C.E.P.R.A.) finanzielle und administrative Schwierigkeiten.

Die für die Kooperativen reservierten Nutzungsareale umfassen im Wilaya M'Sila insgesamt 172.000 ha, die zur Zeit mit der notwendigen Infrastruktur ausgestattet werden. Bisher sind in den Gemeinden Sidi Aissa, Ain El Melh und Ben Srour jeweils 30.000, 32.000 und 10.000 ha Land präpariert worden[51]. Dazu gehört die Aufteilung der Flächen in einzelne Kamps, die Anpflanzung von Windschutzstreifen, die Bohrung von Brunnen sowie der Bau von Wohn- und Wirtschaftsgebäuden.

Obwohl es sicherlich zu früh wäre, über den Erfolg der neuen Organisationsstrukturen in der Steppe zu urteilen, deuten einige Anzeichen auf negative Entwicklungstendenzen hin. So wurden z.B. im Wilaya M'Sila 4 der 10 präkooperativen Gruppen für die Inwertsetzung von Land (G.P.M.V.) inzwischen aufgelöst. Bei drei weiteren ist die Mitgliederzahl geschrumpft. Das gleiche gilt für die Produktionsgenossenschaften für Viehzucht (C.E.P.R.A.), wo bei 7 der 45 Kooperativen schon kurz nach der Gründung ebenfalls rückläufige Mitgliederzahlen zu beobachten sind[52]. Anscheinend besitzen die staatlichen Viehzüch-

---

[49] Ebd. C.E.P.R.A. constituées au 31/12/1978
[50] Vgl. dazu La steppe algérienne, S. 309 ff; EL-KENZ (1978) S. 92
[51] Freundl. Auskunft von Herrn LAUAMEUR
[52] Zu den Quellen s. Anm. 48 und 49

tergenossenschaften nicht die gewünschte Attraktivität, wenngleich die Ursachen im einzelnen unbekannt sind.

Problematisch ist, inwieweit die kommunalen Mehrzweckgenossenschaften für Dienstleistungen (C.A.P.C.S.) ihrer Rolle als Schaltstellen im Produktionsprozeß gerecht werden können. Dadurch daß in der Agrargesetzgebung von 1975 indirekt das Nebeneinander von staatlichen und privaten Organisationssträngen für die Anlieferung von Betriebsmitteln und die Vermarktung des Viehs anerkannt wird[53], besteht die Gefahr, daß sich auch die Genossenschaften im Fall von Engpässen an Privatleute wenden. Damit könnten aber wiederum finanzielle Abhängigkeiten entstehen, die durch das Reformprogramm vermieden werden sollten.

Darüber hinaus bleibt abzuwarten, ob sie die ihnen zugedachte Integrationsfunktion erfüllen können. Solange der beabsichtigte Innovationssog der staatlichen Genossenschaften auf die privaten Züchter ausbleibt, wird der Gegensatz zwischen einem kleinen, aber modern wirtschaftenden und einem großen, den Traditionen verhafteten Sektor der extensiven Viehhaltung weiterbestehen. Damit ist aber der Erfolg der Agrarrevolution in der Steppe in Frage gestellt.

Abkürzungen

A.D.E.P.	Association pour le Développement de l'Elevage et du Pastoralisme
A.P.C.	Assemblée Populaire Communale
A.P.C.E.	Assemblée Populaire Communale Elargie
C.A.P.A.M.	Coopérative Agricole de Production des Anciens Moudjahadine
C.A.P.C.S.	Coopérative Agricole Polyvalente Communale de Services
C.A.P.R.A.	Coopérative Agricole de Production de la Révolution Agraire

---

[53] Textes relatifs à la troisième phase d'application de la Révolution Agraire, S. 35

C.E.P.R.A.	Coopérative d'Elevage Pastoral de la Révolution Agraire
D.A.	Dinars Algériens
G.P.M.V.	Groupement Précoopératif de Mise en Valeur
M.A.R.A.	Ministère de l'Agriculture et de la Réforme Agraire
O.N.A.B.	Office National des Aliments du Bétail
O.N.A.M.A.	Office National du Matériel Agricole
U.N.P.A.	Union Nationale des Paysans Algériens

Literatur

Annuaire statistique de l'Algérie 1977 - 78
    Alger: M.P.A.T. 1979

BOUKHOBZA, M.: Transformations et développement de l'économie
    pastorale des Hauts Plateaux Algériens, Alger: A.A.R.D.E.S 1976

EL-KENZ, H.: Etude pastoralisme, dairate El Bayadh-Mechria, V,
    rapport de synthèse, Alger: A.A.R.D.E.S. 1978

La steppe algérienne, Alger: M.A.R.A. 1974, Statistique Agricole 14

Recueil des textes d'application relatifs à la Révolution Agraire,
    Alger: M.A.R.A. 1975 ff.

Recueil des textes relatifs à la coopération agricole, Alger: M.A.R.A.
    1977

Révolution Agraire (textes fondamentaux), Alger: M.A.R.A. 1975

Statistique agricole, Serie B, Alger: M.A.R.A. 1974

Textes relatifs à la troisième phase d'application de la Révolution
    Agraire, Alger: M.A.R.A. 1976

TRAUTMANN, W.: Entwicklung und Probleme der Agrarreform in Algerien,
    in: Erdkunde 33 (1979), S. 215-226

Villages socialistes et habitat rural, Alger: M.E.S.R.S. 1976

DIE ÄUSSEREN HEBRIDEN ALS EUROPÄISCHER PERIPHERRAUM - HISTORISCHE PROZESSE, GEGENWÄRTIGE STRUKTUREN, PLANUNGSPERSPEKTIVEN

von

Hans-Werner Wehling*

(mit 6 Abbildungen)

Zusammenfassung: Kurzsichtige Wirtschaftsinteressen vom Beginn des 19. Jahrhunderts bis zur Mitte dieses Jahrhunderts haben auf den Äußeren Hebriden Siedlungs- und Wirtschaftsstrukturen hervorgerufen, die das geringe Natur- und Wirtschaftspotential nicht nur ungleichmäßig entwickelten, sondern zunehmend überforderten und einschränkten. Unzureichender Innovationstransfer, hohe Transportkosten und bestehende Nutzungsdisparitäten haben bis in die Gegenwart traditionelle Wirtschaftszweige überleben lassen, die in der Zukunft einen Umstrukturierungsprozeß erfahren müssen und durch neue Wirtschaftszweige ergänzt werden müssen, um den Bewohnern der Inseln eine ausreichende Existenzgrundlage zu schaffen, der immer noch andauernden Abwanderung der Bevölkerung und der Strukturverkümmerung entgegenzuwirken und den wirtschaftlichen Anschluß der Äußeren Hebriden an das übrige schottische Hochland zu gewährleisten.

Summary: The Outer Hebrides, a European peripheral area - historical processes, recent structures, planning perspectives. - From the beginning of the 19th century to the 1950s short-sighted economic interests have created settlement patterns and economic structures in the Outer Hebrides that not merely exceeded their physical and economic carrying capacities, but were to deteoriorate them. Due to a limited transfer of innovations, to high transport costs, and to unbalanced land-use patterns only indigenous industries were able to exist, still recently dominating the economy of the islands. To strengthen the economic basis of the Outer Hebrides, to overcome the social deprivation and the population decrease, and to develop socio-economic structures equivalent to those in other parts of the Highlands and Islands of Scotland these Industries will have to undergo structural changes and will have to be supported by new industries, new service structures will have to be established.

---

* Dr. Hans-Werner Wehling, Universität Essen GHS, Fachbereich 9 - Geographie, Universitätsstraße 5, D-4300 Essen 1

1. Einleitung

Innerhalb der schottischen Region 'Highlands and Islands', die - legt man die Definition BUTZINs (1979) zugrunde - aufgrund ihrer Lage, ihrer natur- und wirtschaftsräumlichen Ausstattung, ihrer historisch bedingten funktionalen Abhängigkeit von den Zentralräumen Großbritanniens und der sich verstärkenden Strukturverkümmerung sowohl auf nationaler wie auch auf europäischer Ebene als Peripherraum zu bezeichnen ist (vgl. WEHLING 1982), gehören die Äußeren Hebriden (Western Isles) zu den Gebieten, in denen sich der im 19. Jahrhundert begonnene Prozeß der Peripherisierung und die gegenwärtige Strukturverkümmerung am nachhaltigsten bemerkbar machen.

Diese aus den Hauptinseln Lewis/Harris, North Uist, Benbecula, South Uist und Barra sowie weiteren 120, meist unbewohnten kleineren Inseln bestehende Inselgruppe ist der schottischen NW-Küste in durchschnittlich 50 km Entfernung vorgelagert und mit ihr durch fünf Fährverbindungen verbunden (Abb. 1); darüber hinaus bestehen insgesamt vier Flugverbindungen mit dem Festland (Comhairle nan Eilean 1980a).

Klimatische Exposition, felsige Küstenzonen und Böden geringer landwirtschaftlicher Tragfähigkeit kennzeichnen die naturräumlichen Strukturdefizite der Äußeren Hebriden, eine mit 14,0 % überdurchschnittliche Arbeitslosenquote (Highlands and Islands Development Board 1979) und eine ständig sinkende Bevölkerungszahl sind ebenso Kennzeichen der wirtschaftsräumlichen Strukturdefizite dieser Inseln wie die Tatsache, daß von den 17.997 landwirtschaftlichen Kleinpächterstellen Schottlands, den *crofts*, 33,2 % auf den Äußeren Hebriden liegen (Crofters Commission 1980).

2. Der historische Prozeß der Peripherisierung

Die Ansiedlung dieser hohen Zahl von Kleinpächtern ist das Kennzeichen der ersten Periode der bevölkerungsgeographischen Entwicklung der Äußeren Hebriden, von 1801 bis 1861 (Abb. 2). Nach der endgültigen Unterwerfung Schottlands durch die Eng-

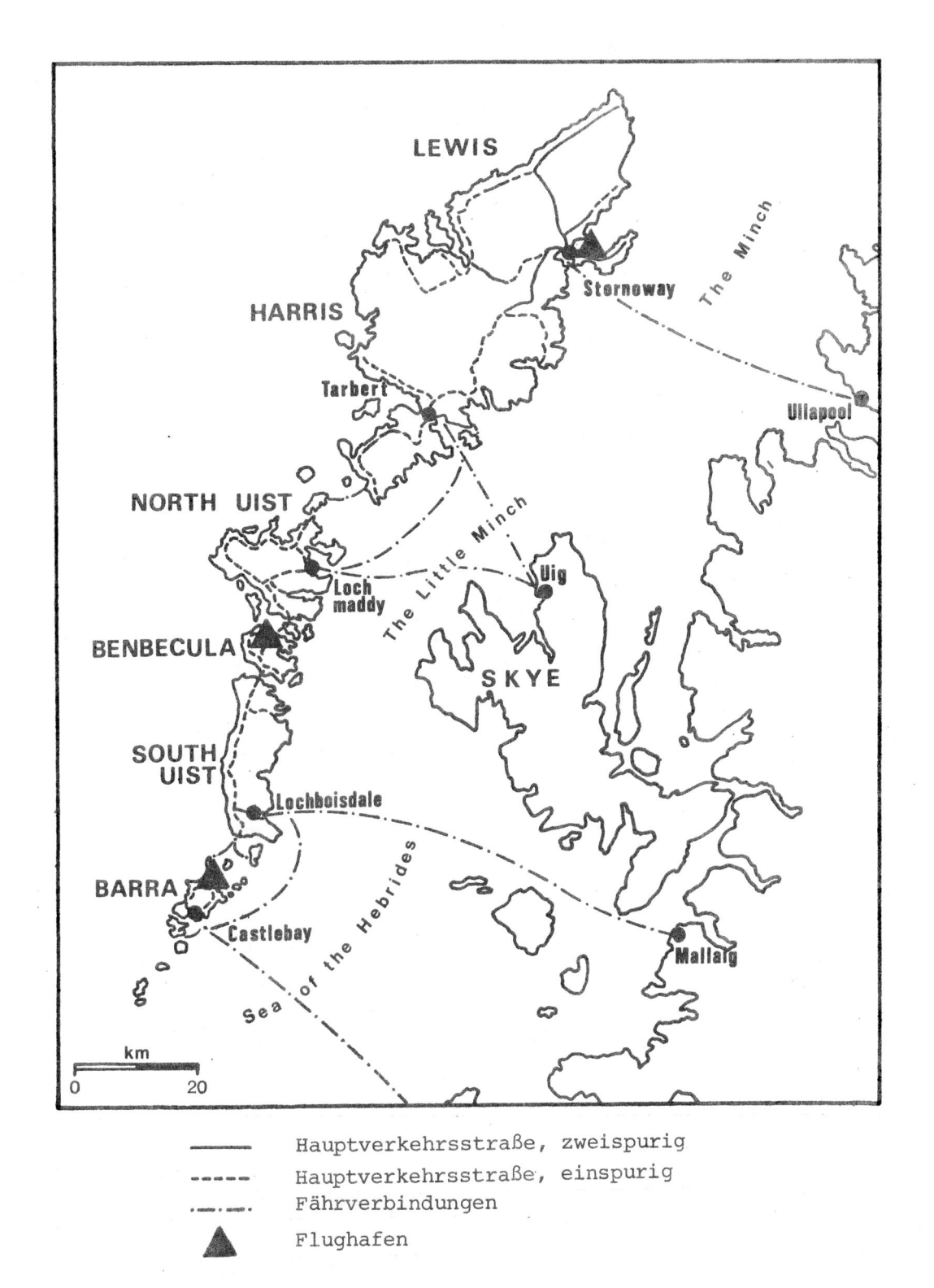

Abb. 1: Die Verkehrserschließung der Äußeren Hebriden
(nach Ordnance Survey, Quarter inch, Sheets 2, 4; Comhairle
nan Eilean 1980a)

länder im Jahre 1745 und der Auflösung des traditionellen
clan-Systems der schottischen Hochlande wurden Ende des 18.
Jahrhunderts die ehemaligen *clanchiefs* als adelige Grundherren über die weiten Besitzungen der ehemaligen *clans* eingesetzt. Durch die Änderung des Gesellschaftssystems von einer

Gemeinwirtschaft, die persönlichen Grundbesitz de jure nicht kannte, zu einer halbfeudalen Besitzstruktur, erlangten die ehemaligen *clanchiefs* nicht nur eine andere gesellschaftspolitische Qualität, sondern diese neuen Grundherren, die überwiegend außerhalb der Highlands lebten, waren gleichzeitig bestrebt, einerseits in Beantwortung der wirtschaftlichen Impulse aus den sich entwickelnden englischen Wirtschaftszentren, andererseits zur Sicherung ihres persönlichen Lebensstils, die den naturräumlichen Möglichkeiten der Hochlande und Inseln angepaßte Subsistenzwirtschaft auf die sich in der Frühphase der Industrialisierung entwickelnde kapitalistische Wirtschaft Großbritanniens auszurichten. Da sowohl das naturräumliche Potential dieses agraren Peripherraumes als auch die hohe Bevölkerungszahl diesen grundherrlichen Interessen entgegenstanden, führten die entsprechenden Anpassungsversuche dazu, daß die schottischen Hochlande und Inseln im Laufe des 19. Jahrhunderts keine den Gegebenheiten des Raumes adäquate und ihn kontinuierlich erschließende Wirtschaftsentwicklung erfuhren, sondern eine Reihe kurzfristiger, auf die jeweiligen Gegebenheiten der nationalen Wirtschaft ausgerichteter Phasen wirtschaftlicher Blüte erlebten, die jedoch die Sozial-, Siedlungs- und Wirtschaftsstruktur dieses Peripherraumes grundlegend veränderten.

Aufgrund der Nachfrage der englischen Glas- und Seifenindustrie nach Alkali entwickelte sich zunächst - basierend auf den reichen Braunalgenvorkommen (*Laminaria spec.*, *Ascophyllum spec.*, JACKSON 1948) vor der schottischen W-Küste, den Orkneys und besonders vor den Küsten der Äußeren Hebriden - die 'Kelpindustrie', die ein beträchtliches Ausmaß annahm - Anfang des 19. Jahrhunderts wurden jährlich 15.000 - 20.000 Tonnen Tang von den Äußeren Hebriden zum Festland transportiert (HUNTER 1978) - und besonders den Grundherren auf North und South Uist einen erheblichen Profit brachte (MACDONALD 1811; GRAY 1957). Dem für das Sammeln des Tanges notwendigen hohen Arbeitskräftebedarf wurde von seiten der Grundherren dadurch Rechnung getragen, daß sie das in allen Teilen der Äußeren Hebriden vorherrschende und für eine Ertragssteigerung ungeeignet erscheinende System der jährlichen Verlosung der Wirtschaftsparzellen, das *run-rig*-System, in der Zeit von 1800 bis 1810 aufhoben (HUNTER 1978), die freigesetzten abhängigen Kleinbauern als Pächter, *crofter*, auf den felsigen und moorigen Küstenstreifen der Inseln ansiedelten und deren neue Wirtschaftsparzellen so klein hielten, daß die *crofter* gezwungen waren, außerhalb der eigenen Landwirtschaft, d.h. durch das Sammeln des Tanges, wesentliche Teile ihres Einkommens und ihrer Pacht zu verdienen. Grundbesitzern mit festländischem Besitz bot sich darüber hinaus die Möglichkeit, die Bevölkerungszahl dieser Besitzungen zu verringern und die ansässigen Kleinbauern als *crofter* an der westschottischen Küste und auf den Küstenstreifen der Äußeren Hebriden anzusiedeln. So kann der Aufschwung der 'Kelpindustrie' einerseits als wesentlicher Faktor für die Entwicklung des *crofting* auf den Äußeren Hebriden angesehen werden, andererseits verursachte er den erheblichen Bevölkerungszuwachs auf den Inseln zu Beginn des 19. Jahrhunderts; von 1801 bis 1831 stieg die Bevölkerung auf der Insel Lewis von 9.168 auf 14.541 Einwohner, auf South Uist, dem Zentrum der Kelpindustrie von 4.595 auf 6.890 Einwohner (Registrar General of Scotland 1802 und 1832).

Als es jedoch der chemischen Industrie seit 1820 möglich war, Alkali in zunehmendem Maße synthetisch herzustellen, geriet die 'Kelpindustrie' der Äußeren Hebriden in eine Krise, auf die die Grundherren in unterschiedlicher Weise reagierten; einige erhöhten die Zahl der *crofter* durch eine weitere Aufsplitterung der Wirtschaftsfläche und erhielten sich auf diese Weise ihre bisherigen Pachtgewinne, andere setzten die *crofter* beim Straßenbau und bei der Moorkultivierung ein, um den Wert ihres Besitzes zu steigern, wiederum andere versuchten, nur hochwertigen Tang zu exportieren. Nach einer kurzen Übergangszeit verkauften jedoch - mit Ausnahme von Lord MacDonald auf North Uist (MACKENZIE 1903) - alle Grundherren von 1820 bis 1840 ihre Besitzungen auf den Äußeren Hebriden, um dem finanziellen Ruin zu entgehen (HUNTER 1978).

Neue wirtschaftliche Impulse erreichten die Hochlande und Inseln, als die sich entwickelnde englische Textilindustrie seit 1830

eine verstärkte Nachfrage nach Wolle zeigte, auf die die
schottischen Grundherren reagierten, indem sie mit Hilfe ihrer
aus England angeworbenen Pächter begannen, die Landwirtschaft
der zentralen Hochlande vom *mixed farming* auf kleinen Parzellen
auf eine großflächige extensive Schafhaltung umzustellen und
die noch ansässigen Kleinbauern im Zuge der "Highland Clearances"
zu vertreiben, um sie küstennah oder auf den Inseln anzusiedeln,
wo sie neben ihrer landwirtschaftlichen Tätigkeit zur Intensivierung der Küstenfischerei beitragen sollten. Sowohl innerhalb der gesamten Region der schottischen Highlands als auch
innerhalb der Äußeren Hebriden fand eine Kern-Rand-Wanderung
der Bevölkerung statt; die Einwohnerzahl der Inseln erhöhte
sich durch Zuwanderung vom Festland von 32.031 im Jahre 1831 auf
36.409 im Jahre 1861 (Registrar General of Scotland 1832 und
1862), auf South Uist und Benbecula wurden 1.530, in Uig und
Lochs fast 1.000 Menschen von zentralen Teilen der Inseln in
die Küstenzonen umgesiedelt (HUNTER 1978).

Von der Mitte des 19. Jahrhundert bis zu Beginn dieses Jahrhunderts verstärkten und verschärften sich die in der ersten
Hälfte des 19. Jahrhunderts begonnenen Entwicklungen. Mit der
Ausweitung der festländischen 'Highland Clearances' erhöhte sich
die Bevölkerung der Äußeren Hebriden bis 1911 auf 46.732 Einwohner (Registrar General of Scotland 1912). Gleichzeitig wurde
die extensive Schafhaltung auf alle landwirtschaftlich tragfähigen Böden ausgedehnt, die Überbevölkerung der küstennahen
Grenzertragsböden - in Uig hatte sich bei gleichbleibender
Größe der Wirtschaftsfläche die Zahl der *crofter* verdoppelt
(HUNTER 1978) - hatte zur Folge, daß diese noch stärker als
zuvor Tätigkeiten außerhalb der Landwirtschaft zu ihrer Existenzsicherung wahrnehmen mußten, so daß sich bis 1890 die Küstenfischerei zum wichtigsten Wirtschaftszweig der Äußeren Hebriden
entwickelte.

Als die von Mißernten der 70er Jahre des 19. Jahrhunderts verursachten Hungersnöte, eine zunehmende Emigration der Bevölkerung nach Übersee und insbesondere die unter dem Begriff 'Highland Land Wars' bekannt gewordenen und mit der Forderung nach mehr

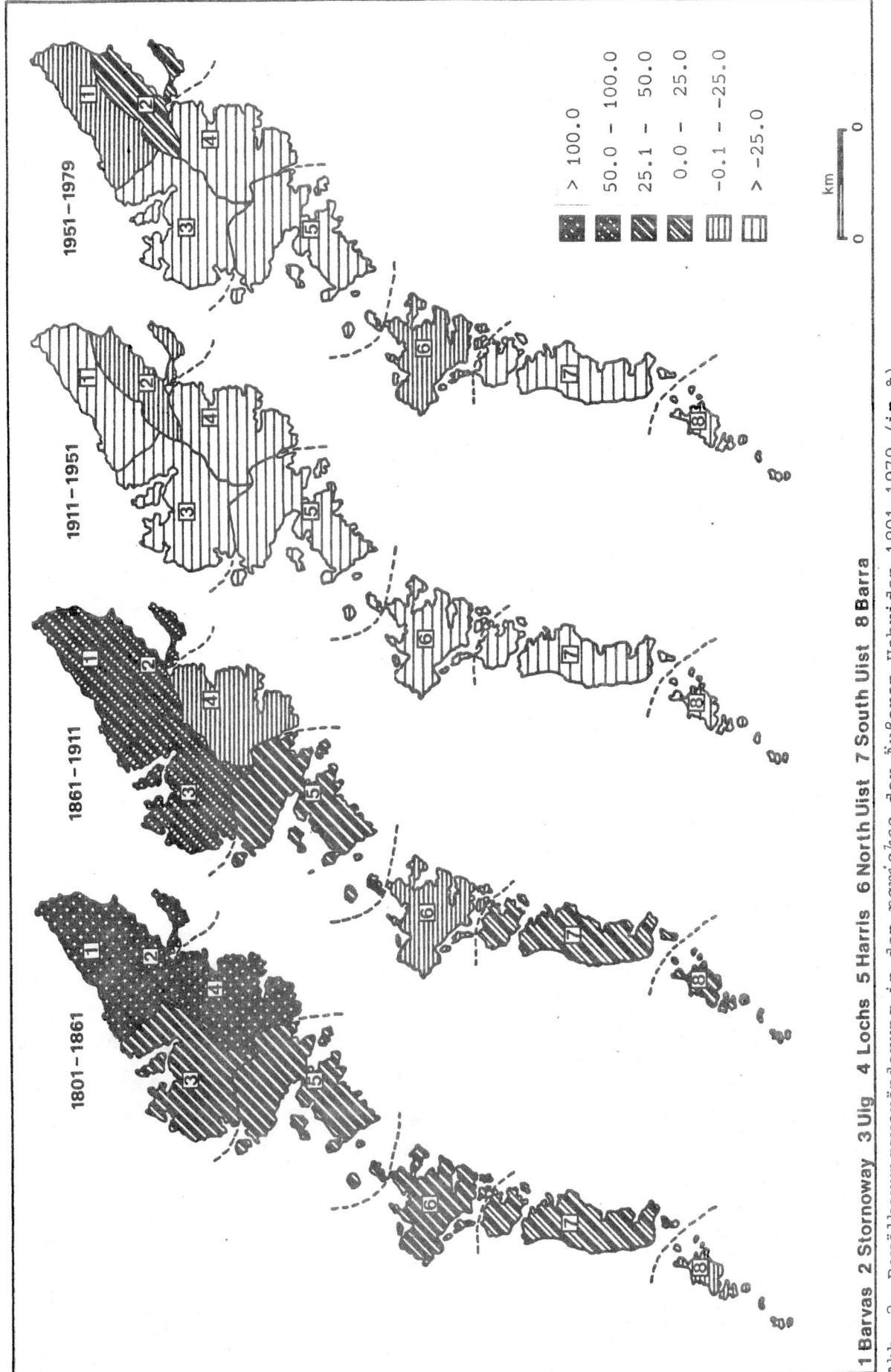

1 Barvas 2 Stornoway 3 Uig 4 Lochs 5 Harris 6 North Uist 7 South Uist 8 Barra

Abb. 2: Bevölkerungsveränderung in den *parishes* der Äußeren Hebriden 1801–1979 (in %)
(nach Registrar General of Scotland 1802, 1862, 1912, 1952 und Comhairle nan Eilean 1981)

Land verbundenen Übergriffe der *crofter* auf die Schaffarmen zunahmen, rückten die Lebensumstände dieser abhängigen Kleinbauern in das nationale Interesse. Basierend auf den Untersuchungen der staatlichen Napier-Commission wurde 1886 die 'Crofters Act' erlassen, die den *crofters* ein lebenslanges Pachtrecht, eine grundherrliche Entschädigung für durchgeführte Landverbesserungsmaßnahmen und eine Vererbung des Pachtlandes an Familienangehörige garantierte und ihnen eine gewisse soziale Absicherung geben sollte. Da jedoch diese Gesetzgebung aufgrund des Einspruches der Grundherren eine durchgreifende Landreform nicht berücksichtigte und der Mehrzahl der *crofter* auch weiterhin nicht genügend Wirtschaftsfläche zur Verfügung stand, konnte die 'Crofters Act' - trotz ihrer Erweiterung im Jahre 1911 - auf den Äußeren Hebriden nicht der bis in die Zeit nach dem Zweiten Weltkrieg anhaltenden Emigration der Bevölkerung nach Übersee sowie in die schottischen und englischen Industriestädte entgegenwirken; die Äußeren Hebriden verloren trotz einer positiven natürlichen Bevölkerungsveränderung in der ersten Hälfte dieses Jahrhunderts mehr als 10.000 ihrer Einwohner (Registrar General of Scotland 1912 und 1952).

Diese negative Bevölkerungsentwicklung konnte auch nicht durch die Schaffung neuer Arbeitsplätze im Zuge der von seiten der insularen Grundherren betriebenen Entwicklung des neben der Fischerei wichtigsten traditionellen Gewerbes, der Herstellung von "Harris Tweed", aufgehalten werden. Nachdem dieses Textilgewerbe - in Heimarbeit betrieben - bereits Anfang des 19. Jahrhunderts auf der Insel Harris die schwindenden Einkünfte aus 'Kelpindustrie' und Fischerei auszugleichen vermochte (GEDDES 1979), erlangte es aufgrund steigender Nachfrage nach handgewebten Stoffen seit der Jahrhundertwende größere Bedeutung. Im Jahre 1934 wurde "Harris Tweed" als "ein aus schottischer Wolle in Heimarbeit von den Bewohnern der Äußeren Hebriden hergestellter Tweed" geschützt (THOMPSON 1969) und damit als typisches Gewerbe der *crofter* definiert. Dieses heimische Textilgewerbe vermochte zwar die Existenzgrundlage der *crofter* zu erweitern, da sie jedoch hinsichtlich der in Arbeitsverträgen

geregelten Belieferung mit Garnen sowie der Vermarktung oder
Weiterverarbeitung ihrer Halbfertigprodukte von den Spinnereien
der Grundherren abhängig waren, wurde ihre wirtschaftliche Selbständigkeit eher weiter eingeschränkt als erweitert.

Faßt man den historischen Prozeß der Peripherisierung auf den
Äußeren Hebriden zusammen, so läßt sich feststellen, daß die
nahezu im gesamten schottischen Hochland zur Zeit der industriellen Entwicklung Großbritanniens abgelaufenen Wirtschaftsprozesse
gerade in diesem, durch seine entwicklungshemmende Insellage
benachteiligten Raum Siedlungs- und Wirtschaftsstrukturen hervorgerufen haben, die nicht nur dessen geringes Natur- und
Wirtschaftspotential ungleichmäßig entwickelten, sondern zunehmend überforderten und einschränkten. Als Folge kurzfristiger
Wirtschaftsinteressen der Großgrundbesitzer entwickelte sich
einerseits die gegenwärtige Nutzungsdisparität zwischen den
vergleichsweise ertragreichen, sich jedoch durch extensive
Schafhaltung zunehmend verschlechternden Flächen im Innern der
Inseln und den wenig produktiven, aber zunehmend intensiver
genutzten Flächen der Küstenzonen, den *machairs* (vgl. HANCE
1951, UHLIG 1959 a, 1959 b), andererseits der Gegensatz zwischen
den menschenleeren inneren Teilen der Inseln und den durch
crofting townships dicht besiedelten Zonen an der Küste (Abb. 3).
Eine auf lange Sicht die wirtschaftlichen Möglichkeiten übersteigende Überbevölkerung der Äußeren Hebriden ließ soziale Strukturen entstehen, die Ende des 19. Jahrhunderts rentenkapitalistische Züge annahmen, und rief Existenzgefährdungen hervor, denen
nicht durch vorausschauende, dem nationalen Standard angepaßte
wirtschaftliche Innovationen, sondern kurzfristig durch die
Entwicklung kostenextensiver und arbeitsintensiver heimischer
Gewerbe begegnet wurde.

3. Strukturelle Probleme der Gegenwart

3.1 Bevölkerungsstruktur und Wohnungsmarkt

Trotz der leichten Bevölkerungszunahme von 29.803 Einwohnern
(Registrar General of Scotland 1972) auf 30.862 Einwohner

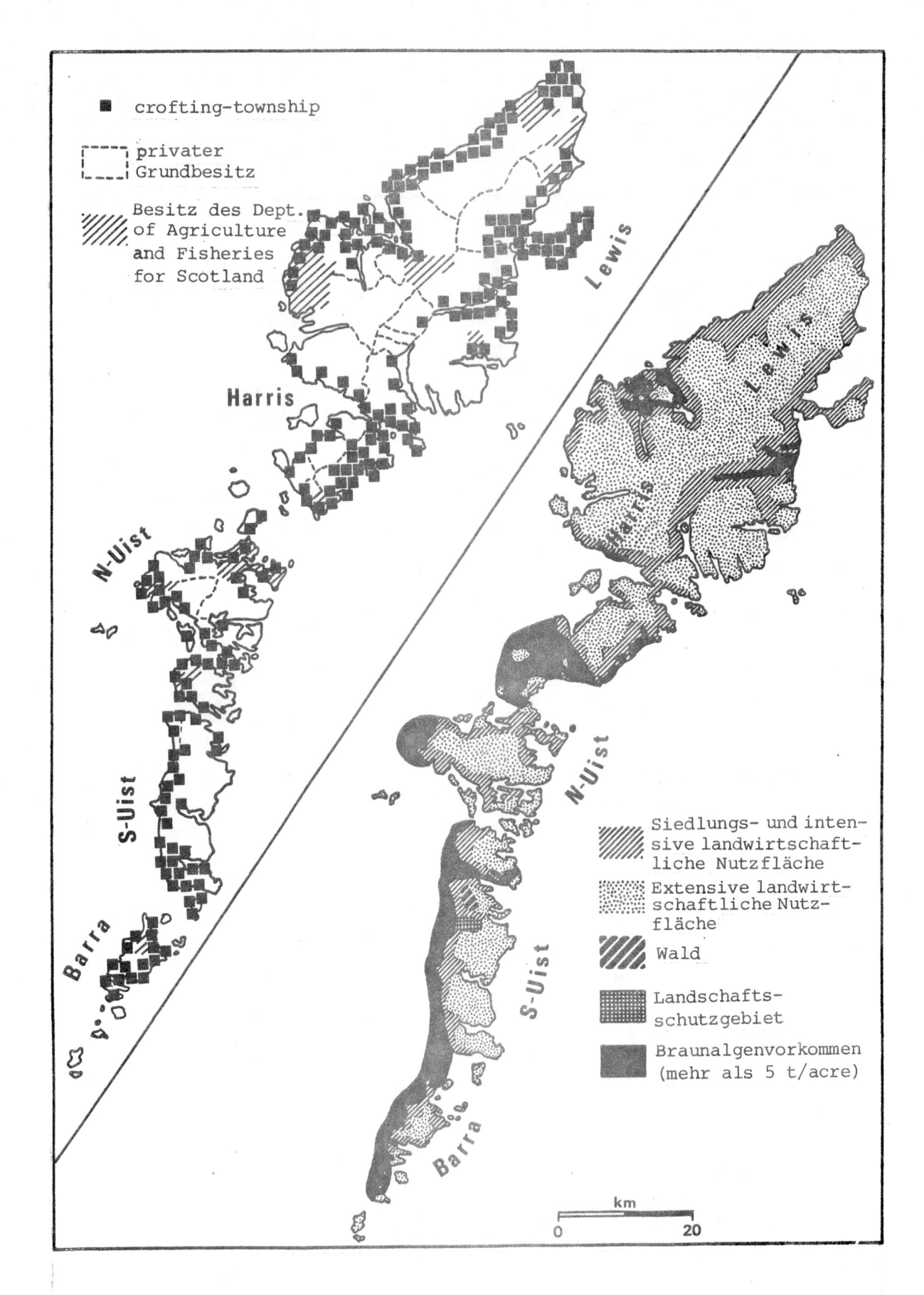

Abb. 3: Besitz- und Nutzungsstruktur der Äußeren Hebriden
(nach MILLMAN 1970, RAMPTON 1970, McEWEN 1981 und Unterlagen der
Crofters Commission, Inverness)

(vorläufiges Ergebnis des Census of Scotland 1981 nach Angaben
des Comhairle nan Eilean) hat die Emigration der Bevölkerung
von den Äußeren Hebriden seit 1911 zu einem kontinuierlichen
Bevölkerungsrückgang geführt und sowohl die Verteilung als
auch den strukturellen Aufbau der Bevölkerung verändert. So
sank bis 1979 in allen Teilen der Äußeren Hebriden - trotz einer
meist positiven natürlichen Bevölkerungsveränderung - die Einwohnerzahl unter den Stand von 1861, in Uig, Harris, North Uist,
South Uist und Barra sogar unter den Stand von 1801; nahezu
alle kleineren Inseln verloren wesentliche Teile ihrer Bevölkerung oder wurden völlig entsiedelt (Abb. 4). Neben der allgemeinen Auswanderung fand gleichzeitig eine beträchtliche Binnen-
wanderung der Bevölkerung zum NE-Ende der Inselgruppe statt, da
sich dort aufgrund der günstigen Verbindungen zu den festländischen Absatzmärkten Gewerbebetriebe und tertiäre Einrichtungen
konzentrierten; von 1861 bis 1979 stieg der Bevölkerungsanteil
des Bezirkes und der Stadt Stornoway an der Gesamtbevölkerung
von 23,8 % auf 47,0 % (Registrar General of Scotland 1862;
Comhairle nan Eilean 1981).

Emigration der mittleren Jahrgänge und hohe Geburtenraten der
verbliebenen Einwohner haben zu einem Altersaufbau geführt, in
dem der Anteil der Altersgruppen unter 15 Jahren dem schottischen
Durchschnitt entspricht, Altersgruppen zwischen 15 und 60 Jahren
unter- und ältere Jahrgänge überdurchschnittlich vertreten sind.
Darüber hinaus rief die Emigration der mittleren Jahrgänge
gerade bei der ländlichen, überwiegend zweisprachigen (englisch
und gälisch) Bevölkerung der Inseln mit ihren traditionellen,
auf die Familie oder die Wirtschaftsgruppe einer *crofting township*
bezogenen und Veränderungen wenig zugänglichen sozialen Verhaltensweisen hohe Anteile von Haushalten der Schrumpfungsphase
hervor; ältere Ehepaare stellen 12,0 % der Haushalte der Äußeren
Hebriden, in 17,6 % der Haushalte lebt eine unverheiratete Person
mit einem Elternteil (Comhairle nan Eilean 1980).

Als Folge der weiten Verbreitung des *crofting*-Systems und aufgrund
der in den Crofters Acts von 1955 und 1976 (HMSO 1955 und 1976)

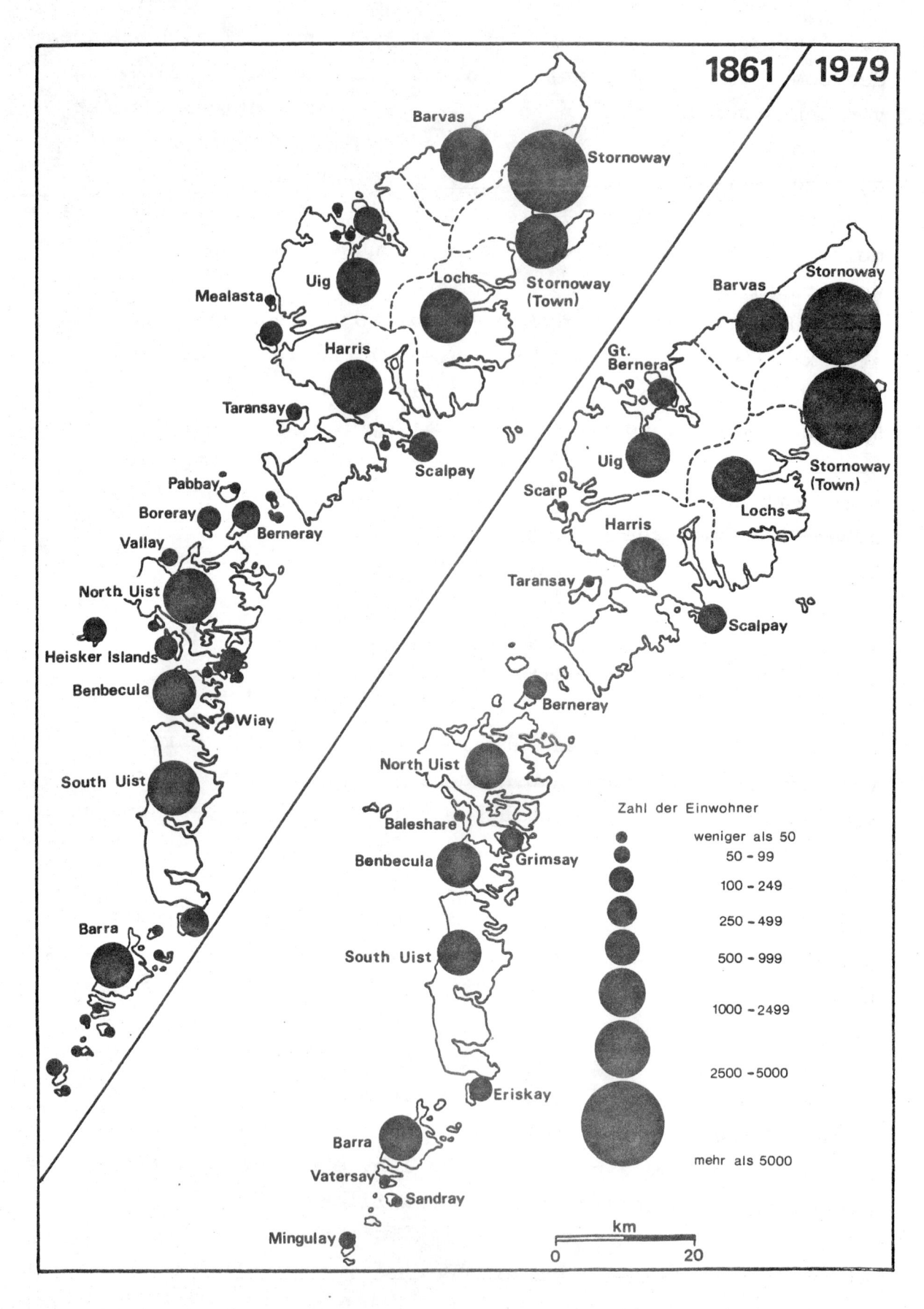

Abb. 4: Bevölkerungsverteilung auf den Äußeren Hebriden, 1861 und 1979
(nach Registrar General of Scotland 1982 und Comhairle nan Eilean
1981)

dem *crofter* eröffneten Möglichkeit, Eigentum am Gebäudebestand
seines *crofts* zu erwerben, liegt der Anteil der eingeschossigen
Eigentumshäuser am Gesamtbestand der Wohngebäude auf den Äußeren
Hebriden mit 71,3 % weit über dem schottischen Durchschnitt
(29,6 %), der Anteil an öffentlich oder privat vermieteten
Wohngebäuden ist entsprechend niedrig (Registrar General of
Scotland 1972). Die geringe Neigung der im ländlichen Raum der
Inseln noch verbliebenen Bevölkerung zu einer räumlichen Mobilität sowie die ebenfalls in den Crofters Acts festgelegte Möglichkeit der Vererbung von *crofts* erlauben nur wenige planerische
Eingriffe in den gegenwärtigen Wohnungsmarkt der Inseln. Lediglich im städtischen Bereich von Stornoway sowie auf den von
Abwanderung stark betroffenen Inseln North Uist, South Uist und
Barra erweitern ehemalige *crofter*-Häuser den allgemeinen Wohnungsmarkt. Dabei ist jedoch festzustellen, daß gerade die hohe Zahl
dieser *crofter*-Häuser dazu beigetragen hat, daß 26,2 % der Wohngebäude - in den ländlichen Bereichen von Barra und North Uist
sogar 49,4 % bzw. 43,7 % - unter dem nationalen Standard liegen,
d.h daß etwa 7.500 Einwohner in Häusern leben, denen fließendes
warmes Wasser, ein WC im Haus und ein eingerichtetes Bad fehlen
(Comhairle nan Eilean 1976). Als Ausdruck dieses Mangels an ausreichend ausgestatteten und frei vermietbaren Wohnungen und Häusern ist die kurz- bis mittelfristige Nutzung von Mobilheimen
und Caravans ein Charakteristikum des gegenwärtigen Wohnungsmarktes und Siedlungsbildes der Äußeren Hebriden geworden.

3.2 Arbeitsmarkt und Wirtschaftsstruktur

Aufgrund der Wirtschaftsstruktur der Äußeren Hebriden, in der
die Vollerwerbslandwirtschaft, die Fischerei, das Textilgewerbe,
Handwerk und Baugewerbe sowie der Dienstleistungssektor hinsichtlich der Beschäftigungszahlen als die wichtigsten Wirtschaftszweige anzusehen sind und die verarbeitende Industrie
nahezu gänzlich fehlt, beträgt die männliche Beschäftigungsquote
72,5 % und die weibliche 25,0 % - der schottische Durchschnitt
liegt bei 81,2 % bzw. 42,4 % (Comhairle nan Eilean 1976). Als

Folge der weiten Verbreitung des *crofting*-Systems bilden ungelernte Arbeiter die Mehrzahl der Arbeitslosen, entsprechend der dargestellten ungünstigen Alters- und Haushaltsstruktur sind sie meist über 45 Jahre alt und bereits mehr als ein Jahr arbeitslos.

Obwohl *crofting* 77 % der Fläche der Inseln beansprucht, ist es von geringer wirtschaftlicher Bedeutung, da die Wirtschaftsfläche unter 6.009 *crofts* aufgeteilt ist, von denen 5.400 vorwiegend durch extensive Schafhaltung - auf North und South Uist im beträchtlichen Maße auch durch Milchviehhaltung - bewirtschaftet werden. Die geringe Wirtschaftsfläche jedes *crofts* erfordert bei 94 % dieser Nebenerwerbsbetriebe lediglich einen Arbeitsaufwand von zwei Tagen in der Woche (Crofters Commission 1977); nur auf North Uist ist der Arbeitsaufwand gelegentlich höher, da es einigen *croftern* durch Zupacht weiterer *crofts* gelungen ist, die Produktivität ihrer Betriebe zu erhöhen.

Während diese landwirtschaftlichen Betriebe, deren Pächter zu ihrer Existenzsicherung auf Einkünfte aus anderen Wirtschaftszweigen angewiesen sind, über die gesamte Inselgruppe verteilt sind, konzentrieren sich Vollerwerbsbetriebe - besonders solche mit einem hohen Spezialisierungsgrad (Gemüsebau, Geflügelzucht) - um den insularen Markt von Stornoway bzw. in der Nähe der Fährverbindungen zum Festland (Abb. 5).

Die sich aus der Insellage ergebenden hohen Transportkosten sind ein wichtiges Entwicklungshemmnis für die Voll- und Nebenerwerbslandwirtschaft der Äußeren Hebriden. Während bei der Vermarktung von Wolle garantierte Preise zugrunde gelegt werden, sind die Erzeuger von Mast- und Zuchtvieh überwiegend auf den insularen Markt mit seinem niedrigen Preisniveau angewiesen, da ein Verkauf auf dem Festland infolge des zusätzlichen Transports unrentabel wäre. Da diese hohen Transportkosten auch die Preise der zu importierenden Kunstdünger- und Kraftfuttermengen, deren Zukauf aufgrund der geringen eigenen Futtermittelproduktion erforderlich ist, erhöhen, haben sich auf Lewis und Harris

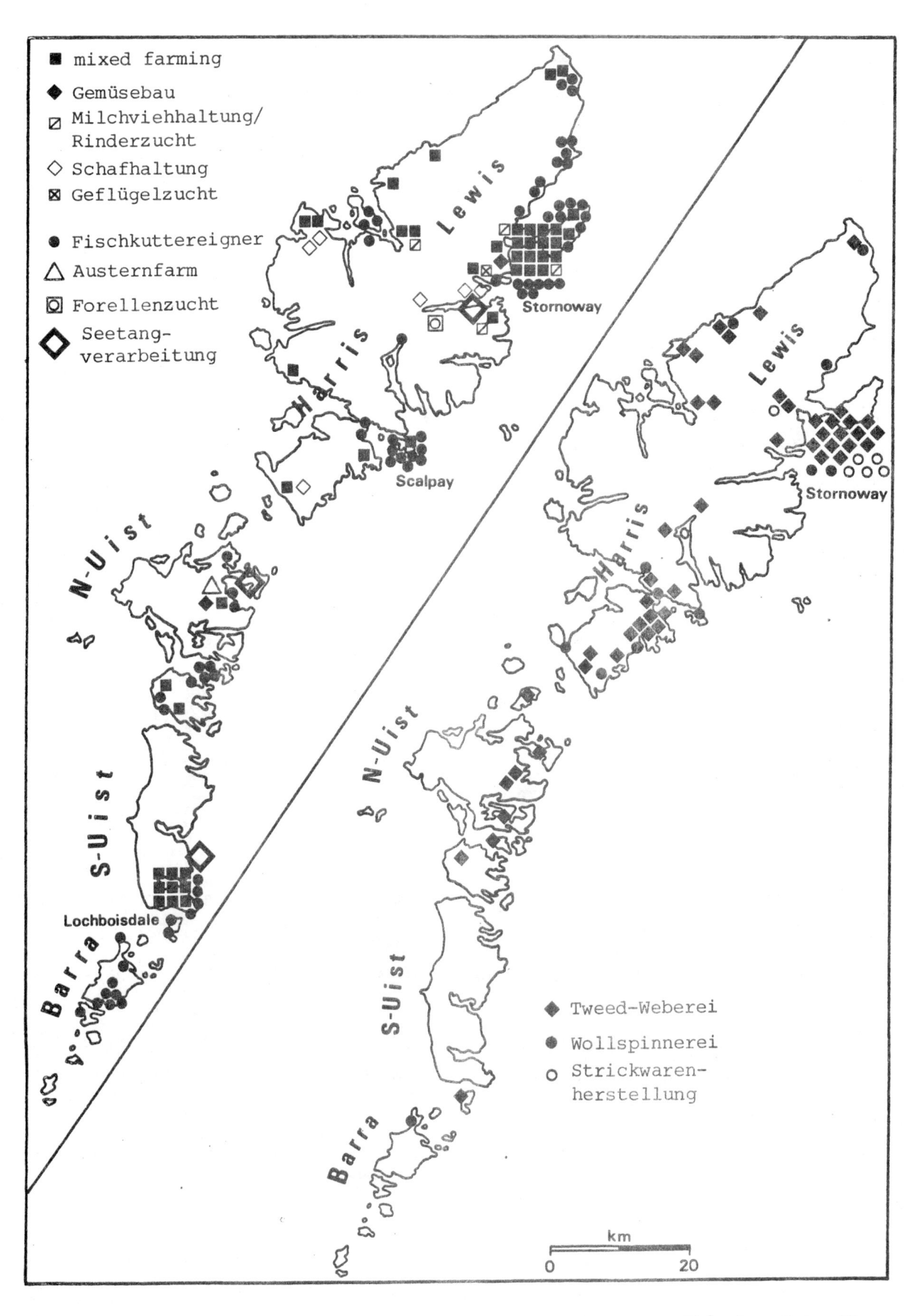

Abb. 5: Verteilung landwirtschaftlicher Betriebe (ohne *crofting*) und traditioneller Gewerbebetriebe auf den Äußeren Hebriden
(nach Highlands and Islands Development Board 1980)

crofter-cooperatives gebildet, die durch gemeinsamen Einkauf größerer Mengen diese Kosten vergleichsweise niedrig zu halten versuchen.

Die Fischereiwirtschaft - früher nur ein Nebenerwerb der *crofter* - ist heute nicht nur für diese und andere Erwerbstätige zu einem wichtigen Haupterwerb geworden, sondern stellt einen wichtigen Faktor in der Wirtschaft der Äußeren Hebriden dar. Vorwiegend auf den Fang von Hering, Makrele, Kabeljau, Schellfisch, Hummer und Krabben ausgerichtet, hatte dieser Wirtschaftszweig im Jahre 1979 678 Beschäftigte (Comhairle nan Eilean 1981), von denen 70 einen eigenen Kutter besaßen (Highlands and Islands Development Board 1980).

Die Schwerpunkte der Fischereiwirtschaft liegen an der E-Küste der Äußeren Hebriden, in Castlebay, Lochboisdale, Scalpay und vor allem in Stornoway (Abb. 5), da der W-Küste geeignete Hafenplätze weitgehend fehlen.

Da die hohen Transportkosten auch diesen Wirtschaftszweig beeinflussen, werden die Fänge der Inselfischer entweder direkt an der schottischen W-Küste - auf Skye sowie in Lochinver und Kinlochbervie - angelandet oder in den Fischfabriken von Stornoway weiterverarbeitet. Infolge der EG-Fangquoten, des "Fischereikrieges" zwischen Großbritannien und Island sowie der Vergrößerung der Fangflotten im Bereich des Minch durch die Standortverlagerung von Booten der schottischen E-Küste, wo die Fischereiwirtschaft im Zuge der Entwicklung der Erdölindustrie mit ihren besseren Verdienstmöglichkeiten erheblich an Bedeutung verloren hat, sind die angelandeten Fischmengen jedoch in den letzten Jahren zurückgegangen. Auf der Suche nach wirtschaftlichen Alternativen entstanden einerseits Spezialanlagen (Forellenzucht, Austernfarm, Zucht von Salzwasserfischen), andererseits erweiterte sich die fischverarbeitende Industrie in Stornoway.

Die 'Kelpindustrie', die Anfang des 19. Jahrhunderts den wichtigsten Nebenerwerb der *crofters* darstellte, hat ihren Produktionsschwerpunkt nicht mehr im Sammeln des Tangs, das nur noch von einigen *croftern* als Verdienstquelle genutzt wird, sondern in der industriellen Produktion hochwertiger chemischer Grundstoffe mit den Standorten Keose auf Lewis, Sponish auf North Uist und Boisdale auf South Uist (Abb. 5).

Das traditionelle Gewerbe der Herstellung von 'Harris Tweed' hat auf der Insel Lewis sowohl als Heimgewerbe als auch als Industrieproduktion noch immer eine beachtliche Bedeutung, auch wenn in den letzten 15 Jahren die Zahl der Heim- und Industriearbeiter um 50 % und die Produktion auf ein Drittel gesunken ist. Diese Rezession ist zurückzuführen auf den allgemeinen Trend von Wollgarnen zu Kunstfasern, auf die Umstellung der festländischen Textilindustrie auf doppelte Tuchbreite, der die einheimischen Handwebstühle nicht angepaßt sind, sowie auf die Transportkosten zum Festland, die zusammen mit den gestiegenen Erzeugerpreisen für Wolle den Preis für 'Harris Tweed' unverhältnismäßig erhöhen; so ist dieser bereits auf dem schottischen Markt um 100 % höher als der festländischer Tweeds. In dem jahreszeitlich unterschiedlichen Angebot an Wolle begründete saisonale Schwankungen des Arbeitsaufwandes und der Produktionsintensität machen dieses Gewerbe für Heimarbeiter zu einer unsicheren Einnahmequelle, zumal sie als selbständige Unternehmer bei Arbeitslosigkeit keinen Anspruch auf Unterstützung haben. Die sich daraus ergebende geringe Attraktivität für jüngere Arbeitskräfte hat zu einer Überalterung der *crofter*-Weber und zu einem Arbeitskräftemangel während der Spitzenzeiten der Produktion geführt.

Demgegenüber stellt die überwiegend von weiblichen Arbeitskräften betriebene Strickwarenherstellung den expandierenden Teil des Textilgewerbes der Äußeren Hebriden dar.

Der tertiäre Sektor beschäftigt neben dem klein- und mittelbetrieblich strukturierten Bauhaupt- und Baunebengewerbe die Mehrzahl der heimischen Erwerbstätigen, wobei die höchsten Anteile auf den öffentlichen Dienst, das Militär auf North Uist sowie die mehrheitlich in Stornoway konzentrierten privaten Dienste entfallen (Abb. 6). Die expandierenden Wirtschaftszweige dieses Sektors sind jedoch der Tourismus und das Kunsthandwerk.

Das dem gegenwärtigen touristischen Trend entsprechende hohe Potential der Äußeren Hebriden an natürlicher Landschaft mit hohem Freizeitwert - so gehören z.B. Harris, der N-Teil von North Uist und das südwestliche South Uist zu den "National Scenic Areas" Schottlands (Countryside Commission 1978), die entsprechenden Küsten zu den britischen Küstenschutzzonen (TURNER 1980) - läßt wie im gesamten schottischen Hochland den Tourismus als eine Wachstumsindustrie der Zukunft erscheinen.

Da in ganz Großbritannien und vor allem in Schottland der Rundreisetourismus vorherrscht, hat die Einrichtung von Autofähren zum Festland zu einer erheblichen Steigerung der Touristenzahlen geführt, die nicht nur einheimischen und auswärtigen Investoren die Möglichkeit für den Bau von Freizeiteinrichtungen und Übernachtungsmöglichkeiten eröffnet, sondern auch den *croftern* eine zusätzliche, jedoch von April bis September saisonal begrenzte Einnahmequelle bietet, nachdem ihnen durch die 'Crofting Reform (Scotland) Act' von 1976 (HMSO 1976) ein außeragrarischer Nebenerwerb durch die Einrichtung von Fremdenzimmern oder die Aufstellung von Caravans auf dem *croft* nicht nur erlaubt ist, sondern ihnen zu diesem Zweck finanzielle Unterstützung gewährt wird.

So sind private *bed and breakfast*-Einrichtungen über die gesamte Inselgruppe - vorwiegend jedoch auf Lewis und Harris - verteilt, während Hotels und *guest houses* in Stornoway konzentriert sind (Abb. 6).

Teilweise beeinflußt vom Aufschwung des Tourismus entwickelte sich ein in Ein- und Verkaufskooperation organisiertes Kunsthandwerk, das nationale Bedeutung erlangt hat, jedoch aufgrund der notwendigen Spezialkenntnisse unter Arbeitskräftemangel leidet.

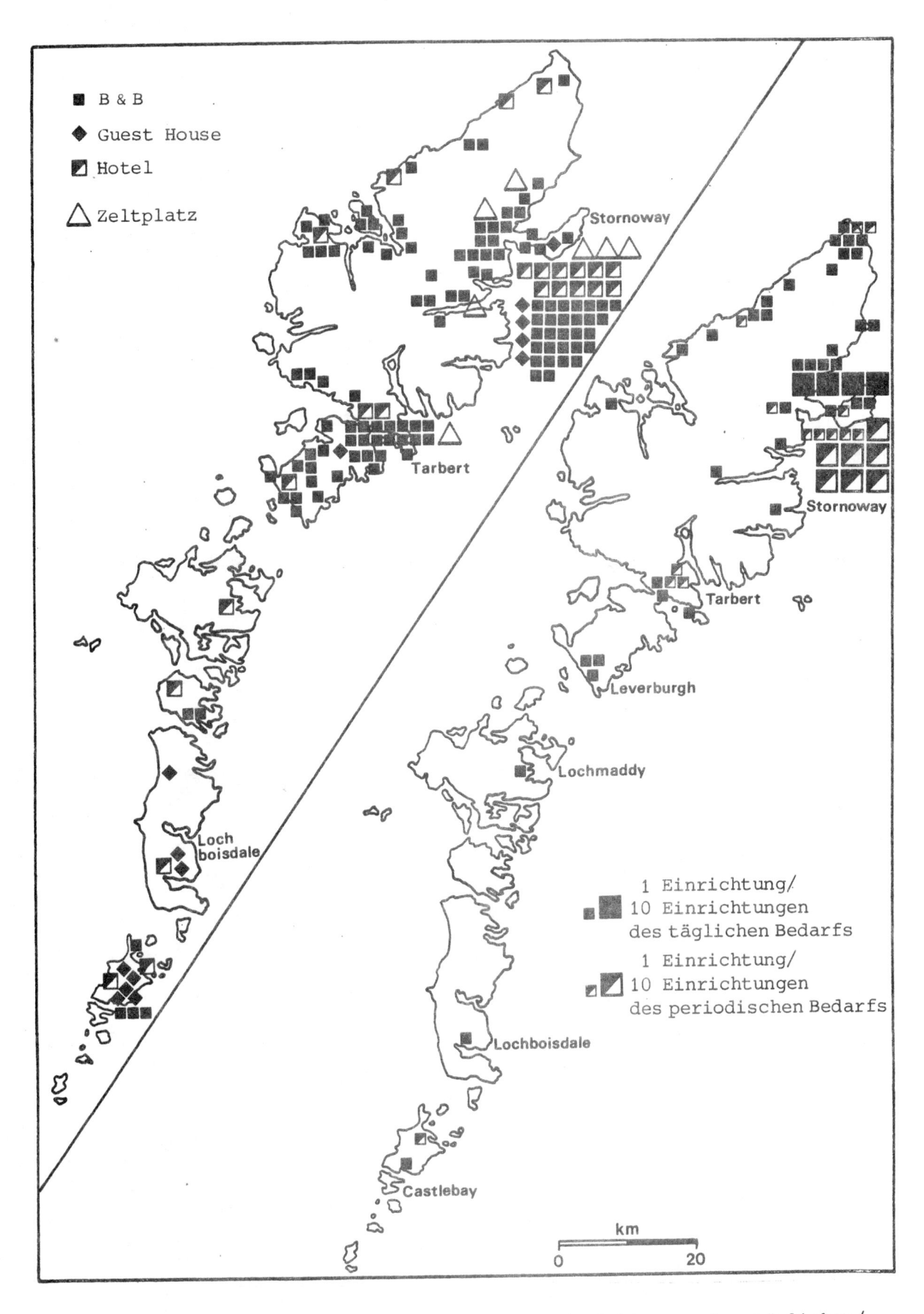

Abb. 6: Tourismuseinrichtungen und Versorgungseinrichtungen des täglichen/ periodischen Bedarfs
(nach Highlands and Islands Development Board 1980)

3.3 Wirtschaftsräumliche Gliederung der Äußeren Hebriden

Als Folge der historisch gewachsenen wirtschaftlichen und sozialen Disparitäten und der diskontinuierlichen Entwicklung dominieren gegenwärtig auf den gesamten äußeren Hebriden Wirtschaftszweige mit unzureichenden Grundlagen und unsicheren, zumindest jedoch schwer einzuschätzenden Zukunftsperspektiven. Darüber hinaus ergeben sich innerhalb der Inselgruppe erhebliche strukturelle Unterschiede, die eine wirtschaftsräumliche Gliederung in die Teilräume Lewis/Harris, North und South Uist einschließlich Benbecula sowie Barra und Vatersay ermöglichen.

Lewis und Harris bilden - im Einflußbereich des Regionalzentrums Stornoway - den wirtschaftlichen Zentralraum der Äußeren Hebriden, in dem nicht nur die meisten neuen wirtschaftlichen Aktivitäten, sondern auch die Mehrzahl der strukturell verbesserten Betriebe traditioneller Gewerbe ihren Standort haben. So liegen 86 % der Tweedwebereien, 85 % der Wollspinnereien und alle Betriebe der Strickwarenherstellung in diesem Zentralraum, 64 % der Fischkuttereigner und die Mehrzahl der landwirtschaftlichen Spezialbetriebe haben hier ihren Standort, das Tourismusgewerbe ist mit 72 % der Hotels, 87 % der Privatpensionen und allen Zeltplätzen schwerpunktmäßig auf Lewis und Harris ausgebildet, darüber hinaus vermag das wirtschaftliche Zentrum Stornoway mit seiner Konzentration von Dienstleistungseinrichtungen zur täglichen und besonders zur periodischen Bedarfsdeckung die gesamte Insel an sich zu binden.

Mit diesem Zentralraum unzureichend verbunden weisen North Uist, Benbecula und South Uist die geringste wirtschaftliche Diversifikation und die stärkste Prägung durch traditionelle Wirtschaftsstrukturen auf. Von einem Gemüsebaubetrieb und einer Austernfarm abgesehen, überwiegen im primären Sektor auf die Hauptorte Lochmaddy und Lochboisdale konzentrierte traditionelle Betriebe, das Textilgewerbe ist in beschränktem Umfang nur auf North Uist und Benbecula vorhanden; das Tourismusgewerbe ist ebenso schwach ausgebildet wie das Dienstleistungsgewerbe, dem Einrichtungen der periodischen Bedarfsdeckung gänzlich fehlen.

Berücksichtigt man die geringe Größe des Wirtschaftsraumes von Barra und Vatersay, so läßt sich feststellen, daß sich trotz der geringen Anzahl der Wirtschaftsbetriebe eine relativ differenzierte, auf den Hauptort Castlebay ausgerichtete Wirtschaftsstruktur entwickelt hat.

4. Planungsperspektiven zur Überwindung der Peripherisierung

Aus der Siedlungs- und Wirtschaftsstruktur der Äußeren Hebriden sowie ihrer kostensteigernden Abseitslage ergibt sich, daß planerische Zielsetzungen und Instrumentarien, die in erschlossenen ländlichen Gebieten oder gar urbanen Räumen entwickelt wurden, nicht abwendbar sind, sondern auf der Basis einer intensiven staatlichen Förderung wirtschafts- und siedlungsstrukturelle Ziele zu entwickeln sind, die sich an den Möglichkeiten des Raumes und den sozialen Strukturen seiner Bewohner orientieren (WEHLING 1982). Im Gegensatz zu den festländischen Teilen des schottischen Peripherraumes (vgl. Highland Regional Council, 1979) liegen für die Äußeren Hebriden sowie ihre unterschiedlich strukturierten Teilräume noch keine planerischen Gesamtkonzepte, sondern lediglich symptomorientierte Planungsperspektiven vor, einerseits weil erst 1975 eine planerische Einheit aus den ehemals den Grafschaften Ross und Cromarty (Lewis, Harris) und Inverness-shire (North Uist, Benbecula, South Uist, Barra) zugeordneten Teilen der Inselgruppe gebildet wurde, die allein eine durchgreifende Gesamtplanung ermöglicht, andererseits weil bis zum gegenwärtigen Zeitpunkt noch nicht hinreichend gesichert ist, ob die die Peripherisierung dieses Raumes bestimmenden negativen Prozesse - Bevölkerungsabwanderung und Strukturverkümmerung - sich so weit abgeschwächt haben, daß die ökonomische Basis und die Zielsetzungen einer wirtschaftlichen und räumlichen Neuordnung der gesamten Äußeren Hebriden hinreichend genau definiert werden können. Daher sind vorliegende Planungsperspektiven gegenwärtig auf die Überwindung grundlegender Defizite in den wirtschaftlichen und räumlichen Strukturen ausgerichtet.

Grundlegende wirtschaftsräumliche Defizite der Kulturlandschaft der Äußeren Hebriden ergeben sich aus der weit verbreiteten Zersplitterung der Wirtschaftsfläche durch das agrarwirtschaftlich nicht mehr tragfähige *crofting*-System. Daraus folgt jedoch nicht zwangsläufig eine Neuordnung der Besitzstruktur; denn abgesehen von der Tatsache, daß sich durch die Zusammenlegung mehrerer *crofts* angesichts hoher Transport- und Investitionskosten, großer Distanzen zu den Absatzmärkten und naturräumlicher Defizite nicht notwendigerweise ökonomisch lebensfähige landwirtschaftliche Betriebe ergeben, würde eine derartige Politik soziale Konsequenzen haben, die denen der 'Highland Clearances' vergleichbar wären, da dörfliche Gemeinschaften aufgelöst würden und die Entvölkerung des ländlichen Raumes beschleunigt würde (HUNTER 1978). Vielmehr ist - den traditionellen Vorstellungen der *crofter* entsprechend - der wirtschaftliche "Pluralismus" dieser Kleinbauern zu stärken, d.h. es sind außerhalb der Landwirtschaft - in der Fischereiwirtschaft, im Textilgewerbe, im Tourismusgewerbe, im Baugewerbe sowie in den öffentlichen und privaten Dienstleistungen adäquate Arbeitsplätze zu schaffen, die eine Existenzsicherung gewährleisten, den *croftern* jedoch weiterhin eine Nebenerwerbslandwirtschaft und ein soziales Leben in den traditionellen dörflichen Gemeinschaften ermöglichen. Eine derartige Förderung dieses "Pluralismus" könnte in der Zukunft auch bereits abgewanderte jüngere Mitglieder von *crofter*-Familien zur Rückkehr auf die Äußeren Hebriden bewegen (Crofters Commission, 1977). Sie wird sich mittelfristig auf die Expansion und strukturelle Verbesserung bereits vorhandener Wirtschaftszweige richten müssen.

In der Fischereiwirtschaft ist zur Steigerung der Fangergebnisse eine Ausweitung der Fanggründe in Gebiete westlich der Inseln notwendig, verbunden mit der Anlage von kleineren Häfen an der Westküste; die Tweedweberei kann eine strukturelle Verbesserung erfahren durch die Sicherung der Einkommen für die Weber und die Anpassung dieses traditionellen Gewerbes an die modernen Marktbedingungen. Erschließung der Erholungslandschaft und der Bau von Freizeiteinrichtungen stehen im Vordergrund einer zukünftigen Ausweitung des Tourismusgewerbes; diese beinhaltet die Erschließung historischer Stätten, infrastrukturelle Investitionen zur Schaffung wetterunabhängiger Freizeiteinrichtungen, die sowohl für die Touristen wie auch für die einheimische Bevölkerung nutzbar sind, die Entwicklung von Wassersportmöglichkeiten an der Küste und an den zahlreichen Binnenseen, die Verbesserung der Transportmöglichkeiten für nicht motorisierte Urlauber sowie den Ausbau des Straßennetzes (Comhairle nan Eilean 1976).

Investitionen in das Verkehrsnetz der Inseln fördern jedoch nicht nur ihre touristische Erschließung, sondern dienen ihrem funktionalen Zusammenschluß und sind wesentlicher Bestandteil für die zukünftige Versorgungsstruktur. Erst wenn es gelungen ist, auch die entlegenen Gebiete der einzelnen Inseln an das jeweilige Straßennetz anzuschließen, zwischen den Inseln den Fährverkehr zu intensivieren und ein ausreichendes Nahverkehrssystem aufzubauen, erst dann sind alle Inselbewohner hinreichend an die bestehenden und neu anzusiedelnden öffentlichen und privaten Versorgungseinrichtungen angeschlossen. Mit zunehmendem Ausbaugrad des Verkehrsnetzes und wachsendem Verbund der einzelnen Inseln wird sich auch der Investitionsanreiz für private Dienstleistungsunternehmen erhöhen, denn Einzugsbereiche von 30.000 Einwohnern sind attraktiver als solche von 1.000 oder 4.000 Einwohnern. Die Ansiedlung öffentlicher und privater Dienstleistungsbetriebe wiederum wird dazu beitragen, die Äußeren Hebriden aus der Gruppe der am schlechtesten versorgten und strukturierten Gebiete Schottlands herauszulösen (KNOX & COTTAM 1981) und ist die Grundlage für den zentralen Teil einer zukünftigen Entwicklungsplanung, die Entwicklung einer Hierarchie von Versorgungszentren, die auch in der Zukunft auf Stornoway ausgerichtet sein wird. Diese Verbesserung der Versorgungsstruktur ist zusammen mit der Förderung des Wohnungsbaus und der Schaffung neuer Arbeitsplätze die Voraussetzung für die weitere Abschwächung der Bevölkerungsabnahme, die sich in den letzten Jahren anzudeuten scheint, und für einen Prozeß, der die Äußeren Hebriden aus dem Zustand eines Peripherraumes innerhalb des Peripherraumes der schottischen Hochlande heraushebt.

Literatur

BUTZIN, B.(1979): Nordfinnland: Thesen zum Prozeß der Peripherisierung. - In: P. Weber (Hg.), Periphere Räume, Strukturen und Entwicklungen in europäischen Problemgebieten. Münstersche Geographische Arbeiten, Heft 4, Münster

Comhairle nan Eilean (1976): Aithris na Roinne/Regional Report. Stornoway

--- (1980a): Transport Policies and Programmes, 1980 to 1985. Stornoway

--- (1980b): Housing Plan 1980 - 85. Stornoway

--- (1981): Estimate of population by statistical area 1979, Western Isles. Revised Estimate February 1981

Countryside Commission for Scotland (1978): Scotland's Scenic Heritage. Perth

Crofters Commission (1977): Annual Report for 1976. Edinburgh

--- (1980): Annual Report for 1979. Edinburgh

GEDDES, M.(1979): Uneven Development and the Scottish Highlands. Urban and Regional Studies, University of Sussex, Working Paper 17, Brighton

GRAY, M.(1957): The Highland Economy, 1750 - 1850. Edinburgh

HANCE, W.A.(1951): Crofting in the Outer Hebrides. - In: Economic Geography, vol. 27, S. 37

Her Majesty's Stationary Office, HMSO (1955): Crofters (Scotland) Act, London

--- (1976): Crofters Reform (Scotland) Act, London

Highlands and Islands Development Board, H.I.D.B.(1979): 14th Annual Report. Inverness

--- (1980): Business in the Highlands and Islands. Directory of Industry, Commerce and Administration. Inverness

Highland Regional Council (1979): Structure Plan. Inverness

HUNTER, J.(1978): The Making of the Crofting Community. Edinburgh

JACKSON, P.(1948): Scottish Seaweed Resources. - In: Scottish Geographical Magazine, vol. 64, S. 137

KNOX, P. & B. COTTAM (1981): Rural Deprivation in Scotland: A Preliminary Assessment. - In: Tijdschrift voor economische en sociale geografie, vol. 72, S. 162

MACDONALD, J.(1811): General View of the Agriculture of the Hebrides. Edinburgh

MACKENZIE, W.C.(1903): History of the Outer Hebrides. Paisley

McEWEN, J.(1981): Who Owns Scotland. A Study in Landownership. Edinburgh

MILLMAN, R.(1970): The Landed Properties of Northern Scotland. - In: Scottish Geographical Magazine, vol. 86, S. 186

Napier Commission (1884): Report of Her Majesty's Commissioners of Inquiry into the Condition of Crofters and Cottars in the Highlands and Islands of Scotland

RAMPTON, V. (1979): The Brown Seaweed Industries in the British Isles. - In: R.H. Osborne (Hg.), Geographical Essays in Honour of K.C. Edwards. Nottingham

Registrar General of Scotland (1802): Census of Scotland, 1801. Edinburgh

--- (1832): Census of Scotland, 1831, Edinburgh

--- (1862): Census of Scotland, 1861. Edinburgh

--- (1912): Census of Scotland, 1911. Edinburgh

--- (1952): Census of Scotland, 1951. Edinburgh

--- (1972): Census of Scotland, 1971. Edinburgh

THOMPSON, F. (1969): Harris Tweed. The Story of a Hebridean Industry. Newton Abbot

TURNER, J.R. (1980): Scotland's Scenic Heritage. - In: M.F. Thomas & J.T. Coppock (Hg.), Land Assessment in Scotland. Proceedings of the Royal Scottish Geographical Society Symposium Edinburgh 1979, Aberdeen, S. 79

UHLIG, H. (1959 a): Die ländliche Kulturlandschaft der Hebriden und der westschottischen Hochlande. - In: Erdkunde, Bd. XIII, H. 1/4, S. 22

--- (1959 b): Typen kleinbäuerlicher Siedlungen auf den Hebriden. - In: Erdkunde, Bd. XIII, H. 1/4, S. 98

WEHLING, H.-W. (1982): Strukturwandel ländlicher Siedlungen im schottischen Hochland - gegenwärtige Tendenzen und zukünftige Perspektiven. - In: Geographische Zeitschrift, 70. Jg. (im Druck)

ZUR SITUATION DER LANDWIRTSCHAFT
IM SÜDLICHEN NIEDERSACHSEN
BEISPIELE AUS DER SAMTGEMEINDE
BAD ESSEN / KREIS OSNABRÜCK

von

Reinhold E. Lob*

(mit 4 Abbildungen und 7 Tabellen)

Zusammenfassung: Die Landwirtschaft im östlichen Bereich der Samtgemeinde Bad Essen (Kreis Osnabrück) am unmittelbaren nördlichen Wiehengebirgsrand ist geprägt primär durch Getreideanbau in Kombination mit der Schweinehaltung. Daneben spielt noch die Milchviehwirtschaft eine Rolle. Dieses eher konservative Bild wird ergänzt durch die folgenden Aspekte aus dem sozioökonomischen Spektrum:
- Hoher Anteil von landwirtschaftlichen Klein- und Kleinstbetrieben bis zu 10 ha (55 %)
- Über die Hälfte aller Betriebe sind Nebenerwerbshöfe (53 %).
- Die Mehrheit der Vollerwerbsbetriebe liegt mit 68 % in der Betriebsgrößengruppe ab 16 ha.
- Nur bei gut einem Drittel der befragten Höfe (38 %) ist die Hofnachfolge und Betriebsfortführung gesichert. Weitere 26 % sehen dies als voraussichtlich an.
- Mit 42 % ist die Altersgruppe der 41 - 50-jährigen führend bei den Betriebsleitern, gefolgt von 24 % der Gruppe 51 - 60 Jahre.
- 86 % der Betriebsleiter haben "nur" die Volksschule besucht, mit 14 % Anteil ist dann nur noch die Realschulbildung vertreten.
- Nur etwa gut die Hälfte aller Betriebsleiter (55 %) hat eine landwirtschaftliche Fachausbildung.
- Der Arbeitskräftebesatz auf den Höfen ist relativ hoch, nimmt jedoch mit steigender Betriebsgröße pro 100 ha ab.

Wie auch in anderen Teilen unseres Landes haben die kleinen und mittleren Nebenerwerbsbetriebe in den letzten zehn Jahren sehr viel Land durch Verpachtung und Verkauf aufgegeben, während die größeren Vollerwerbsbetriebe diese Flächen zur Aufstockung an sich zogen. Die führende Betriebsgrößengruppe sind dabei die Betriebe zwischen 26 und 30 ha.

Dieses Bild ist durchaus in vielen Aspekten noch voller Probleme für die Zukunft der Landwirtschaft in diesem Raum: Einerseits werden Betriebsaufgaben nicht zu vermeiden sein, auf der anderen Seite scheint sich der Trend zum

---

* Professor Dr. Reinhold E. Lob, Universität Essen GHS, Fachbereich 9 - Geographie, Universitätsstr. 5, D-4300 Essen 1

30 ha-Hof zu verstärken. Diese Betriebsgrößenordnung wird nach derzeitigem Stand die gesunde Basis zum überlebensfähigen Wirtschaften sein. Allerdings ist bei diesen und auch den nächst größeren Betrieben nicht mehr die traditionelle Absicherung durch Besitz der Wirtschaftsflächen gegeben, da sie als Auffangbetriebe einen erheblichen Teil ihrer Flächen nur als Pachtland führen können.

S u m m a r y : On agriculture in Southern Lower Saxony - the Bad Essen (County of Osnabrück) case. - In the eastern parts of Bad Essen parish that are situated immediately on the northern slopes of the Wiehengebierge, agriculture is primarily concentrated on mixed farming with the main activities in cropping, particularly in the form of cereals, in pig-breeding as well as in dairying. These rather traditional land-use patterns correspond with a variety of socio-economic factors: with less than 10 hectares 55 per cent of all working units are small in size, 53 per cent of all units are only capable of providing a part-time employment, with 68 per cent the majority of the full-time units is more than 16 hectares in size; only in 38 per cent of the cases a hereditary transmission and a future farming is guaranteed, some other 26 per cent are very likely to have an heir; 42 per cent of the present farmers are in the 41 - 50 years age group, 24 per cent are above the age of 50; an only 8-years elementary education is common with 86 per cent of the local farmers, only 55 per cent of them attended special courses in farming; even if decreasing in units of larger sizes most of the holdings are over-stocked with labour force; just as in other parts of the Federal Republic of Germany there was a great mobility in land tenancies during the last ten years with farmers of small holdings leasing or selling parcels to ohters that enlarged their units to sizes of 26 or 30 hectares.

These socio-economic factors affecting the agricultural patterns of the area investigated will mean a decrease of working units in the future and a wider range of mobility in land tenancies, so that holdings of about 30 hectares will prevail. With present conditions working units of this size will provide viable bases for agricultural productions in the future. However, it should be realized that this can only be achieved by changing the present land tenure and by a higher proportion of non owner-occupied fields.

1. Einführung: Die natur- und kulturlandschaftliche Situation des Untersuchungsgebietes (vgl. Abb. 1)

Die in diesem Aufsatz untersuchten sechs Ortschaften liegen im östlichen Teil der Samtgemeinde Bad Essen in S -Niedersachsen. Die Gemeinde ihrerseits bildet den östlichen Exponenten des Kreises Osnabrück. Unmittelbar an die Kreis- und Gemeindegrenze schließt sich östlich der westfälische Landkreis Lübbecke an.

Naturlandschaftlich ist das Untersuchungsgebiet geprägt durch drei parallel zueinander jeweils grob in W-E-Richtung verlaufende Einheiten: Im S der Wiehengebirgszug, daran nördlich anschlie-

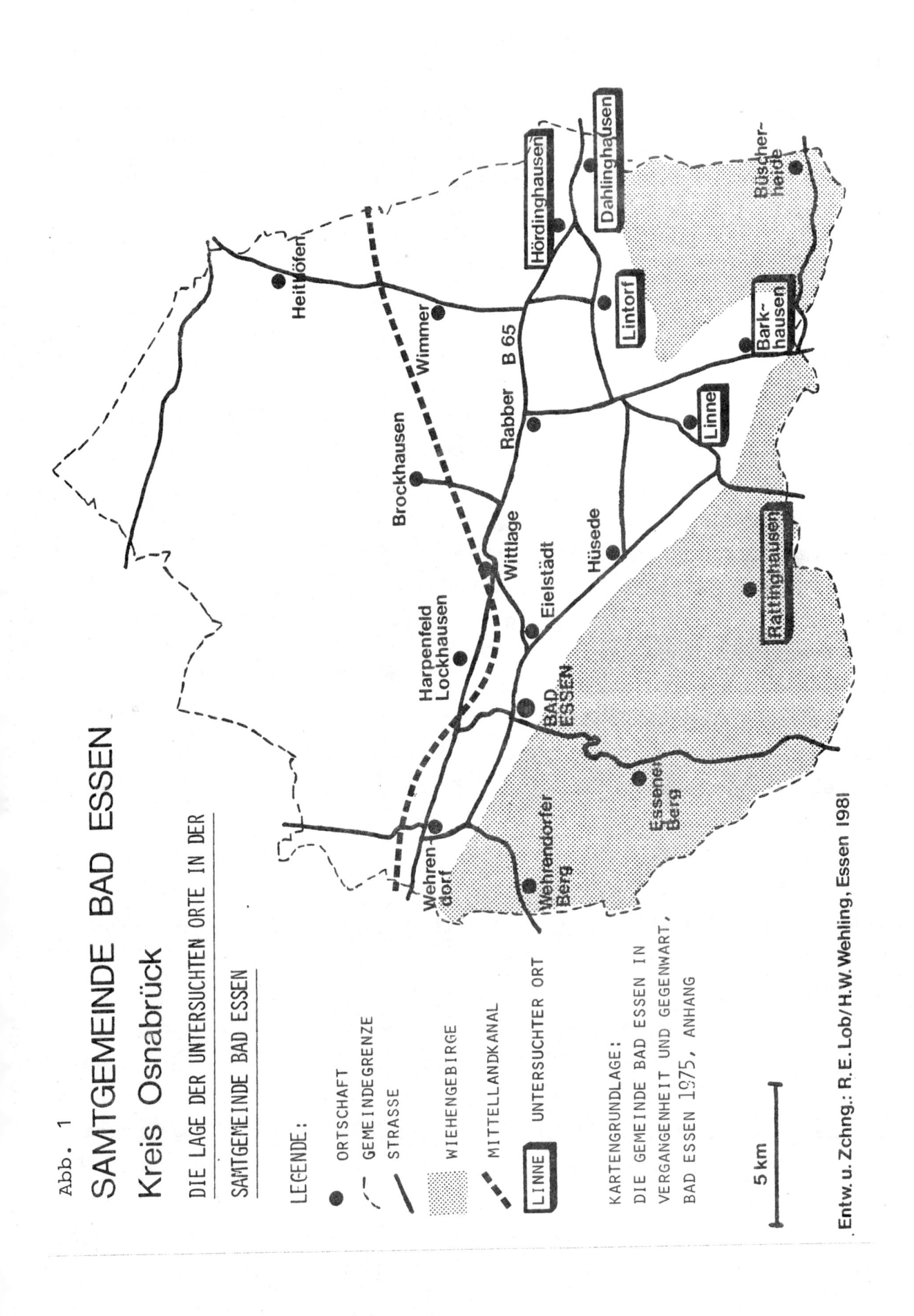

Abb. 1

SAMTGEMEINDE BAD ESSEN
Kreis Osnabrück

DIE LAGE DER UNTERSUCHTEN ORTE IN DER
SAMTGEMEINDE BAD ESSEN

LEGENDE:
- ● ORTSCHAFT
- –·– GEMEINDEGRENZE
- —— STRASSE
- ▒ WIEHENGEBIRGE
- - - - MITTELLANDKANAL
- | LINNE | UNTERSUCHTER ORT

KARTENGRUNDLAGE:
DIE GEMEINDE BAD ESSEN IN
VERGANGENHEIT UND GEGENWART,
BAD ESSEN 1975, ANHANG

5 km

Entw. u. Zchng.: R.E. Lob/H.W. Wehling, Essen 1981

ßend das sog. "Eggenvorland", bestehend aus dem unmittelbaren Gebirgsfuß und einem schmalen zugeordneten Lößlehmstreifen. Dieser Bereich erstreckt sich nach N bis zu einer Linie, wie sie vom Mittellandkanal in etwa nachgezeichnet wird. Dieser landwirtschaftlich recht günstige Bereich ist im W der Samtgemeinde Bad Essen sehr schmal und erweitert sich dann rasch nach E im Bereich der hier vorgestellten Siedlungen. Nördlich des Mittellandkanals beginnt eine ehemals recht nasse Niederungszone des Hunte-Urstromtales.

Das Wiehengebirge besteht im Untersuchungsgebiet aus einer dichten Abfolge von Schichten der Trias und Jura. Die morphologische Prägung der W-E verlaufenden Höhenzüge ist somit geologisch vorgegeben. Erreicht werden im Wiehengebirge Höhen von etwa 180 - 190 m NN im nördlichsten Gebirgszug. Das Vorland hat dagegen am Mittellandkanal nördlich von Rabber nur eine Höhe von ca. 50 m NN. Die in dieser Untersuchung vorgestellten Orte im Vorland des Wiehengebirges liegen jedoch dem Gebirgsfuß näher und in etwa in einer Höhe von 60 - 70 m NN. Der einzige Untersuchungsort aus dem Bereich des Gebirges (Rattinghausen) dürfte etwa um 160 m NN liegen, so daß der Höhenunterschied zwischen der Bergsiedlung und den Ortschaften im Vorland ca. 100 m beträgt. Dieser Höhenunterschied bedingt einen lokal durchaus spürbaren Klimaunterschied zuungunsten der Bergsiedlung mit den entsprechenden Nachteilen für die Landwirtschaft: Frühere Fröste, längere Schneeauflage, kürzere Vegetationsperiode. Geringe Bodendecke, fehlende Lößlehmauflage (im Unterschied zum Vorland) und weniger günstige Flächen (z.T. mit Gefälle) verstärken den Nachteil der Bergsiedlung.

Dieser naturräumliche Nachteil des Wiehengebirges für die Landwirtschaft war auch der Grund dafür, daß eine dauerhafte Besiedlung erst als Rodung der späteren Zeit des Landausbaues einsetzte. So dürfte auch Rattinghausen dem 12./13. Jahrhundert zugerechnet werden. Es ist noch heute eine geradezu lehrbuchhafte Rodungsinsel und nur mit einer Straße vom Vorland her erreichbar. Die fünf übrigen Untersuchungsorte liegen nördlich vor dem Wiehengebirge: Linne und Barkhausen in einer "Bucht" des Gebirges, Lintorf,

Dahlinghausen und Hördinghausen weiter nördlich im eigentlichen Vorland. Hier ist der unter Mergel, Kies und Sanden nach N in den Untergrund abtauchende Wiehengebirgsfuß überdeckt mit pleistozänem Transportmaterial, besonders mit Lößlehm. Zu einer klimagünstigeren Situation der Landwirtschaft gesellen sich hier als weitere positive Faktoren bessere Bodenverhältnisse und ein günstigeres Relief. Man kann fast von einer kleinen Bördenlandschaft sprechen. Im gesamten Gemeindegebiet sitzen hier am nördlichen Gebiergsrand die alten Dorfsiedlungen recht dicht beieinander. Sie gehen alle auf die Zeit vor 1000 n.Chr. zurück, auch wenn ihre ersten Erwähnungen z.T. später liegen. Ebenso sind die Untersuchungsorte Linne, Barkhausen, Lintorf, Hördinghausen und Dahlinghausen solch alte Dorfsiedlungen. Ihre Feldmarken haben oft, ebenso wie die Ausdehnung der Ortsbebauung, eine typische N-S-Erstreckung. Sie sichern sich somit ihre Anteile an der günstigen "Börde".

Die nördlich anschließende Zone (nördlich etwa vom Mittellandkanal) war noch im vorigen Jahrhundert teils unerschlossen, teils extensiv genutzt. Hier liegen nur noch wenige Orte und Einzelhöfe. Erst die jüngsten Flurbereinigungsmaßnahmen haben die Entwässerung und Vorflut geregelt. In diesem Bereich befindet sich jedoch keine der untersuchten Siedlungen, so daß eine weitere Erläuterung hier entfällt.

2. <u>Gang und Methoden der Untersuchung</u>

Von 1976 bis 1981 war die Samtgemeinde Bad Essen mit all ihren Teilortschaften Gegenstand von Untersuchungen im Rahmen der Geländepraktika des Geographie-Seminars der Universität Essen. Die Arbeiten richteten sich auf Fragen der Gebäudealtersstruktur, der Gebäudenutzung und der Sozialstruktur der Bevölkerung. Zugleich wurden für die meisten Teilorte auch Untersuchungen zu landwirtschaftlichen Fragen anhand eines Fragebogens durchgeführt. Dieser Bogen enthielt die folgenden Teilaspekte:

    Betriebsgröße in ha LF
    Erwerbstyp (Voll-, Zu- und Nebenerwerb)

Bodenmobilität (An- und Verkauf, Zu- und Verpachtung)
Hofnachfolge
Ausbildung der Betriebsleiter, Alter der Betriebsleiter
Arbeitskräftebesatz
Bodennutzung
Viehbesatz

Nach diesem Befragungsschema wurden mehrere hundert Betriebe in den Teilgemeinden flächendeckend untersucht. Die Erhebungen zu den Themen Bodennutzung und Viehbesatz wurden dann nach der bekannten Bewertung mit Hilfe von Wägezahlen (ANDREAE 1964) zur Ermittlung des landwirtschaftlichen Betriebssystems herangezogen. Hierzu muß festgestellt werden, daß diese Bewertung heute durchaus problematisch ist und der Vielfalt in der jüngsten Entwicklung zahlreicher Betriebe nicht mehr gerecht wird. Die Ergebnisse dieses Teils der Arbeit werden daher auch nur randlich behandelt. Der Schwerpunkt dieser Untersuchung liegt daher auf der Auswertung der anderen Fragenkomplexe.

Bei dieser Gelegenheit soll schon jetzt auf einige Probleme der Untersuchung eingegangen werden. Die meisten Landwirte waren durchaus zu Auskünften bereit, einige verweigerten sie jedoch, so daß eine totale Vollständigkeit nicht erreicht werden konnte. In vielen Fällen war auch eine gewisse Angst vor der Befragung vorhanden, die insbesondere bei großen Betrieben mit hohem Viehbesatz darin begründet lag, daß das Verhältnis von Betriebsfläche und Viehbesatz die Grenze zum Gewerbebetrieb spüren ließ. Hier sind möglicherweise nicht immer ganz korrekte Angaben gemacht worden. Vielfach wurden Betriebe erhoben, die formal zwar noch vorhanden waren, aber de facto mit etwa nur 2 ha kaum als solche anzusehen sind. Hierbei handelte es sich z.B. um alleinstehende alte Personen, die noch etwas Landwirtschaft aus alter Gewohnheit betrieben. Solche Betriebe flossen mit in die Berechnung ein, verfälschen aber das Bild. Überhaupt sind die Betriebstypen im Grunde so unterschiedlich, daß es schwer fällt, hier ein Schema anzulegen. Man muß all diese Einwände berücksichtigen, wenn man die Ergebnisse der Befragung betrachtet. In der Fülle der vielen tausend

Einzeldaten liegen somit zahlreiche Fehlerquellen die sich
aber z.T. auch gegenseitig aufheben. Entscheidend ist somit
nicht die Einzelangabe oder die absolute Zahl der Auswertung,
sondern der sich daraus ergebende Trend. Er dürfte im großen
und ganzen jedoch ein treffendes Bild von den Verhältnissen
geben.

Zusätzlich zu den genannten Befragungen wurde noch in jedem
Jahr bei den jeweils untersuchten Ortschaften eine Flächenkartierung vorgenommen, die hier nicht dargestellt wird. In der
folgenden Darstellung der Betriebssysteme werden hierzu jedoch
pauschale Aussagen gemacht.

3. Die Betriebssysteme im Überblick

Rattinghausen:

In der auf dem Wiehengebirge gelegenen kleinen Weilersiedlung
Rattinghausen herrscht in der Hauptsache der Getreidebau vor.
Er ist kombiniert mit dem Futterbau. Hackfrüchte sind fast nicht
vertreten, ebenso fehlen Sonderkulturen. In der Viehhaltung
nehmen Schweine und Jungrinder eine fast gleiche Stellung ein,
Milchvieh wird nur einmal genannt. Es ergibt sich somit als
dominantes Betriebssystem die Kombination Schweinehaltung/
Rinder mit Getreideanbau.

Linne

Die dem Wiehengebirge unmittelbar vorgelagerte Ortschaft Linne
wird in der Bodennutzung eindeutig beherrscht vom Getreideanbau.
Futterbau, Sonderkulturen und Hackfrüchte treten nur randlich
auf. Beim Vieh steht die Schweinehaltung an der Spitze. Hinzu
tritt das Milchvieh als zweite bedeutende Gruppe. Kleinwiederkäuer und Jungrinder treten nur vereinzelt auf. Die Schweinehaltung ist als Betriebssystem meist kombiniert mit dem Getreidebau. Sie ist bei 9 Betrieben die Leitkultur. Bei weiteren
7 Höfen ist das Verhältnis umgekehrt: Getreidebau dominiert
und ist kombiniert mit der Schweinehaltung als Begleitzweig.
Da das Getreide fast vollständig für den Eigenbedarf verbraucht

wird, haben wir es in der Hauptsache mit Schweinemast auf wirtschaftseigener Futtergrundlage zu tun. Die Marktorientierung liegt also in der Fleischproduktion.

Lintorf

Die in Lintorf ansässigen Betriebe haben ebenfalls eine hohe Dominanz der Leitkultur Getreidebau (mit 80 % der Betriebe). Wie schon in Linne, dient der Getreideanbau zum größten Teil als Futtergrundlage für die Schweinemast. Nur 2 der befragten Betriebe sind durch Hackfrüchte als Leitkultur in Kombination mit Getreide stärker mit ihren Anbauprodukten marktorientiert. Ein kleiner Nebenerwerbsbetrieb hat sich auf Gemüse spezialisiert. 60 % der Betriebe haben als Leitzweig die Milchviehwirtschaft, und ein Betrieb ist auf Jungrinderzucht spezialisiert. Die stärkste Gruppe unter den Betriebssystemen bildet mithin in Lintorf die Kombination Getreide/Schweinemast-Betrieb.

Dahlinghausen

Auch in Dahlinghausen ergibt sich ein ganz ähnliches Bild: 83 % der Betriebe haben als Leitzweig den Getreideanbau. Er ist wie in Linne verbunden mit der Schweinehaltung. 2 Betriebe (= 11 %) betreiben Getreideanbau in Verbindung mit Hackfrüchten als Leitzweig. Die zweitgrößte Bedeutung im Viehbesatz hat auch hier die Milchviehwirtschaft. Die Hälfte aller Betriebe in Dahlinghausen ist demnach - ähnlich wie in Lintorf - durch Getreide/Schweinehaltung charakterisiert.

Hördinghausen

Unmittelbar benachbart zu Dahlinghausen liegt auch Hördinghausen etwas weiter nördlich vor dem Wiehengebirge. Von 19 Betrieben haben 14 als Leitkultur den Getreideanbau. In drei Fällen stehen Sonderkulturen an der Spitze. Bei drei weiteren Betrieben spielen Hackfrüchte eine Rolle als Begleitzweig. Der Futterbau wird insgesamt nur einmal genannt. In 12 Betrieben beherrscht die Schweinehaltung absolut das Bild. In drei Betrieben tritt sie als Begleitzweig zurück hinter die Dominanz der Milchviehhaltung. Zwei weitere Höfe haben ein umgekehrtes Verhältnis: Schweinehaltung/Milchvieh. Als Betriebssystem ist daher mit deutlichem Abstand die Kombination Getreidebau/Schweinehaltung vorherrschend. Milchvieh steht zwar beim Viehbesatz an der zweiten Stelle, steht jedoch in der Systembenennung immer an zweiter oder dritter Stelle.

Barkhausen

In einer Wiehengebirgsbucht liegt Barkhausen, flankiert auf drei Seiten vom Waldgebirge. Die wenigen hier vorhandenen Höfe sind recht unterschiedlich strukturiert. 5 von 10 Betrieben haben auch hier Getreide als Leitzweig. Bei dreien davon entfällt ein Begleitzweig. Die beiden übrigen verfügen über Hackfrüchte als Begleitzweig. Futterbau ist einmal dominant und dreimal als Begleitzweig vorhanden. In einem Fall beherrscht eine Sonderkultur das Bild des Betriebes. Die Schweinehaltung ist für 5 Höfe bei der Viehhaltung bestimmend, in einem Falle nur Begleitzweig. Milchvieh ist zweimal beherrschend und weitere zweimal als Begleitzweig vorhanden. Entsprechend bunt ist die Zusammensetzung der Betriebssysteme: Getreide/Schweine, Milchkühe/Futterbau, Getreide/Futterbau/Schweine, Hackfrucht/Schweine, Getreide, Getreide/Futterbau/Jungrinder, Sonderkulturen/Schweine.

Zusammenfassung

Das Gesamtbild der Betriebssysteme im Untersuchungsraum wird beherrscht vom Getreidebau in der Kombination mit der Schweinehaltung. Hackfrüchte stellen eine untergeordnete Gruppe dar, ebenso wie der Futterbau. Sonderkulturen spielen nur vereinzelt eine Rolle. Neben der dominanten Schweinehaltung tritt die Milchviehwirtschaft zwar zurück, stellt aber im Viehbestand die zweite Gruppe dar. Jungrinderzucht und -mast dagegen - ansonsten im letzten Jahrzehnt auf vielen Höfen von großer Bedeutung - spielen fast keine Rolle. Auch Kleinwiederkäuer sind erwartungsgemäß ohne Bedeutung. So ergibt das Bild der landwirtschaftlichen Nutzung im östlichen Gemeindegebiet Bad Essens ein eher konservatives Bild.

Die folgenden Ausführungen sollen nun den Hintergrund dieser Ergebnisse etwas aufhellen.

4. Die sozioökonomischen Verhältnisse

4.1 Betriebsgröße

Grundlegend für die landwirtschaftlichen Verhältnisse einer Landschaft sind die Fragen der Betriebsgrößenstruktur. Ihnen gelten die ersten Überlegungen. Die Tab. 1 gibt hierzu einen Überblick über die untersuchten Ortschaften und eine Gesamtzusammenfassung. Mit 36 Betrieben der Größengruppe 0 - 5 ha wird ein Hauptproblem der Landwirtschaft in diesem Raum deutlich: 38 % der hier vorgestellten Betriebe fallen in diese Gruppe und stellen damit den größten Anteil überhaupt. Hierunter fallen viele der in der Einleitung angesprochenen Kleinstbetriebe von alten Leuten, die noch auf ihrem Hofe wohnen und etwas wirtschaften oder auch zahlreiche "Feierabendlandwirte" im Nebenerwerb. Zugleich wird hiermit jedoch deutlich, daß eine große Zahl von jetzt noch offiziell bestehenden Betrieben in der Zukunft ganz aufgegeben wird. Viele dieser Betriebe haben einen Teil ihrer Flächen schon jetzt verpachtet und wirtschaften auf einer Restfläche bis zur endgültigen Aufgabe. Bei den Besuchen auf diesen Höfen ergab sich immer wieder ein recht trauriges Bild der sozialen Verhältnisse: Eine tatsächliche Armut, wie wir sie als Städter uns kaum noch für Mitteleuropa vorstellen können. Ein besonders schlechtes Bild bietet der Ortsteil Linne mit 48 % Anteil der Kleinsthöfe. Bei allen anderen Dörfern liegt der Prozentsatz zwischen 33 % und 37 %, also dicht beieinander.

Den zweitgrößten Anteil bildet die Gruppe der Höfe mit 6 - 10 ha. Sie stellen 17 % aller Betriebe. Somit sind 55 % der Höfe im Untersuchungsgebiet kleiner als 11 ha. In dieser Betriebsgrößengruppe liegen die jeweiligen Anteile in den Ortschaften zwischen 19 % und 33 %. Lediglich in Lintorf sind es 6 %.

Tab. 1

BETRIEBSGRÖSSENSTRUKTUR

Betriebs-größe ha	Linne abs.	%	Lintorf abs.	%	Dahling-* hausen abs.	%	Barkhausen abs.	%	Hördinghausen abs.	%	Rattinghausen abs.	%	Gesamt abs.	%
0 - 5	13	48,2	6	33	5	33	3	33,4	7	36,9	2	33	36	38
6 - 10	5	18,5	1	6	4	27	-	-	4	21,1	2	33	16	17
11 - 15	2	7,4	2	11	2	13	-	-	1	5,2	-	-	7	7
16 - 20	3	11,1	2	11	1	7	-	-	3	15,8	-	-	9	10
21 - 25	2	7,4	2	11	-	-	2	22,2	2	10,5	1	17	9	10
26 - 30	1	3,7	3	17	3	20	2	22,2	-	-	-	-	9	10
31 - 40	1	3,7	2	11	-	-	-	-	2	10,5	-	-	5	5
41 - 50	-	-	-	-	-	-	1	11,1	-	-	1	17	2	2
über 50	-	-	-	-	-	-	1	11,1	-	-	-	-	1	1
Gesamt	27	100	18	100	15	100	9	100	19	100	6	100	94	100

* in Dahlinghausen 3 Verweigerungen

Schwach vertreten ist mit 7 % die nächstgrößte Gruppe (11 ha - 15 ha) an der Gesamtzahl aller erfaßten Betriebe. Die dann folgenden drei Größengruppen (15 ha - 20 ha, 21 ha - 25 ha, 26 ha - 30 ha) haben jeweils einen gleichen Anteil von 10 %. Diese "Mittelgruppe" repräsentiert am ehesten den durchschnittlichen Familienbetriebstyp, hat aber nur einen Gesamtanteil von 30 %. Die darüber liegende Betriebsgröße von 31 ha - 40 ha ist mit 5 % an der Gesamtzahl vertreten. Mit insgesamt 3 % folgen dann die beiden größten Betriebsgrößengruppen. Faßt man diese Ergebnisse zusammen in drei Blöcken, so ergibt sich daraus folgendes Bild:

  0 ha - 15 ha 62 %
  16 ha - 30 ha 30 %
  über 30 ha   8 %

Nimmt man selbst noch die alte EG-Vorstellung vom (mindestens)
15 ha-Hof als Grundlage des überlebensfähigen Familienbetriebes
(siehe S. Mansholt-Plan, Ende der 60er Jahre) zur Leitvorstellung,
so liegen heute (1981) im Untersuchungsgebiet 62 % aller Betriebe
unter dieser Richtzahl. Selbst wenn man großzügig 30 % von dieser Zahl abzieht (weil de facto bereits aufgegeben), so bliebe
festzustellen, daß immerhin fast 1/3 (32 %) aller Betriebe im
Untersuchungsgebiet unter dieser längst veralteten Betriebsgrößenrichtzahl lägen. Bei all diesen Aussagen muß man feststellen,
daß der Raum Bad Essen keineswegs als besonders "arme Bauerngegend" gilt. Eher herrscht die Vorstellung einer durchaus traditionell soliden Landwirtschaft. Das Ergebnis zeigt recht deutlich, daß abseits der Randbereiche der großen Ballungsräume auch
heute noch eine landwirtschaftliche Struktur vorhanden ist, die
einen sehr hohen Anteil von problematisch kleinen Betrieben enthält. Das Bild des Raumes Bad Essen zeigt überdies eine große
Vielfalt in den Betriebsgrößen, wie sie nur aus der Geschichte
zu verstehen ist. Denn wie in anderen Teilen unseres Landes hat
auch hier die Teilung der Gemeinen Marken, insbesondere im vorigen Jahrhundert, viele Kleinbetriebe entstehen lassen. Sie haben
sich hier, wo der Absprung nicht so leicht ist, bis in die Gegenwart gehalten.

4.2 Erwerbstypen

Die Tab. 2 zeigt einen Überblick über die Erwerbstypen im Untersuchungsgebiet. In der Gesamtheit dominiert mit 53 % der Nebenerwerbsbetrieb. Er hat jeweils in den einzelnen Ortschaften einen
Anteil zwischen 50 % und 67 %, jedoch mit den beiden Ausnahmen
Lintorf (26 %) und Barkhausen (30 %). Besonders positiv hebt sich
erneut Lintorf hervor. Hierzu ist festzustellen, daß bei den
übrigen Untersuchungen zur Struktur der Samtgemeinde Bad Essen
dieser Ortsteil ebenfalls immer besonders positiv herausfiel.
Lintorf kann sich als einziger Ortsteil mit seinem gesamten
Angebot neben dem Ortszentrum Bad Essen behaupten. Er ist vielfältig und attraktiv strukturiert und besitzt eine erhebliche
eigene Entwicklungsdynamik. Hierin könnte eine der Ursachen
auch für die bessere Agrarstruktur dieses Ortes zu suchen sein.

Tab. 2
ERWERBSTYPEN

Erwerbstyp	Linne		Lintorf		Dahling-hausen		Bark-hausen		హörding-hausen		Ratting-hausen		Gesamt	
	abs.	%	abs.	%	abs.	%	abs.	%	abs.	%	abs.	%	abs.	%
Vollerwerbs-betrieb	8	30	10	67	9	50	6	60	6	31	2	33	41	43
Zuerwerbs-betrieb	1	4	1	7	–	–	1	10	1	5	–	–	4	4
Nebenerwerbs-betrieb	18	66	4	26	9	50	3	30	12	64	4	67	50	53
Gesamt	27	100	15	100	18	100	10	100	19	100	6	100	95	100

Entsprechend hebt sich bei der Betrachtung der Vollerwerbsbetriebe Lintorf mit 67 % Anteil positiv ab. Die Vollerwerbsbetriebe insgesamt im Untersuchungsgebiet bilden 43 %. Den schwächsten Anteil haben die Ortschaften Linne (30%), Hördinghausen (31%) und die Bergsiedlung Rattinghausen (33%). Erneut zeigt sich in Linne (wie auch schon bei den Betriebsgrößen) eine besondere Schwäche.

Auffallend gering ist in allen Orten der Anteil an Zuerwerbsbetrieben mit 4 %. In zwei Dörfern fehlt diese Gruppe ganz; in den anderen ist jeweils nur ein entsprechender Hof vorhanden. Diese Aussage führt zu der Annahme, daß man entweder möglichst lange an der Landwirtschaft als einziger Erwerbsgrundlage festhält oder sie dann doch rasch in den Hintergrund drängt und nur noch "nebenher" betreibt.

4.3 Betriebsgrößen und Erwerbstypen

Aus der Behandlung der beiden vorgenannten Aspekte leitet sich die interessante Fragestellung nach dem Verhältnis von Betriebsgrößenstruktur und Erwerbstyp ab. Hierzu bietet die Tab. 3 mit drei ausgewählten Beispielen einige Angaben. Der erste Eindruck zeigt, daß in den hier vorgestellten Dörfern die Vollerwerbsbetriebe

Tab. 3

BETRIEBSGRÖSSE UND ERWERBSTYP

Betriebs-größe ha	Linne Voll	*Zu	Neben	Lintorf Voll	Zu	Neben	Dahlinghausen Voll	Zu	Neben	Gesamt Voll abs.	%	Zu abs.	%	Neben abs.	%
0 - 5	1	1	10	1	1	4	-	-	5	2	7	2	100	19	56
6 - 10	-	-	5	1	-	-	2	-	2	3	11	-	-	7	21
11 - 15	1	-	5	1	-	1	2	-	-	4	14	-	-	6	18
16 - 20	2	-	2	2	-	-	1	-	-	5	18	-	-	2	5
21 - 25	2	-	-	2	-	-	-	-	-	4	14	-	-	-	-
26 - 30	1	-	-	3	-	-	3	-	-	7	25	-	-	-	-
31 - 40	1	-	-	2	-	-	-	-	-	3	11	-	-	-	-
41 - 50	-	-	-	-	-	-	-	-	-	-	-	-	-	-	-
über 50	-	-	-	-	-	-	-	-	-	-	-	-	-	-	-
Gesamt	8	1	22	12	1	5	8	0	7	28	100	2	100	34	100

*Voll = Vollerwerbsbetrieb
 Zu = Zuerwerbsbetrieb
 Neben = Nebenerwerbsbetrieb

in allen Betriebsgrößen vorkommen. Läßt man jedoch die Aussage von 7 % der Größengruppe 0 ha - 5 ha als etwas dubios beiseite, so bleibt das Bild unverändert: Auch die nächsten beiden Größenklassen enthalten Vollerwerbsbetriebe: 11 % und 14 %. Das Gros der Vollerwerbsbetriebe liegt jedoch mit 68 % in den Betriebsgrößenklassen ab 16 ha. Den größten Anteil haben die Höfe der Gruppengröße 26 ha - 30 ha mit 25 %, gefolgt von 18 % der Größe 16 ha - 20 ha.

Die zwei vorhandenen Zuerwerbsbetriebe liegen beide in der Größengruppe 0 ha - 5 ha. Hier will ich eine bewußte oder unbewußte Fehlinformation nicht ausschließen. Von größerer Bedeutung sind die Zahlen zu den Nebenerwerbsbetrieben. Dabei ergibt sich eine regelhafte Abfolge: Je größer die Betriebsgröße, umso mehr nimmt der Anteil der Nebenerwerbsbetriebe ab. Den stärksten Anteil bilden

erwartungsgemäß die Höfe mit 0 ha - 5 ha mit 56 %. Dann folgen
mit 21 % die Betriebe der Größe 6 ha - 10 ha. Immer noch groß
ist mit 18 % der Anteil an den Betrieben zwischen 11 ha und 15 ha.
Zwei Höfe (= 5 %) sind sogar noch in der Größengruppe 16 ha -
20 ha vorhanden. In den dann folgenden Größengruppen treten die
Nebenerwerbsbetriebe nicht mehr auf. Über 20 ha beginnt also
unbeeinträchtigt der Vollerwerbsbetrieb.

4.4 Hofnachfolge

Die Betriebsgrößenstruktur und auch die Verteilung der Erwerbstypen ließen schon erkennen, daß für zahlreiche Betriebe im Untersuchungsgebiet kaum noch eine Zukunft besteht. Um diesen Punkt weiter zu erhärten, wurde auf den Höfen auch nach der Hofnachfolge gefragt. Dies ist eine sehr persönliche Frage gewesen, und es kam daher auch zu Verweigerungen. Natürlich ist es auch problematisch, eine solche, oft tatsächlich noch offene Frage in vier Antwortrubriken zu pressen. Vielfach sind die familiären Verhältnisse in dieser Hinsicht ungeklärt, und man weiß eben tatsächlich nicht, ob der jetzt fünfjährige Sohn wirklich einmal Bauer wird. All diese Einschränkungen müssen bedacht werden, wenn zu diesem Punkt statistische Aussagen gemacht werden. Interessant sind sie trotzdem, denn nur 38 % der befragten bäuerlichen Familien haben klar ausgesagt, daß sie die Hofnachfolge als gesichert ansehen. Das ist nur gut ein Drittel aller untersuchten Betriebe. Weitere 26 % betrachten die Hofnachfolge und damit die Fortführung des Hofes als voraussichtlich gesichert. Faßt man beide Gruppen zusammen, so bilden sie zusammen doch immerhin 64 %. Recht groß ist auch der Prozentsatz von 21 für die Aussage einer "zweifelhaften" Hofnachfolge. Bei 15 % war schon zum Zeitpunkt der Befragung klar, daß der Hof nicht fortgeführt werden würde. "Zweifelhaft" und "Keine Hofnachfolge" stellen zusammen 36 %. Rechnet man überschlägig aus der Gruppe der "Zweifelhaften" nur die Hälfte zu den Höfen ohne Betriebsfortführung, so kann man feststellen, daß wohl ca. 25 %, also ein Viertel aller untersuchten Höfe, in der Zukunft nicht fort-

Tab. 4

HOFNACHFOLGE

Hofnachfolge	Linne abs.	%	Lintorf* abs.	%	Dahling-hausen abs.	%	Bark-hausen abs.	%	Hörding-hausen abs.	%	Ratting-* hausen abs.	%	Gesamt abs.	%
gesichert	12	44	5	33	8	44	4	40	6	32	1	20	36	38
voraussichtl. gesichert	8	30	1	7	4	22	4	40	5	26	2	40	24	26
zweifelhaft	4	15	6	40	5	28	1	10	3	16	1	20	20	21
keine	3	11	3	20	1	6	1	10	5	26	1	20	14	15
Gesamt	27	100	15	100	18	100	10	100	19	100	5	100	94	100

*Bei Rattinghausen wurde 1 Angabe verweigert, bei Lintorf haben 3 keine Auskunft zu diesem Punkt gegeben.

geführt werden. Ich persönlich nehme eher an, daß die befragten Betriebsleiter "psychologisch" eher dazu neigten, auf eine Weiterführung des Hofes zu bauen und der Prozentsatz der zukünftig entfallenden Betriebe doch eher bei 30 % liegen wird. Dieser Prozeß kann sich durchaus noch über einen längeren Zeitraum hinziehen. Das Ergebnis paßt recht gut zu den anfangs erwähnten problematischen Betriebsgrößen und Erwerbstypen. Maß muß trotz einer sich bundesweit deutlich abzeichnenden Abflachung der Kurve der Betriebsaufgaben im Raum Bad Essen doch noch mit erheblichen Schrumpfungen im Bereich der landwirtschaftlichen Betriebe rechnen. Dieser "ballungsferne" ländliche Raum wird noch jene Entwicklung durchmachen, welche man in der Nähe der großen Städte schon seit langer Zeit beobachten konnte.

4.5 Alter der Betriebsleiter

Das Alter der Betriebsleiter und die Hofnachfolge können durchaus im Zusammenhang stehen: Auch wenn die alten Betriebsinhaber nicht gerne "das Heft aus der Hand" geben, wird je nach persönlichem Temperament der Betrieb bei einem geeigneten Nachfolger doch

20-30	31-40	41-50	51-60	ÜBER 60
4 %	17 %	42 %	24 %	13 %

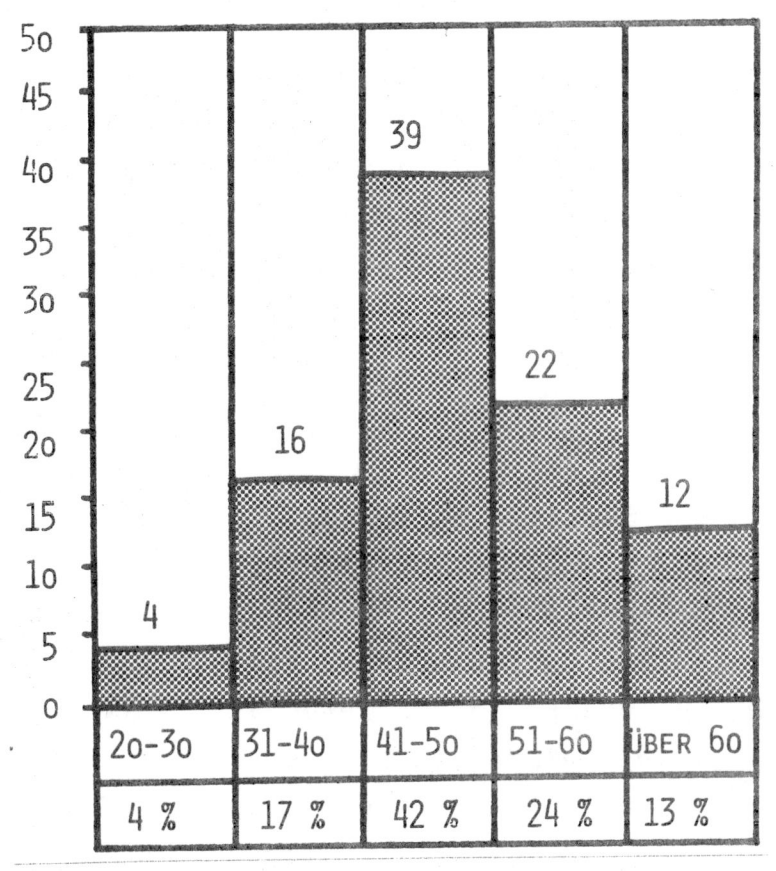

Abb. 2

Alter der Betriebsleiter in den Ortschaften Linne, Lintorf, Dahlinghausen, Barkhausen, Hördinghausen und Rattinghausen

dann in der Regel übergeben, wenn die junge Familie gegründet worden ist und der Altbauer den Hof in guten Händen weiß. Eine altersmäßige Festlegung ist kaum möglich, zu unterschiedlich sind hier die einzelnen Familiensituationen. Auch sind in diesem Punkte sicherlich landschaftlich unterschiedliche "Gewohnheiten" im Spiele.

Bei den im Raum Bad Essen untersuchten Betrieben stellt die Altersgruppe der 41- bis 50-jährigen mit 42 % den größten Anteil an Betriebsleitern. Es folgt mit 24 % die Gruppe der 51- bis 60-jährigen. Mit immerhin noch 12 % "regieren" die über 60-jährigen auf den Höfen. Relativ "junge" Betriebsleiter spielen mit 16 % eine geringe Rolle (die 31- bis 40-jährigen). Wenn man insgesamt von der "Beharrungstendenz" in der bäuerlichen Bevölkerung weiß, verwundert dieses Ergebnis nicht. Man könnte, muß aber nicht, von

einer gewissen "Überalterung" der Betriebsleiter sprechen.
Tatsächlich ist aber der Anteil der "innovationsfreudigen"
jüngeren Landwirte in eigener Wirtschaftsverantwortung klein.
Dies mag ein etwas kritisches Licht auf die zukünftigen Entwicklungsmöglichkeiten werfen. Vielleicht korreliert dieser
Tatbestand recht gut mit den überwiegend "konservativen"
Betriebsystemen, wie sie einleitend vorgestellt wurden.

4.6 Schulausbildung der Betriebsleiter

Bei der Bewertung der Ergebnisse zum Thema "Schulausbildung
der Betriebsleiter" muß vorweg gesagt werden, daß die Möglichkeiten, weiterführende Schulen zu besuchen, besonders im
ländlichen Raum weitab von Ballungsräumen und großen Städten
noch vor 20 und 30 Jahren ganz anders waren als heute. Selbst
wenn diese Möglichkeit vorhanden gewesen ist, sind die Entfernungen viel eher ein Hindernis gewesen, denn der Grad der
privaten Motorisierung war weit geringer als heute. So sagen
denn auch die Ergebnisse weit eher etwas aus zur Frage der
tatsächlichen Möglichkeiten als zur Intelligenz der ländlichen
Bevölkerung. Es sind auch nur 14 % der befragten Betriebsleiter, die eine Realschule besucht haben. Der gesamte Rest
(= 86 %) hat "nur" die Volksschule besucht. Diese Tatsache
hat sicherlich Aussagewert zur Beurteilung der "Innovationsfreudigkeit" der Betriebsleiter.

Tab. 5

SCHULAUSBILDUNG DER BETRIEBSLEITER

Schulart	Linne	Lintorf	Dahlinghausen	Barkhausen	Hördinghausen	Rattinghausen	Gesamt abs.	%
Hauptschule (Volksschule)	23	12	16	9	16	4	80	86
Realschule	4	3	2	1	2	1	13	14
Gymnasium	-	-	-	-	-	-	-	-
Gesamt	27	15	18	10	18	5	93	100

Tab. 6

BERUFSAUSBILDUNG DER BETRIEBSLEITER

Ausbildungsart	Linne	Lintorf	Dahling-hausen	Bark-hausen	Hörding-hausen	Ratting-hausen	Gesamt abs.	%
Landwirtsch. Lehre und sonst. landwirtsch. Ausbildung	11	8	10	6	12	4	51	55
Berufsfremde Ausbildung	15	3	5	3	6	1	33	35
Keine Angaben	1	4	3	1	0	0	9	10
Gesamt	27	15	18	10	18	5	93	100

4.7 Berufsausbildung der Betriebsleiter

Von vielleicht größerer Bedeutung für die Führung eines landwirtschaftlichen Betriebes ist daher die berufsspezifische Ausbildung. Hier ist das Bild allerdings deutlich schwach. Nur 55 % der jetzigen Betriebsleiter haben eine landwirtschaftliche Ausbildung. Nähere spezifizierte Angaben hierzu wurden nicht erhoben. 35 % hatten eine anderweitige, aber eben nicht landwirtschaftliche Ausbildung, 10 % machten zu diesem wohl etwas heiklen Punkt keine Angaben.

Das Ergebnis besagt, daß nur etwa gut die Hälfte aller Landwirte eine formale Fachausbildung in ihrem Beruf aufweisen. Welch andere Berufsgruppe steht wohl ähnlich da? Bis heute gilt noch im weiten Maße für das Untersuchungsgebiet, daß man Landwirtschaft nicht besonders erlernen muß, sondern sich durchaus auf dem elterlichen Hof selbst beibringt. Ein Teil der Strukturschwäche der Landwirtschaft im östlichen Raum Bad Essens hängt sicherlich mit diesem Punkt zusammen.

4.8 Arbeitskräftebesatz auf 100 ha LF

Um eine vergleichbare Basis zur Bewertung des Arbeitskräftebesatzes auf den Höfen zu erreichen, wurden die jeweiligen Angaben

Tab. 7

ARBEITSKRÄFTEBESATZ AUF 100 HA

(Durchschnittsberechnung je Betriebsgrößenklasse und -ort)

Betriebsgrößen-klasse ha	Linne	Lintorf	Dahling-hausen	Bark-hausen	Hörding-hausen	Ratting-hausen	Gesamt-Durchschnitt
0 - 5	37,5	58,5	32	74,5	69,8	93,8	6,1
6 - 10	14,3	15,5	6	-	22	24,2	16,4
11 - 15	15,8	10,5	14,5	-	12,5	5,5	11,8
16 - 20	9,5	9,5	12	-	12,4	-	10,8
21 - 25	6,5	11	-	12	10,5	4,5	8,9
26 - 30	7,1	-	8,5	6	-	-	7,2
31 - 40	-	-	8	-	10	-	9
41 - 50	-	-	-	13,6	-	4	8,8
über 50 ha	-	-	-	3,8	-	-	3,8

pro Betrieb auf je 100 ha umgerechnet. Es ist tatsächlich schwierig, im Einzelfall festzustellen, wie die auf einem Hof wohnenden Personen am Betrieb beteiligt sind. Ehefrauen und schulpflichtige Kinder werden oft mit genannt, auch wenn sie nur zum kleinen Teil und saisonal an der Betriebsarbeit beteiligt waren. Wir haben daher versucht, diese Personen mit Prozentanteilen zu erfassen, etwa: 0,5 Arbeitskräfteanteil am Betrieb. Bei den kleinen Höfen (0 - 5ha) bestanden die Betriebsleiter (meist ältere Menschen) darauf, daß beiden alten Menschen "voll" im Betrieb arbeiten, auch wenn die Ehefrau nur die Hühner betreut. Nur so etwa ist die Zahl 61 für die Kleinstbetriebe zu erklären.

Haben die Höfe zwischen 11 ha und 15 ha noch einen Besatz von 11,8 Arbeitskräften/100 ha, so verringert sich die Zahl bei den größeren Betrieben von 41 ha - 50 ha auf 8,8. Insgesamt läßt die Zahlenabfolge nach den Betriebsgrößenklassen mit nur einer geringfügigen Ausnahme das erwartete Ergebnis erkennen, daß mit größer werdender Flächenzahl der Arbeitskräftebesatz abnimmt. Dahinter steht die banale Aussage, daß größere Betriebe mit mehr Maschineneinsatz rationeller arbeiten. Im Gesamtüberblick ergibt sich jedoch das Bild eines insgesamt recht hohen Arbeitskräftebesatzes auf den Höfen, verglichen etwa mit weiten Gebieten Ostfrieslands im Bereich der Polderhöfe um den Dollart.

4.9 Pacht- und Verkaufsbewegungen nach Erwerbstypen am Beispiel Linne (vgl. Abb. 3)

Beispielhaft wurde in Linne für den Zeitraum von 10 Jahren (1970 - 1980) untersucht, wie die Flächenmobilität sich nach Erwerbstypen gestaltet hat. Auch hier erstaunt das Ergebnis nicht: Die Vollerwerbsbetriebe hatten eine kräftige Zunahme an Landflächen durch Zupacht oder Zukauf. Sie stockten in der Regel auf, gaben aber als Gruppe auch kleinere Teile ab (4,1 ha). Die kleine Gruppe der Zuerwerbsbetriebe blieb im genannten Zeitraum relativ konstant und hatte nur Flächenverluste von 3 ha. Mit 25,5 ha gab die Gruppe der Nebenerwerbsbetriebe sehr viel Land ab und gewann nur 9,5 ha hinzu. Sie sind die eigentlichen "Verlierer". Aus ihren "Landabgaben" konnten die Vollerwerbsbetriebe in der Regel aufstocken. Zugleich wird die bekannte Tatsache deutlich, daß die Nebenerwerbsbetriebe vielfach "Übergangsbetriebe" zur völligen Betriebsaufgabe sind. In Linne ergibt die Differenz von Zupacht und Zukauf mit Verkauf und Verpachtung 8 ha Gewinn für die Zunahme. Dieses bedeutet, daß die aufstockenden Betriebe ihre Flächengewinne nicht allein aus "abgebenden Betrieben" in Linne gezogen haben können, vielmehr auch von Höfen aus den benachbarten Orten Land dazugewinnen konnten.

4.10 Betriebsgröße und Bodenmobilität am Beispiel Lintorf und Dahlinghausen (vgl. Abb. 4)

Unabhängig von den Erwerbstypen wurde die Bodenmobilität in Abhängigkeit von der Betriebsgröße an den Beispielen Lintorf und Dahlinghausen untersucht. Die Ergebnisse sind in der Abb. 4 dargestellt. In Lintorf haben alle Betriebsgrößen zugepachtet,

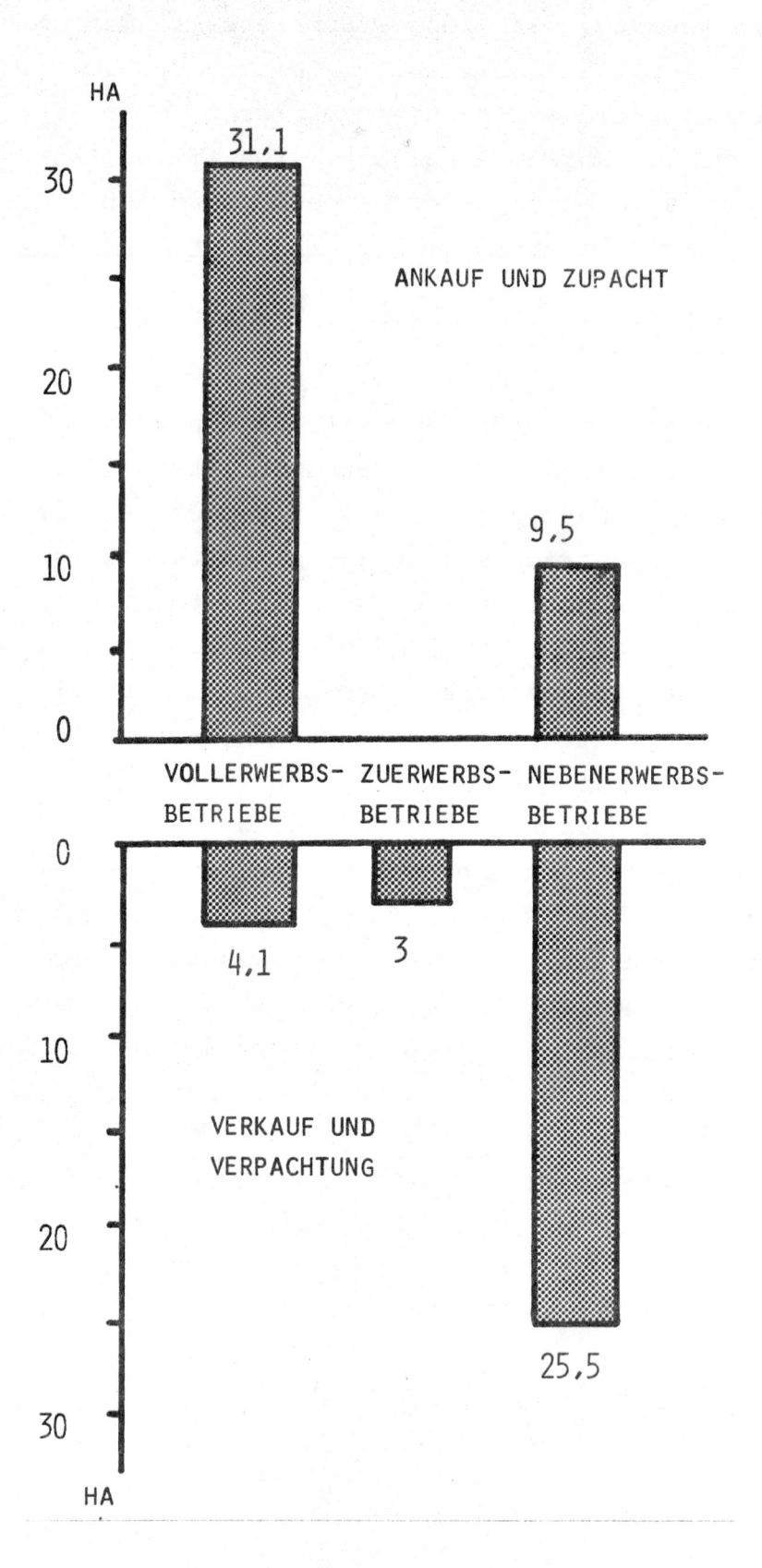

Abb. 3

Pacht- und Verkaufsbewegungen nach Erwerbstypen am Beispiel Linne
(Zeitraum: ca. 1970 - 1980)

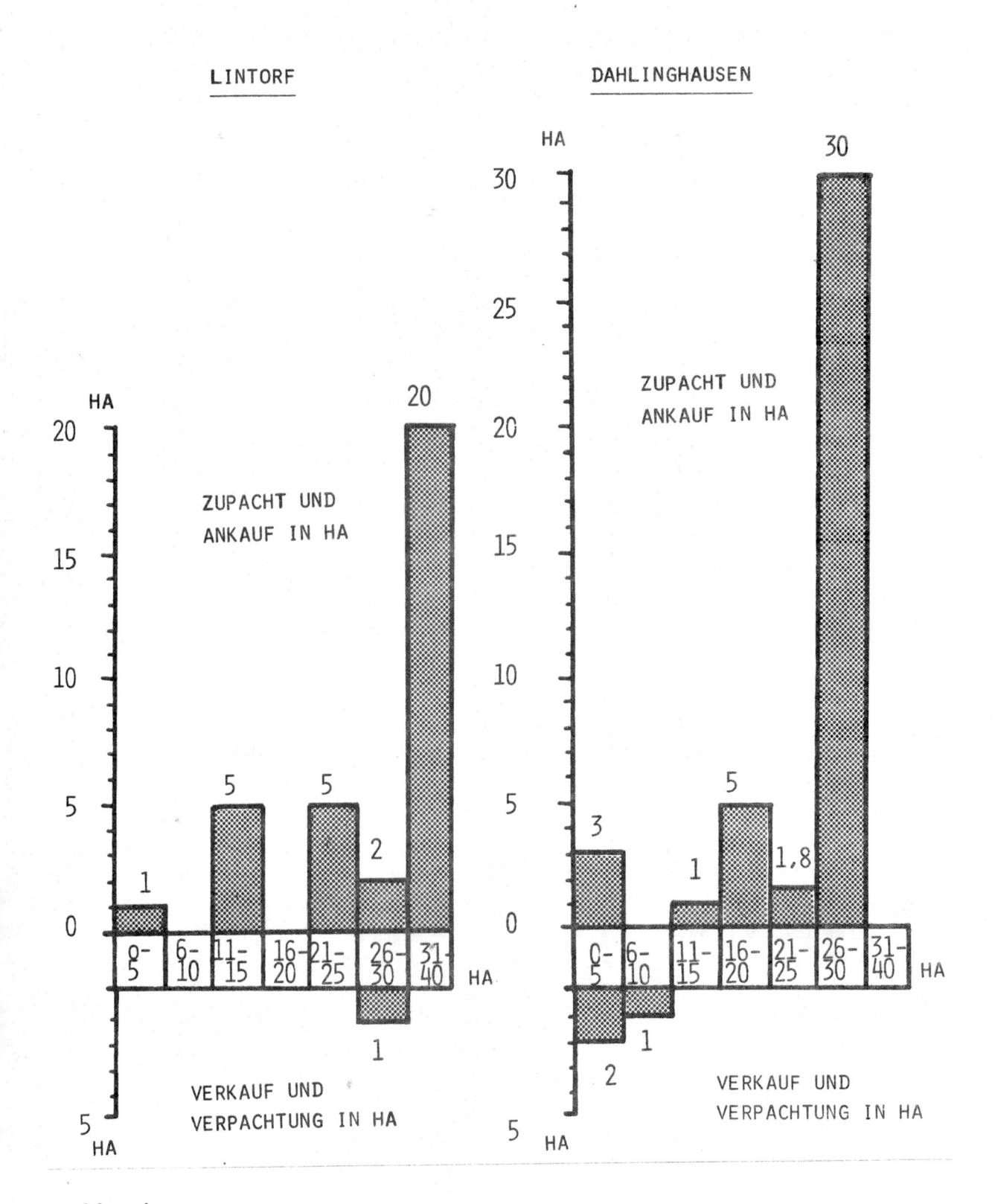

Abb. 4

Betriebsgröße und Bodenmobilität am Beispiel Lintorf und Dahlinghausen
(Zeitraum: ca. 1970 - 1980)

und nur in einem Falle (der Gruppe 26 ha - 30 ha) kam es zu einer Verpachtung von 1 ha. Das Gesamtergebnis in Lintorf ist durchaus ungewöhnlich, da eher mit stärkerer Verpachtung im Bereich der kleinen Betriebe hätte gerechnet werden können. Diese Tatsache stimmt jedoch überein mit der anfangs skizzierten "Konsolidierung" der Landwirtschaft in Lintorf, wo auch kleinere Betriebe durch Spezialisierung auf Sonderkulturen (Gemüseanbau) durchaus lebensfähig sind.

Schon eher "typisch" zeigen sich die Verhältnisse in Dahlinghausen, wo generell die kleineren Betriebe bis 10 ha abgeben und die größeren Höfe zupachten. Die Zupacht hat jedoch ihre absolute Dominanz in der Betriebsgrößengruppe 26 ha bis 30 ha. Diese Höfe haben sich kräftig ausgeweitet und stellen hier die zukunftsträchtigste Gruppe der Vollerwerbsfamilienbetriebe dar.

Literatur

ANDREAE, B. (1964): Betriebsformen in der Landwirtschaft. - Stuttgart

Die Gemeinde Bad Essen in Vergangenheit und Gegenwart (1975): Hrsg. von der Gemeinde Bad Essen, Bad Essen

Erläuterung zum Flächennutzungsplan Bad Essen, Kurzfassung (1974): Erarbeitet von der Deutschen Stadtentwicklungs- und Kreditgesellschaft m.b.H., Essen

HANNEMANN, M. (1961): Der Landkreis Wittlage. - Bremen

LOB, R.E. & WEHLING, H.W. (1979): Strukturuntersuchung Hüsede und Rattinghausen im Auftrage der Gemeinde Bad Essen. - Essen

LOB, R.E. & WEHLING, H.W. (1981): Strukturuntersuchung Linne, Linnermach, Barkhausen und Büscherheide, im Auftrage der Gemeinde Bad Essen. - Essen

LOB, R.E. & WEHLING, H.W. (1981): Strukturuntersuchung Lintorf, Dahlinghausen und Hördinghausen, erstellt im Auftrage der Gemeinde Bad Essen. - Essen

WREDE, G. (Hrsg., 1961): Die Landesvermessung des Fürstbistums Osnabrück 1784 - 1790. - Osnabrücker Geschichtsquellen, Osnabrück

PROBLEME UND POTENTIALE PERIPHERER SIEDLUNGEN
DAS BEISPIEL ELSOFF / NORDRHEIN-WESTFALEN

von

Gerhard Henkel,
Michael Franke und Thomas Högner*

(mit 16 Abbildungen und 18 Tabellen)

Zusammenfassung: In einem Industriestaat wie der Bundesrepublik Deutschland gerät der (periphere) ländliche Raum wirtschaftlich und politisch zunehmend zur "Restkategorie" gegenüber den Verdichtungsgebieten. Wissenschaftliche Betrachtungen und Raumordnungsprogramme sind daher - konsequent - überwiegend aus der zentralen Perspektive der Verdichtungsräume angelegt. Damit bleiben manche lokalen und regionalen Ressourcen unberücksichtigt. Der vorliegende aktualgeographische Beitrag versucht deshalb, im Peripherraum neben den üblicherweise recherchierten "Randbedingungen" die Lebensgewohnheiten und Vorstellungen der dortigen Bevölkerung zu erfassen. Dabei werden Diskrepanzen zwischen Außensicht und Binnensicht des peripheren Dorfes deutlich. Das hier als Beispiel gewählte Dorf Elsoff besitzt modellartig die natur-, wirtschafts- und sozialgeographischen Bedingungen und Potentiale eines peripheren Ortes in der urbanisierten Bundesrepublik.

Summary: <u>Problems and potentials of peripheral settlements. The case of Elsoff / Northrhine-Westphalia.</u> - As in other industrialized countries the (peripheral) rural areas of the Federal Republic of Germany are increasingly regarded as economic and political residues of the conurbations. Consequently, research perspectives as well as regional planning objectives are mainly focussed on these conurbations, thus neglecting some local and regional ressources. It is therefore the purpose of this paper to outline not only the basic structures of a peripheral area, but also the ways of life and the conceptions of its population thereby highlighting a peripheral village by the discrepancies of the views from without and within. The case of Elsoff imbodies prototypically all the natural, economic and social conditions and potentials of a peripheral village in the urbanized Federal Republic.

---

* Professor Dr. Gerhard Henkel, LAA Michael Franke und LAA Thomas Högner, Universität Essen GHS, Fachbereich 9 - Geographie, Universitätsstr. 5, D-4300 Essen 1

Seit gut hundert Jahren hat der ländliche Raum gegenüber dem Staatsganzen an Einwohnern, an Fläche, an Wirtschaftskraft und politischem Gewicht eingebüßt. Wissenschaftliche und politische Fragestellungen zum ländlichen Raum geraten deshalb zunehmend in eine "randliche" Position. Daß der ländliche Raum in einem Industriestaat wie der Bundesrepublik Deutschland mehr und mehr an dessen Kriterien, d.h. Urbanisierung und Verdichtung, gemessen wird, äußert sich z.B. an Begriffsdefinitionen. In der staatlichen Raumordnung wie in manchen Wissenschaften gilt der ländliche Raum heute als "Restkategorie" gegenüber den Verdichtungsgebieten.

Daß es den ländlichen Raum trotz ständiger Umwandlungs- und Schrumpfungsmeldungen noch gibt, belegt zumindest die Statistik: Bezeichnet man als ländlichen Raum alle Gebiete bis zu 100 Einwohnern je qkm, so umfaßt er in der Bundesrepublik rund 80 % der Fläche und 50 % der Bewohner[1]. Es bleibt also die Aufgabe, über die Gegenwart und Zukunft dieser Flächen und Menschen nachzudenken.

Da die Restkategorie des ländlichen Raumes von sehr unterschiedlichen Strukturen und Entwicklungsperspektiven geprägt ist, bekennt man sich inzwischen allgemein zu einer Gliederung nach drei Gebietskategorien[2], die - konsequent - nach dem Einflußbereich von Verdichtungsgebieten erfolgt: Nach den ländlichen Räumen innerhalb und am Rande der großen und mittelgroßen Verdichtungsgebiete, den ländlichen Räumen im Umkreis leistungsfähiger Zentren (Oberzentren) folgen schließlich die peripheren ländlichen Räume ohne leistungsfähige Zentren. Letztere bilden somit den Rest vom Rest, das Schlußlicht - aus der Perspektive der Verdichtungsräume - in der Rangordnung des Industriestaates.

Warum nun gerade die Beschäftigung mit derart Randlichem? Immerhin leben heute noch ca. 7 Millionen Menschen in den peripheren Räumen der Bundesrepublik, deren Zukunft nicht zuletzt auch von

---

[1] Strategien für den ländlichen Raum, 1980, S. 14

[2] vgl. u.a. GANSER, 1980, S. 5 ff.

wissenschaftlichen Betrachtungen und der einzuschlagenden Raumordnungspolitik abhängig sein wird. Außerdem spiegeln Peripherräume Kontraste und Widersprüche der Industriegesellschaft, wie sie hier sonst kaum zu beobachten sind: Die Vorstellungen schwanken zwischen "heiler Welt" und "Armenhaus der Nation".

Das Dorf Elsoff besitzt modellartig die natur-, wirtschafts- und sozialgeographischen Bedingungen und Potentiale eines peripheren Ortes in der urbanisierten Bundesrepublik. Das Beispiel kann exemplarisch darlegen, welche speziellen Vor- und Nachteile periphere Siedlungen sowohl für deren Bewohner als auch die Verdichtungsgebiete und damit den Gesamtstaat besitzen.

1. Die naturräumlichen und wirtschaftsgeographischen Ressourcen

Elsoff ist ein abgelegenes, schwer erreichbares Dorf des Mittelgebirges. Aus der Sicht der westfälischen und rheinischen Großstädte liegt es - in Nordrhein-Westfalen - "hinter" dem Kamm des Rothaargebirges, einer bedeutsamen Natur- und Kulturgrenze zwischen dem nordwestlichen und mittleren Deutschland. Dessen südöstliche Abdachung ist das Wittgensteiner Land, noch Mittelgebirgsland, aber allmählich zu den Hessischen Senken überleitend.

Überregionale Verkehrslinien wie Autobahn und Eisenbahn sind von Elsoff weit entfernt (s. Abb. 1). Zum nächstgelegenen Autobahnanschluß - Wenden, BAB 45 Hagen-Gießen - beträgt die Entfernung 65 km, was durch Straßenführung und mehrere Ortsdurchfahrten einer Fahrtzeit von ca. 1 Stunde - bei offenem Wetter! - entspricht. Die Diskrepanz zum Nordrhein-Westfalen-Programm 1975 wird deutlich, in dem eine Verdichtung der vier- und mehrspurigen, autobahngleichen Straßen gefordert wird, so daß im allgemeinen keine größere Entfernung als 10 km zur nächsten Bundesautobahn besteht.
Elsoff befindet sich somit außerhalb des räumlichen Wirkungsgrades einer Autobahn, der mit 30 km Abstand angegeben wird[3]. Es ist daher verständlich, daß nahezu alle befragten Elsoffer Bürger[4]

---

[3] Entwicklung ländlicher Räume. Schriftenreihe des Inst. für Kommunalwissenschaften "Studien zur Kommunalpolitik", Bd. 2, Bonn 1974, S. 123

[4] Die umfangreichen Erhebungen zur formalen, wirtschaftlichen und sozialen Dorfstruktur Elsoffs wurden in den Jahren 1980 und 1981 durchgeführt. Vgl. FRANKE (1981) und HÖGNER (1980).

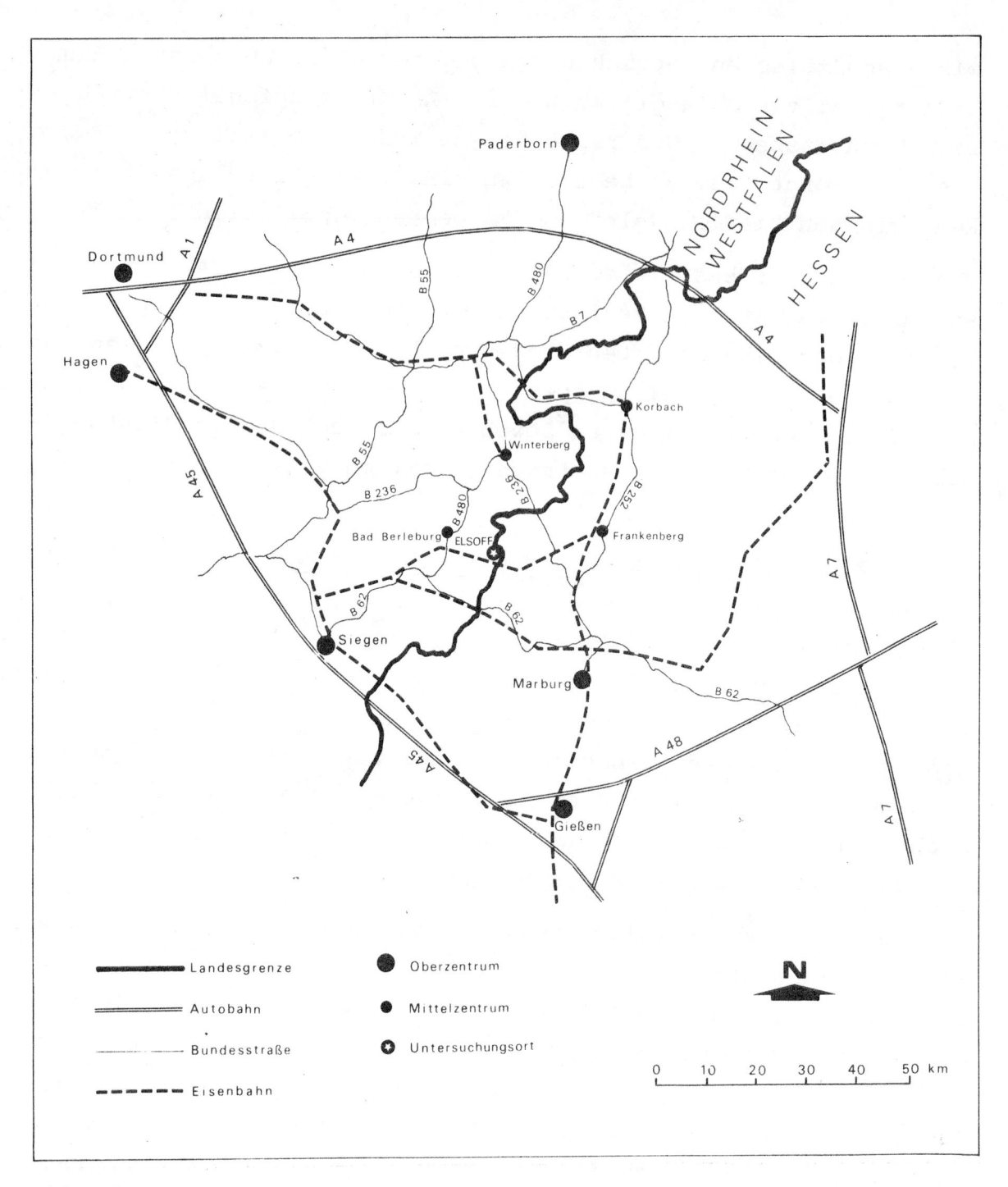

Abb. 1

Die verkehrsgeographische und zentralörtliche Lage Elsoffs

den Bau der geplanten Autobahn Olpe-Bad Hersfeld (BAB 4) wünschen, der inzwischen aus schwerwiegenden ökologischen Bedenken zurückgestellt worden ist.

Ähnlich peripher liegt Elsoff zum Eisenbahnnetz. Die Distanz zum nächstgelegenen Bahnhof Bad Berleburg an der wenig bedeutsamen eingleisigen Strecke Kreuztal-Frankenberg beträgt 16 km. Der Anschluß an das überregionale mehrgleisige Netz erfolgt in Marburg (ca. 45 km entfernt) oder Kreuztal/Siegen (ca. 60 - 65 km entfernt).

Die Stellung Elsoffs im Netz der zentralen Orte und Entwicklungsachsen unterstreicht die peripheren Lagemerkmale: Die Verkehrsdistanz zum nächsten Oberzentrum in Nordrhein-Westfalen - Siegen - ist mit ca. 65 km ungewöhnlich groß. Geringfügig vermindert wird dieser Lagenachteil durch das etwas nähere nordhessische Oberzentrum Marburg (ca. 45 km). Laut Landesentwicklungsplan I/II des Landes Nordrhein-Westfalen gehört Elsoff, das selbst ohne zentrale Funktionen ausgewiesen ist, zum Versorgungsbereich des 16 km entfernten Bad Berleburg, das als Mittelzentrum eingestuft wird. Einen gewissen Ausgleich bietet der benachbarte hessische Ort Hatzfeld/Eder (5 km entfernt), der für Elsoff darüber hinaus die Funktionen eines Grundzentrums wahrnimmt.

Die topographische Lage des Dorfes Elsoff (ca. 390 m ü.NN) wird im wesentlichen durch den Bach Elsoff[5] geprägt, dessen Tal sich durch den Zufluß des Mennerbach und des kleineren Freielsbach zu einer passablen Siedlungsfläche verbreitert. Die Talverbreiterung im Mündungsbereich Mennerbach-Elsoff ist Keimzelle und Kern des Taldorfes (s. Abb. 2, 3 und 4). Die Häuser stehen in unmittelbarer Bachnähe, wie zum Trotz gegen die gelegentlichen Hochwasser[6]. Von weitem sichtbar steht die Kirche ca. 15 m über dem Dorf auf dem von Elsoff und Mennerbach herauspräparierten Talsporn.

Die natürlichen Ressourcen des Mittelgebirgsdorfes Elsoff sind vergleichsweise sehr begrenzt. Da lokale Bodenschätze fehlen, die zu einer wirtschaftlichen Basis hätten beitragen können,

---

[5] Der Bach- und zugleich Ortsname Elsoff, der in mittelalterlichen Urkunden als "villa Elsaphu" erscheint, wird etymologisch als "Erlenbach" gedeutet.

[6] Als letztes großes Hochwasser haftet das von 1925 im Bewußtsein der Elsoffer.

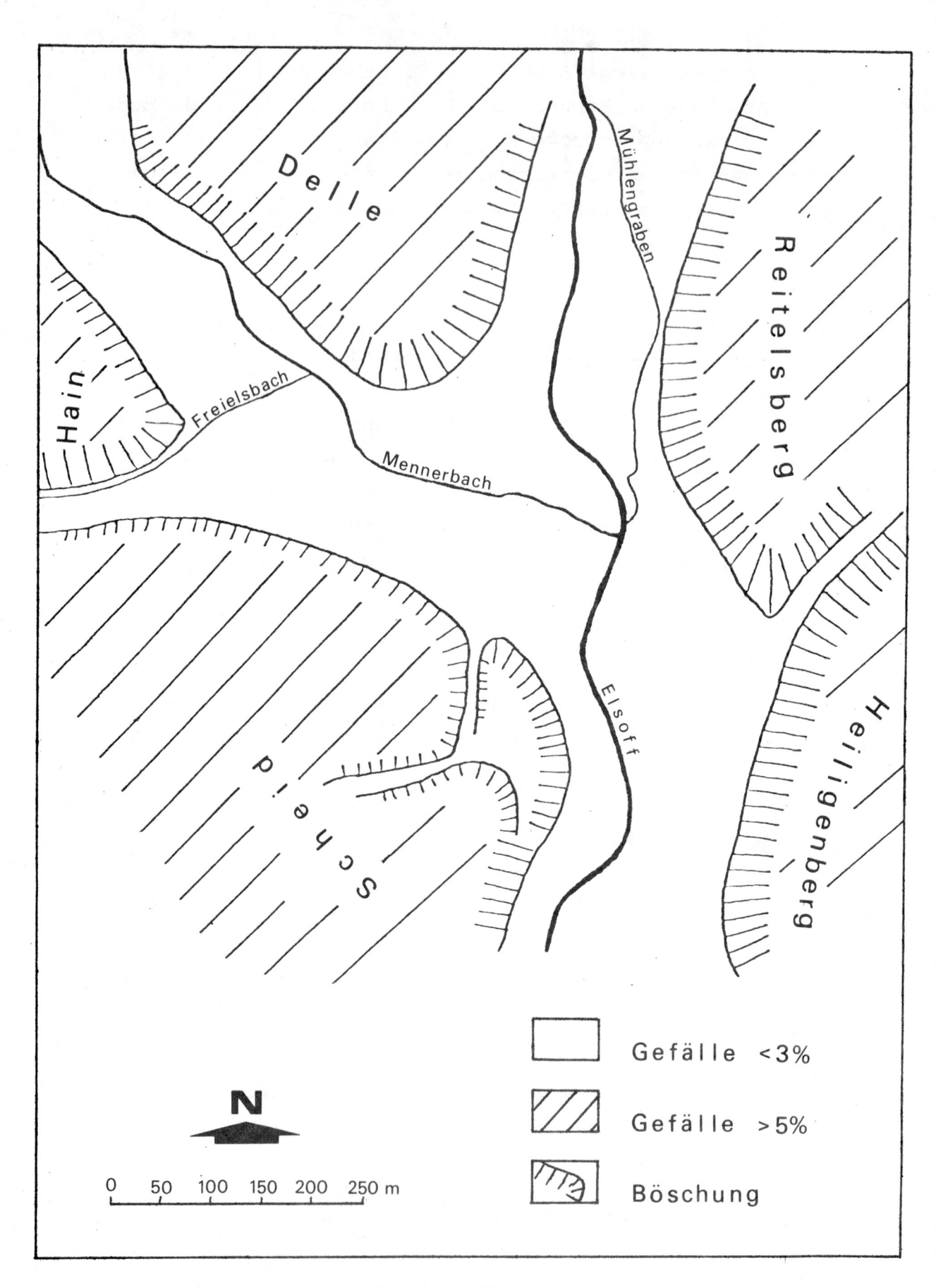

Abb. 2: Die geotopologische Dorflage Elsoffs

bleibt die Land- und Forstwirtschaft als einzige - seit Jahrhunderten genutzte - Möglichkeit. Die in Elsoff betriebene Land- und Forstwirtschaft war und ist jedoch einigen Extrembedingungen ausgesetzt.

Die Naturdeterminanten Klima und Boden werden hinsichtlich ihres Wertes für die landwirtschaftliche Nutzung in der Bodenklimazahl (Werteskala 1 bis 100) zusammengefaßt, die in Elsoff beim niedrigen Durchschnittswert 27 liegt (vgl. HEIDTMANN u.a., S. 62 ff.). Die Zuordnung in die Rubrik "schlechte Böden" (Bodenklimazahl 15 - 30) wird vor allem durch die flachgründigen Verwitterungsböden des Rheinischen Schiefergebirges, die stellenweise nur 15 bis 20 cm mächtig sind, sowie das niedrige Temperaturmittel in der Vegetationszeit von Mai bis August (14 - 15°C) und zusätzlich hohe sommerliche Niederschlagsmengen verursacht.

Eine weitere Belastung für die Landwirtschaft bringt die Naturdeterminante Relief. Bei Extrempunkten von 372 und 644 m ü.NN ergibt sich für die 22,5 qkm große Elsoffer Gemarkung eine Reliefenergie von 272 m. Durch die zahlreichen Zertalungen sind die Höhenverhältnisse auf engem Raum oft starkem Wechsel unterworfen. In Verbindung mit den niedrigen Bodenklimazahlen sind daher große Teile der landwirtschaftlich genutzten Fläche als sog. "Grenzertragsböden"[7] zu bezeichnen. Im Jahre 1968 wurden im Rahmen einer Agrarstrukturellen Vorplanung 34 % der LF Elsoffs als Grenzertragsböden eingestuft (ALSHUTH u.a., S. 36).

Zusätzliche Erschwernisse der Landwirtschaft liegen in der Größenstruktur der Betriebe, der Anzahl der Flurstücke je Betrieb sowie den beengten Hofverhältnissen. Die landwirtschaftliche Betriebsgrößenstruktur in Elsoff zeigt im Vergleich mit dem Bundesgebiet oder dem Land Nordrhein-Westfalen eine starke Dominanz der Klein- und Kleinstbetriebe (s. Tab. 1 und 2): 1973 verfügten immerhin 77,4 % aller Betriebe über eine Betriebsfläche unter 10 ha.

---

[7] "Als Grenzertragsflächen sind Flächen oder Gebiete einzureihen, die wegen ungünstiger natürlicher Ertragsbedingungen oder betriebswirtschaftlicher Gegebenheiten nicht mehr nachhaltig ökonomisch genutzt oder verbessert werden können, so daß auf Dauer die Bewirtschaftungskosten die erzielten Beträge übersteigen." Flurbereinigung und Landespflege, S. 13

Tab. 1

GRÖSSENSTRUKTUR DER LANDWIRTSCHAFTLICHEN BETRIEBE IN PROZENT

	Betriebsgröße in ha LF				
	unter 2	2 - 5	5 - 10	10 - 20	über 20
Elsoff					
1949	12,5	32,4	55,1		-
1955	7,0	36,4	56,6		-
1960	8,8	24,8	49,6	16,8	-
1965	9,3	29,7	43,2	17,8	-
1973	7,2	27,9	42,3	21,6	0,9
NRW					
1980	17,0	17,6	14,7	20,5	30,2
BRD					
1949	25,2	30,9	22,5	14,3	7,1
1980	17,0	18,5	17,8	21,7	25,0

Quelle:

O. LUCAS, 1958; W. HEIDTMANN u.a., Bd. II, 1967;
Landesamt für Datenverarbeitung und Statistik NRW; Agrarbericht 1981

Tab. 2

DURCHSCHNITTSGRÖSSE DER LANDWIRTSCHAFTLICHEN BETRIEBE IN HA LF

Bundesrepublik Deutschland		Elsoff	
1949	8,06 ha	1956	6,60 ha
1960	9,34 ha	1965	6,63 ha
1966	10,50 ha	1968	7,90 ha
1970	11,67 ha	1971	7,90 ha
1980	15,26 ha	1973	7,18 ha
1980 NRW	16,53 ha		

Quelle:

wie Tab. 1, außerdem Agrarstrukturelle Vorplanung Elsofftal, 1973

Tab. 3

ANTEIL DER LANDWIRTSCHAFTLICHEN BETRIEBE MIT ANZAHL DER JEWEILIGEN FLURSTÜCKE JE BETRIEB IN ELSOFF 1973

Anteil der Betriebe in %	32,43	20,72	46,85
Anzahl der Flurstücke	1 - 5	6 -10	über 11

Quelle:

Landesamt für Datenverarbeitung und Statistik NRW, Landwirtschaftszählung Düsseldorf 1974, S. 311

Tab. 4

ERSCHWERNISSE DER ELSOFFER LANDWIRTSCHAFT NACH MEINUNG DER BETRIEBSLEITER (IN PROZENT DER NENNUNGEN)

Hanglage der Parzellen	75,0
Flurzersplitterung	63,6
schlechte Bodenqualität	38,3
große Entfernung zwischen Betrieb und Parzellen	31,8
klimatische Gegebenheiten	25,0
unzureichendes Wegenetz	18,2
beengte Dorflage	4,5

N = 44 (Mehrfachnennungen möglich)

Quelle: Eigene Erhebung 1981

Tab. 5

ERWERBSCHARAKTER DER LANDWIRTSCHAFTLICHEN BETRIEBE IN PROZENT

	Elsoff				NRW	BR Deutschland		
	1956	1965	1973	1981	1977	1965	1973	1980
Vollerwerb	59,3	29,7	-	9,8	47,4	40,8	42,9	49,8
Zuerwerb	-	-	31,5	11,8	41,6	25,8	17,7	10,8
Nebenerwerb	40,7	70,3	67,6	78,4	11,0	33,4	39,4	39,4

Quelle:

W. HEIDTMANN u.a., Bd. II, 1967; Agrarbericht 1981; Landesamt für Datenverarbeitung und Statistik NRW; Eigene Erhebung 1981 (für Elsoff)

Ein bedeutsamer Hemmfaktor für die Elsoffer Landwirtschaft besteht in einer sehr ausgeprägten Flurzersplitterung (s. Tab. 3). So hatte im Jahre 1973 fast die Hälfte aller Betriebe elf und mehr über die Gemarkung verstreute Flurstücke zu bewirtschaften. Dies beinhaltet vielfach erhebliche Entfernungen zwischen Betrieben und Wirtschaftsflächen, die zusätzlich durch ein mangelhaft ausgebautes Flurwegenetz belastet sind. Durch das in Durchführung befindliche Flurbereinigungsverfahren sind hier jedoch in absehbarer Zeit Verbesserungen zu erwarten.

Die belastenden Randbedingungen der Landwirtschaft werden nicht nur in der Statistik offenbar, sie sind auch den Elsoffern selbst sehr bewußt, wie eine Befragung der landwirtschaftlichen Betriebsleiter bestätigte (Tab. 4). Bemerkenswert ist jedoch, daß die beengten Dorf- und Hofverhältnisse (vgl. Abb. 5), die den modernen betriebswirtschaftlichen Erfordernissen nicht mehr zu genügen scheinen, von den Landwirten selbst kaum als Mangel angesprochen werden.

Resümiert man die erheblichen Belastungen der Elsoffer Landwirtschaft und betrachtet daraufhin die Entwicklung der Betriebe in den vergangenen Jahrzehnten, stößt man auf eine zunächst erstaunliche Konsequenz: Im Vergleich zur Bundes- und Landesebene blieb die Abnahme der Zahl der landwirtschaftlichen Betriebe in Elsoff sehr begrenzt. Während die Zahl der landwirtschaftlichen Betriebe von 1949 bis 1971 im Bund um 40,4 % und im Land NRW um 45,4 % sank, verzeichnen wir für Elsoff von 1949 bis 1973 lediglich eine Abnahme um 18,4 % (von 136 auf 111 Betriebe). Derzeit bestehen noch ca. 80 landwirtschaftliche Betriebe [8] - einschließlich der Hofgruppe Christianseck -, davon werden jedoch nur fünf im Haupterwerb betrieben.

Auch der in Bund und Land zu beobachtende Trend der "Gesundschrumpfung" der Betriebe zu großflächigen Vollerwerbsbetrieben ist in Elsoff kaum ausgeprägt (vgl. Tab. 5). Die strukturell und durch

---

[8] Schätzung aufgrund der Betriebserhebung 1981. Die zuständige Landwirtschaftskammer in Erndtebrück konnte mit einer eigenen Schätzung diesem Wert zustimmen.

ihre natürlichen Bedingungen belastete Landwirtschaft Elsoffs
konnte diesen allgemeinen Trend zu marktgerechten Betriebsformen und -größen nicht nachvollziehen. Die Folge war hier
zwar eine Abkehr von der Landwirtschaft als alleiniger Erwerbsquelle und eine gleichzeitige Hinwendung zu einträglicheren
Arbeiten (besonders im sekundären Sektor), zugleich blieb
aber die Landwirtschaft in Form der Nebenerwerbslandwirtschaft
erhalten.

Der landwirtschaftliche Nebenerwerb stellt derzeit die absolut
dominierende Erwerbsform in Elsoff dar. Die Landwirtschaft wird
heute überwiegend zur Eigenversorgung und Kapitalsicherung und
nicht zuletzt aus Traditionsgründen weitergeführt. Mit dieser
von der Norm der modernen Landbewirtschaftung abweichenden Entwicklung belegt das Beispiel Elsoff exemplarisch die Situation
der Peripherräume [9]. Derartige Diskrepanzen zwischen "normalen"
und "peripheren" Trends machen deutlich, welche grundsätzlichen
Schwierigkeiten einer "globalen" Agrarpolitik entgegenstehen.

Zum aufgezeigten Beharrungstrend der Landwirtschaft in Elsoff
gehört auch die Tatsache, daß hier nur eine relativ geringe
Abnahme der LF - um 6,3 % von 1956 bis 1973 - zugunsten von
Aufforstungen zu registrieren ist. Der Anteil der Brachflächen
liegt in Elsoff mit 0,66 % (1981) deutlich unter dem Bundesdurchschnitt von 1,3 % (1978).

Nahezu alle landwirtschaftlichen Betriebe in Elsoff verfügen
neben der landwirtschaftlich genutzten Fläche (73 % Grünland,
27 % Ackerland) zusätzlich über Waldbesitz, der insgesamt zu
96 % aus Fichten, dem "Brotbaum" Wittgensteins, besteht. Die
Ausstattung mit z.T. erheblichen Waldflächen, die 55,7 % der
Elsoffer Gemarkung ausmachen, stellt unter den gegebenen Marginalbedingungen eine lohnende Zuerwerbsquelle und sichere Kapitalanlage für die Landwirtschaft dar und stützt ohne Zweifel deren
"Beharrungstendenzen".

---

[9] Ähnlich hohe Anteile der Nebenerwerbslandwirtschaft treten in NRW neben
den westfälisch-hessischen Grenzgebieten auch in der Eifel auf. Vgl.
dazu BÖTTCHER u.a., Abb. 3, S. 26

Abb. 3: Die Topographie Elsoffs ist geprägt durch eine Tallage im Mündungsbereich der Bäche Elsoff und Mennerbach. Erhöht auf einem Talsporn steht die Dorfkirche, zugleich Dominante der Ortssilhouette. (Aufn.: Högner 1980)

Abb. 4: Drei Bäche bestimmen seit altersher Dorfstruktur und Dorfleben. Für die Dorfbewohner bedeuten die Bäche stetige Auseinandersetzung (wegen Hochwassers), für die Besucher besondere optische Reize. Hier die Elsoff in der Ortsmitte. (Aufn.: Högner 1980)

Abb. 5: Haufendorfartiger Grundriß und relativ enge Bebauung prägen den Ort im Inneren. Es würde die Lebensqualität des Dorfes mindern, versuchte man, es mit breiteren und geraderen Straßen autogerecht zu machen. Vogteistraße als Hauptstraße. (Aufn.: Franke 1980)

Abb. 6: Der für Elsoff charakteristische Haustyp ist das queraufgeschlossene Mitteldeutsche Einheitshaus mit gemischter Wohn-/Wirtschaftsfunktion. (Aufn.: Högner 1979)

Insgesamt stehen in Elsoff derzeit (1981) 103 Arbeitsplätze zur Verfügung. Dies bedeutet, daß theoretisch 45 % der erwerbstätigen Wohnbevölkerung Arbeitsplätze im Ort besitzen. Den größten Anteil der lokalen Arbeitsplätze stellt mit 46,6 % der primäre Wirtschaftsbereich (Land- und Forstwirtschaft), gefolgt vom sekundären Sektor mit 30,1 %. Dessen Arbeitsstätten werden fast ausschließlich von einem Bauunternehmen und einem Sägewerk gestellt. Eine Reihe ehemals bestehenden kleinerer Handwerksbetriebe hat in den vergangenen Jahrzehnten ihren Betrieb aufgegeben. Einzelne Kleinbetriebe laufen mit dem jetzigen (älteren) Inhaber aus, da keine Nachfolge besteht.

Knapp ein Viertel der lokalen Arbeitsplätze Elsoffs ist dem tertiären Bereich zuzuordnen, d.h. vor allem dem Einzelhandel, dem Gaststätten- und Fremdenverkehrsgewerbe. Die beabsichtigte Entwicklung des Fremdenverkehrs als zweitem oder drittem wirtschaftlichen Standbein steckt noch in den Anfängen. Für 1980 wurden ca. 7000 Übernachtungen ermittelt. Es fehlt an manchen spezifischen Voraussetzungen: Zur ungünstigen Verkehrslage kommt ein erhebliches Defizit an Freizeiteinrichtungen und fremdenverkehrsspezifischer Infrastruktur (s. Tab. 6 und 8 sowie Abb. 12). So wird beispielsweise im gastronomischen Bereich das Fehlen eines Cafés, eines Ausflugslokales sowie eines gehobenen Restaurationsbetriebes von den Gästen bemängelt.

Die naturräumlichen Voraussetzungen für eine lokale Entwicklung des Fremdenverkehrsgewerbes sind nahezu optimal. Hinsichtlich der von KIEMSTEDT zur Berechnung des V-Wertes[10] verwendeten Faktoren Waldränder, Gewässerränder, Reliefenergie, Nutzungswechsel und Klima sind für den Raum Elsoff hohe bis höchste Werte zu veranschlagen[11]. Angesichts der bisherigen Fremdenverkehrsentwicklung bleibt das knappe Fazit: Das reichlich vorhandene natürliche Erholungspotential Elsoff wurde bislang noch kaum "genutzt".

---

[10] Vielfältigkeitswert einer Landschaft; vgl. KIEMSTEDT: Zur Bewertung natürlicher Landschaftselemente für die Planung von Erholungsgebieten. Hannover 1967.

[11] Eine exakte Erhebung zur Berechnung des V-Wertes von Elsoff wurde nicht vorgenommen. Vgl. aber hierzu MEYER(1973, S. 273 ff.), der diesbezügliche Angaben für den Altkreis Wittgenstein, zu dem auch Elsoff gehörte, zusammengestellt hat.

Tab. 6

FREMDENVERKEHRSRELEVANTE EINRICHTUNGEN IN ELSOFF

Gaststätten	● 4	Grillplatz	●
davon mit Restauration	● 1	Wanderkarte/-plan	●
Café/Ausflugslokal	— 9-10 km	Wanderparkplatz	●
Gemeinschaftshaus	—	Skilandlaufloipen	●
Schutzhütten	●	Campingplatz	— 2 km
Wildgehege	●	Waldlehrpfad	—
Freibad	— 10 km	Verkehrsverein	●
Hallenbad	— 10 km	nächster Bahnhof DB	— 16 km
Wassertretbecken	●	Omnibus-Anschluß	●

● vorhanden (evtl. Anzahl)
— nicht vorhanden (vorhanden in ... km Entfernung)

Quelle: Eigene Erhebung 1981

Tab. 7

ZURÜCKZULEGENDE ENTFERNUNGEN WOHNORT/ARBEITSSTÄTTE DER ELSOFFER AUSPENDLER

Entfernung in km	Anzahl	%
1 - 5	17	13,8
6 - 10	43	35,0
11 - 20	44	35,8
21 - 45	18	14,6
über 45	1	0,8

Quelle: Eigene Erhebung 1981

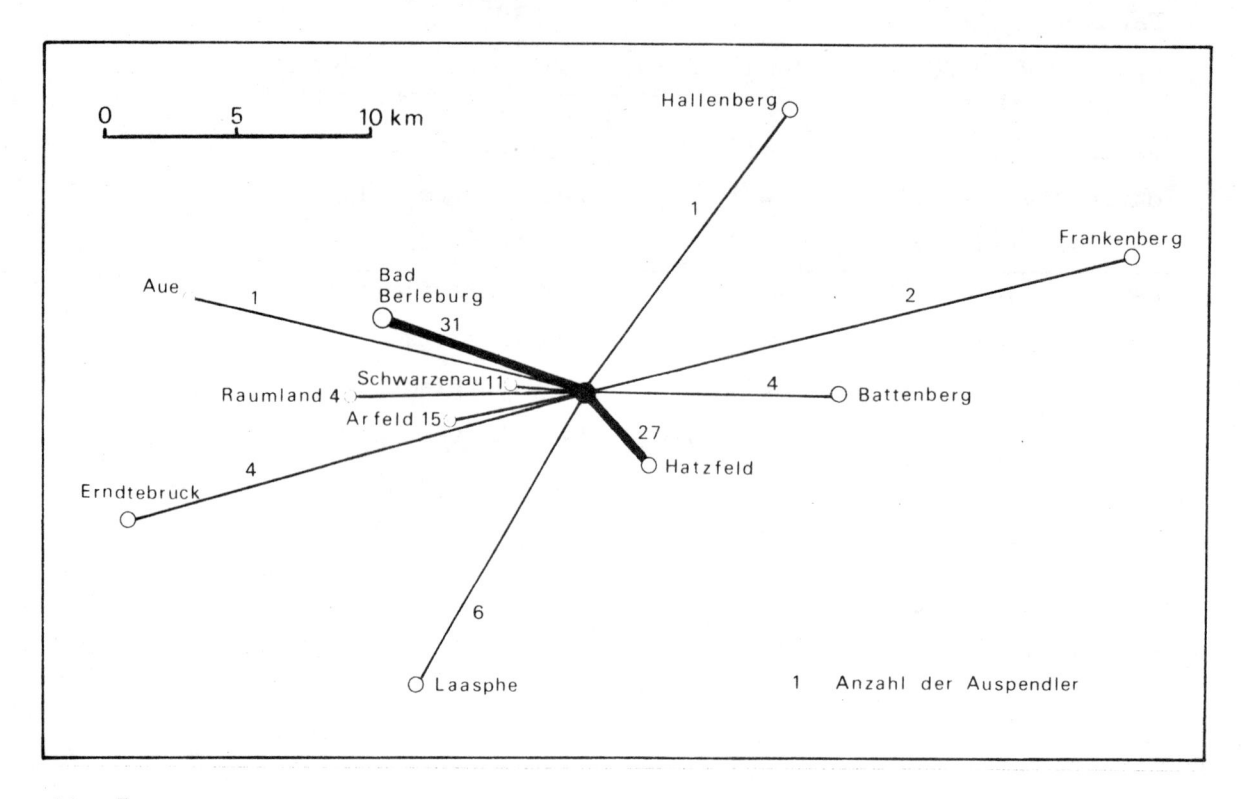

Abb. 7

Zielorte der Elsoffer Berufspendler

Das lokale Defizit an Arbeitsplätzen führt zwangsläufig zum Auspendeln, das in den vergangenen zwei Jahrzehnten stark zugenommen hat. Betrug der Anteil der Auspendler an der Gesamtzahl der Elsoffer Erwerbstätigen im Jahre 1961 noch 22 %, so stieg er über 46,6 % (1970) bis auf 53,7 % im Jahre 1981 an. Gleichzeitig verringerte sich der Anteil der Einpendler an der Gruppe der am Ort Arbeitenden von 31,9 % (1961) auf 8,5 % (1970) und schließlich 7 % im Jahre 1981. Derzeit läßt sich für den Ort ein Pendlersaldo von 116 Personen errechnen.

Die Zielorte der 105 Elsoffer Auspendler liegen überwiegend im westfälischen, aber auch im hessischen Grenzbereich (s. Abb. 7). Die zurückzulegenden Entfernungen zu den auswärtigen Arbeitsplätzen scheinen zumutbar (vgl. Tab. 7), wenngleich man bei unzureichendem öffentlichen Personennahverkehr auf den eigenen PKW angewiesen ist. 90 % der beruflichen Auspendler Elsoffs benutzen nach eigenen Angaben (1981) den eigenen PKW, 0.8 % den Werksbus, 1,8 % den Postbus, und 7,8 % fahren in Fahrgemeinschaften

Da in Elsoff lediglich noch eine Grundschule besteht, sind auch viele Schüler zum Auspendeln gezwungen. Von 105 Elsoffer Schülern allgemeinbildender Schulen und Fachschulen waren 1981 insgesamt 77 Schüler auf den Besuch auswärtiger Schulen und damit den täglichen Schulbus angewiesen.

Ein besonderes Problem der peripheren Region ist die hohe Jugendarbeitslosigkeit. Der Landesentwicklungsbericht NRW 1976 weist im Kreise Siegen einen Anteil der unter 20-jährigen an den Arbeitslosen von 13 - 15 % aus, der damit um 2 - 4 % über dem Landesdurchschnitt liegt (S. 45).

2. Die lokale Infrastruktur

Die Ausstattung Elsoffs mit öffentlicher und privater Infrastruktur (s. Tab. 8) hat sich in den vergangenen Jahrzehnten insgesamt eher verschlechtert. Als ein großer Nachteil wird von der Bevölkerung die Kommunale Gebietsreform von 1975 empfunden. Elsoff verlor die politische Selbständigkeit und damit die Gemeindeverwaltung einschließlich eines Standesamtes zugunsten der neuen Großgemeinde Bad Berleburg[12] (16 km entfernt). Daß zugleich der Kreissitz von Bad Berleburg in das 65 km entfernte Siegen verlegt wurde, bedeutet nicht nur eine vielfach beklagte Entwicklung zur Bürgerferne und Verwaltungsanonymität, sondern auch "Tagesreisen" der nichtmotorisierten Elsoffer zu "ihrer" Verwaltung in Siegen.

Mit der Eingemeindung Elsoffs wurde auch die ursprüngliche Planung aufgegeben, die traditionsreiche Elsoffer Schule[13] zu einer Mittelpunktschule für das Elsofftal auszubauen. Noch im Jahre 1972 wies die 1963 neu errichtete Schule 198 Schüler und fünf Lehrer auf. Gegenwärtig dient sie - nach baulicher Erweiterung - als Grundschule für Elsoff und einige Nachbargemeinden.

---

[12] Von vielen Elsoffern wird auch der Verlust des Körperschaftswaldes, der bis 1975 im Besitz der Gemeinde war und dann an die Stadt Bad Berleburg überging, als ein gravierender Negativposten der Eingemeindung genannt.

[13] Bereits für das Jahr 1584 liegt ein urkundlicher Beleg über die Existenz einer Dorfschule in Elsoff vor. Vgl. FRANKE (1981, S. 219)

Ein besonderes Infrastrukturproblem des ländlichen Raumes stellt der öffentliche Personennahverkehr dar[14]. Die Zielvorgabe des Bundes, "eine befriedigende Bedienung der Fläche mit öffentlichen Verkehrsmitteln, insbesondere durch die Verknüpfung der Zentralen Orte mit ihrem Verflechtungsbereich"[15], zu ermöglichen, stößt ständig auf volks- und betriebswirtschaftliche Hemmnisse. Denn "alle technischen, politischen und planerischen Überlegungen, Experimente und praktischen Beispiele führten stets zu dem Ergebnis, daß eine Flächenbedienung mit kurzen Zeitfolgen für relativ dünn besiedelte Gebiete rentabel nicht möglich ist"[16]. Besonders deutlich trat dieser Zwiespalt zwischen ökonomischen Bedingungen einerseits und Raumordnungszielen andererseits bei der Konzeptionierung von Streckenstilllegungen durch die Deutsche Bundesbahn zutage. Von einer solchen Stillegung betroffen ist seit einem Jahr auch der Raum Elsoff, seitdem die Bundesbahnstrecke Bad Berleburg-Hatzfeld-Frankenberg, die Verbindungen nach Kassel und Marburg schuf, auf die Bedienung durch Busse umgestellt wurde[17].

Bedeutungsvoll ist für Elsoff der Anschluß an das Omnibus-Liniennetz der "Verkehrsgemeinschaft Westfalen-Süd", womit vor allem die mannigfachen Schülertransporte gewährleistet sind. Andere Funktionen wie Einkaufen oder Besuche kultureller Veranstaltungen kann der Busverkehr nur sehr bedingt erfüllen. So ist beispielsweise die letzte Verbindung ab dem Mittelzentrum Bad Berleburg nach Elsoff um 18.15 Uhr gegeben, so daß der Besuch einer abendlichen Veranstaltung dort ausgeschlossen ist.

Die Versorgung Elsoffs durch private Dienstleistungen weist große partielle Unterschiede auf (vgl. Tab. 8). Ökonomisch und bedeutungsmäßig im Vordergrund stehen der Einzelhandel und die

---

[14] Vgl. dazu die gerade publizierten empirischen Erhebungen von KLUCZKA u.a. (1981)

[15] Raumordnungsbericht 1974, hg. Bundesministerium für Raumordnung, Bauwesen und Städtebau, S. 96

[16] BALDAUF (1980, S. 42)

[17] Vgl. Landesentwicklungsbericht NRW 1979, S. 73 und "Frankfurter Rundschau" vom 5.2.1981

ärztliche Versorgung. Trotz einer errechneten Rentabilitätsschwelle von mindestens 1000 Einwohnern pro Geschäft[18], unter welcher lediglich ein Betrieb im Nebenerwerb rentabel ist, existieren in Elsoff vier Geschäfte: zwei Lebensmittelläden, ein Selbstbedienungsgeschäft (s. Abb. 10) mit umfassendem Warensortiment sowie ein Schuhgeschäft.

Die Analyse der Einkaufsgewohnheiten der Elsoffer Haushalte (vgl. Tab. 9) belegt für den Bereich der täglichen Bedarfsdeckung eine weitgehende Orientierung auf die im Ort bestehenden Geschäfte. Gelegentlich tritt der Einkauf auf dem Weg zur Arbeitsstätte, z.B. in Bad Berleburg, hinzu. Weitverbreitet ist noch die Bedarfsdeckung mit Grundnahrungsmitteln aus der Eigenproduktion (Fleisch, Wurst, Obst, Gemüse, Milch, Brot). Dieses Selbstversorgungsprizip gilt auch für viele Dienstleistungen in Haus und Hof, wobei nachbarschaftliche Hilfe und Zusammenarbeit eine bedeutsame Kostenersparnis ergeben.

Der periodische Bedarf der Elsoffer Bevölkerung wird größtenteils im zugeordneten Mittelzentrum Bad Berleburg gedeckt. Der Anteil Elsoffs in dieser Sparte erklärt sich durch das örtliche Schuhgeschäft. Die Deckung des episodischen Bedarfs beschränkt sich im Ort auf die Branche Baumaterialien durch das lokale Bauunternehmen.

Bis zum Jahre 1977 stand den Elsoffern ein Praktischer Arzt zur Verfügung. Nach Schließung dieser Praxis ist die ärztliche Versorgung des Elsofftales als vollkommen unzureichend zu bezeichnen, da die Ausweichpraxen in Schwarzenau und Hatzfeld kapazitär überlastet sind. Die Versorgung der Bevölkerung mit Medikamenten wird durch einen Zubringerdienst der Hatzfelder Apotheke sichergestellt.

---

[18] Vgl. BÖTTCHER u.a. (1979, S. 48 ff.) Für den "mittelgroßen Selbstbedienungsladen" wird dort eine notwendige Bevölkerungsbasis von 6000 Einwohnern angegeben. Es sind jedoch erhebliche Zweifel angebracht, ob diese für den städtischen Raum errechneten Daten auch in ländlichen Räumen Geltung besitzen.

Tab. 8

DIE INFRASTRUKTURAUSSTATTUNG VON ELSOFF

Art der Einrichtung	vorh./nicht vorh.	nächstgelegene Einr.
a) Öffentliche Einrichtungen		
Post	●	
Polizei	–	Bad Berleburg 16 km
Feuerwehr	●	
Verwaltungsabteilungen	–	Bad Berleburg 16 km
Öff. Fernsprecher	●	
Nächster Bahnhof	–	Bad Berleburg 16 km
Nächster BAB-Anschluß	–	Wenden 65 km
Öff. Verkehrsbedienung	●	
Grundschule	●	
Versammlungsräume	●	
Bücherei	–	Bad Berleburg 16 km
Volkshochschule	–	Bad Berleburg 16 km
Theateraufführungen/Kino	–	Bad Berleburg 16 km
Kindergarten	o	
Krankenhaus	–	Bad Berleburg 16 km
Gemeinschaftshaus	o	
Sportplatz	●	
Turnhalle	●	
Frei-/Hallenbad	–	Battenberg/Berl. 10/16 km
Zentrale Wasserversorgung	–	
Zentrale Abwasserbeseitigung	–	
Geregelte Müllabfuhr	●	
b) Private Dienstleistungen		
Gaststätten	●	
Bank/Sparkasse	●	
Versicherungsagentur	●	
KFZ-Reparaturwerkstatt	–	Hatzfeld/Berl. 5/16 km
Tankstelle	–	Schwarzenau/Hatzf. 3/5 km
Lebensmittelladen	●	
Fachgeschäft	●	
Bäckerei	–	Hatzfeld 5 km
Fleischerei	–	Hatzfeld 5 km
Friseur	–	Hatzfeld 5 km
Drogerie	–	Hatzfeld 5 km
Café	–	Laibach 9 km
Prakt. Arzt	–	Schwarz./Hatzf. 3/5 km
Facharzt/Zahnarzt	–	Hatzfeld/Berl. 5/16 km
Apotheke	–	Hatzfeld 5 km

● vorhanden
o in Bau
– nicht vorhanden

Quelle: Eigene Erhebung 1981

Tab. 9
BEDARFSDECKUNG DER ELSHOFFER HAUSHALTE MIT PRIVATEN DIENST-
LEISTUNGEN IN PROZENT

Ort	Geschäfte des tägl. Bedarfs	period. Bedarfs	episod. Bedarfs	Arzt	Apotheke
Elsoff	92,6	25,9	17,8	3,4	-
Bad Berleburg	33,3	63,0	35,2	13,7	17,2
Schwarzenau	7,4	-	-	58,1	-
Hatzfeld	6,5	18,5	25,9	6,8	66,4
Frankenberg	-	5,6	5,6	0,9	-
Siegen	-	8,3	10,2	-	-
Allendorf	-	-	2,8	-	-
Biedenkopf	0,9	1,8	0,9	-	-
Arfeld	0,9	-	-	-	-
Laisa	-	1,8	-	-	-
Kassel	0,9	0,9	1,8	-	-
Marburg	-	1,8	2,8	0,9	-
Großhandel	-	-	0,9	-	-
Versand	-	18,5	11,1	-	-
sonstige	8,3	24,1	36,1	16,2	16,4
			N = 108		N = 117

Quelle: Eigene Erhebung 1981

Tab. 10
ALTERSDATIERUNG DER ELSOFFER GEBÄUDE

Entstehung	Gebäude Anzahl	in %
vor 1800	47	36,7
1800 - 1909	38	29,7
1910 - 1945	13	10,2
1946 - 1980	30	23,4
Gesamt	128	100,0

Quelle: Eigene Erhebung 1980

3. Die Gebäudesubstanz

Zur Infrastruktur im weiteren Sinne zählt auch die Qualität der Siedlungs- und Gebäudestruktur. Von seinem Grundriß her gehört Elsoff zum Typ des relativ dichtbebauten Haufendorfes mit einem der Topographie und den Bächen angepaßten ungeregelten Straßen- und Wegenetz (s. Abb. 5). Der vorwiegend anzutreffende Haustyp in Elsoff ist das queraufgeschlossene Mitteldeutsche Einheitshaus, das traditionell in Fachwerkbauweise - meist auf massivem Natursteinsockel - errichtet wurde (s. Abb. 6).

Bemerkenswert hoch ist das Alter der meisten Elsoffer Gebäude (s. Tab. 10). Zwei Drittel aller Häuser des Ortes sind vor 1910 entstanden; dies ist eine Relation, die man in der Bundesrepublik nur noch selten antreffen wird. Bis heute dominieren daher in Elsoff die Fachwerkbauten mit 73 % eindeutig gegenüber den Massivbauten mit 27 %. In der Farbgebung des Fachwerks überwiegen die braunweißen Töne (44 %) gegenüber den schwarz-weißen (39 %). 99 % der Gebäude tragen ein Satteldach, wobei die Dachneigung in der Regel zwischen 44 und 50 Grad liegt. Traditionelle Dacheindeckung und Wandverkleidung - meist der Wetterseite - ist der schwarz-graue Naturschiefer, der lokal abgebaut wurde und bis heute den Farbton des Ortsbildes (s. Abb. 3) bestimmt[19].

Bei dem hohen Anteil alter Gebäude in Elsoff gewinnt die Frage nach deren Erhaltungszustand besonderes Gewicht. Eine Gesamterhebung des äußeren Erhaltungszustandes der Elsoffer Gebäude wurde nach den vier Einstufungen sehr gut, gut, renovierungsbedürftig und baufällig [20] vorgenommen. Das Ergebnis muß angesichts der

---

[19] Auf weitere Einzelheiten der Detailaufnahmen aller Gebäude Elsoffs soll in diesem Rahmen nicht weiter eingegangen werden. Vgl. HÖGNER (1980)

[20] Hierbei wurden die folgenden Bedingungen zugrunde gelegt (vgl. auch Ortsbildinventarisation. Aber wie? S. 166): <u>sehr gut</u>: Das Äußere des entsprechenden Bauteils befindet sich in bautechnisch und optisch optimalem und gepflegtem Zustand. Es zeigen sich keinerlei Mängel, z.B. das Dach ist erst in jüngster Zeit eingedeckt worden, die Fenstergewände und -rahmen sind frisch gestrichen. <u>gut</u>: Das Äußere des entsprechenden Bauteils ist optisch und technisch in annehmbarem Zustand. Es weist keine Mängel auf, die seine Funktion beeinträchtigen könnten. <u>renovierungsbedürftig</u>: Das Äußere des entsprechenden Bauteils weist

Dominanz alter Gebäude überraschen (s. Tab. 11): 87,1 % aller
Gebäude sind derzeit in einem guten oder sehr guten Zustand[21].
Nicht ein einziger Bauteil eines Hauses in Elsoff kann als
baufällig bezeichnet werden. Lediglich 12,9 % der Gebäude sind
renovierungsbedürftig, meist lassen sich diese jedoch mit geringem Aufwand, z.B. durch Streichen der Fenster, wieder in einen
guten bis sehr guten Zustand versetzen.

Die Analyse der Gebäudenutzung (s. Tab. 12) belegt die schon
dargestellte Wirtschaftsstruktur des Ortes. 82 Gebäude (= 36,5 %)
werden noch von der Landwirtschaft, z.T. mit Wohnfunktionen
verbunden, genutzt. An der Spitze liegen jedoch inzwischen die
reinen Wohngebäude mit 44 %. Mit Ausnahme der beiden kleinen
Neubaugebiete "Delle" und "Unterm Steimel", die nur mit Wohn-
häusern besetzt sind, ist der gesamte Ort durch eine Nutzungs-
mischung gekennzeichnet. Erheblichen Anteil hieran haben die
landwirtschaftlichen Wirtschaftsgebäude.

Ein nicht unwesentliches Siedlungspotential wird durch den Denkmalwert manifestiert. Als Denkmale im baulichen Bereich gelten
Gebäude oder Ensemble, "an deren Erhaltung und Nutzung ein öffentliches Interesse besteht. Ein öffentliches Interesse besteht,
wenn die Sachen bedeutend für die Geschichte des Menschen, für
Städte und Siedlungen oder für die Entwicklung der Arbeits- und
Produktionsverhältnisse sind und für die Erhaltung und Nutzung
künstlerische, wissenschaftliche, volkskundliche oder städte-
bauliche Gründe vorliegen".[22] In der Liste des Landeskonservators

---

Fortsetzung der Fußnote [20]
geringe bis unerhebliche bautechnische oder ästhetische Mängel auf, z.B.
stellenweise abgeplatzter oder stark verschmutzter Putz oder Anstrich,
Fehlen einzelner Platten auf dem Dach oder an der Verkleidung. Das Haus
hat normale Unterhaltungs- oder Pflegearbeiten nötig und sollte gelegentlich einer Renovierung unterzogen werden. <u>baufällig</u>: Das entsprechende
Bauteil weist schwerwiegende bautechnische und ästhetische Mängel auf.
Eine sofortige Restaurierung oder Sanierung ist notwendig, um das Haus
vor weiterem Verfall zu bewahren.

[21] Zu diesem hohen Wert trägt sicherlich der Umstand bei, daß 91,2 % aller
Elsoffer Familien im eigenen Hause wohnen.

[22] § 2 Abs. 1 des Denkmalschutzgesetzes Nordrhein-Westfalen vom 11.3.1980.

Tab. 11

ERHALTUNGSZUSTAND DER GEBÄUDE IN ELSOFF

Bauteil	sehr gut[1]		gut		renovierungsbedürftig	
	Anzahl	in %	Anzahl	in %	Anzahl	in %
Außenhaut	39	33,6	59	50,9	18	15,5
Dach	37	31,9	72	62,1	7	6,0
Öffnungen	31	26,7	65	56,0	20	17,3
arithmetisches Mittel der Einzelbewertung		30,7		56,4		12,9
unmittelbare Gesamt-Bewertung	35	30,2	67	57,6	14	12,2

[1] Bewertungskriterien s. Anm. 20, S. 184

Quelle: Eigene Erhebung 1980

Tab. 12

NUTZUNG DER GEBÄUDE IN ELSOFF

Nutzung	Anzahl	Anteil in %
Wohnen	99	44,0
Wohnen/Landwirtsch.	33	14,7
Landwirtschaft	49	21,8
Öffentl. Dienstl.	4	1,8
Öffentl. Dienstl./Wohn.	1	0,4
Private Dienstl.	7	3,1
Private Dienstl./Wohn.	12	5,3
Gewerbe	4	1,8
Geräteschuppen/Garage	13	5,8
leerstehend/in Bau	3	1,3
total	225	100,0

Quelle: Eigene Erhebung 1981

Westfalen-Lippe[23] sind 32 Elsoffer Gebäude als Baudenkmale eingetragen, die wiederum zu 9 Gebäudegruppen oder Ensembles zusammengefaßt sind. Mit Ausnahme der Pfarrkirche handelt es sich dabei ausschließlich um "normale" Bauern- oder Bürgerhäuser (s. Abb. 9)[24]. Insgesamt sind damit ca. 28 % aller heutigen Gebäude des Ortes Baudenkmale. Mit diesen hohen absoluten und relativen Werten nimmt Elsoff unter den ländlichen Siedlungen - zumindest in Westfalen - eine Sonderstellung ein.

In einer darüber hinaus durchgeführten Erhebung der mannigfachen baulich-formalen Dorfstrukturen wurden sämtliche Gebäude Elsoffs sowohl in ihrem Eigenwert (als Individuum) als auch in ihrem Situationswert (Wert eines Gebäudes für seine bauliche Umgebung) erfaßt. Folgende fünf Bewertungsstufen wurden dabei angewendet: überregional bedeutend, lokal bedeutend, erhaltenswert, ohne Wert, störend[25]. Im Ergebnis sind 63,8 % bzw. 73,3 % aller Gebäude als

---

[23] Liste der Baudenkmäler und erhaltenswerten Objekte in dem Dorf Elsoff. Hg. Der Landeskonservator von Westfalen-Lippe. Münster 1977 (unveröffentlicht).

[24] Über die lange vernachlässigte, heute wieder mehr beachtete Denkmalpflege auf dem Lande(vgl. u.a.: Deutsche Kunst und Denkmalpflege, H. GEBHARD und D. WIELAND)

[25] Hierbei wurden folgende Kriterien berücksichtigt (vgl. auch Ortsbildinventarisation. Aber wie? S. 96): Überregional bedeutend ist ein Gebäude, wenn es sich z.B. um einen der wenigen oder den einzigen Zeugen eines bestimmten Baustils oder einer Bauweise in einer Region handelt. Dabei kann es sich um sehr alte Gebäude, um Gebäude besonderer architektonischer Qualität oder um solche handeln, die in der überregionalen Geschichte eine besondere Stellung einnehmen. Lokal bedeutend ist jeder Vertreter der traditionellen Bauform und Bauweise einer bestimmten Siedlung. Von wichtigen Blickachsen im inneren Ortsbild wird er erfaßt, sein Beitrag zu einem Ensemble ist von Bedeutung. Erhaltenswert ist ein Gebäude, das das Ortsbild positiv prägt, jedoch wegen einer Verkleidung oder durch Umbaumaßnahmen, aber auch wegen eines noch nicht sehr hohen Alters für eine Siedlung von nur untergeordneter Bedeutung ist. In Einzelfällen wäre nach einer Restaurierung (nicht Rekonstruktion!) eine Höherstufung möglich. Ohne Wert sind Gebäude, die nach Umbaumaßnahmen der ortstypischen Bebauung nicht mehr entsprechen. Sie wirken sich aber, z.B. aufgrund ihrer Lage oder Proportion, auf das innere oder äußere Ortsbild noch nicht störend aus. Auch Neubauten ohne störenden Charakter sind hier eingestuft. Störend sind die Gebäude, die in Proportionen, Material, Standort usw. eine beeinträchtigende Wirkung auf das Ortsbild ausüben. Nur eine Beseitigung des Gebäudes könnte hier Abhilfe schaffen. Da es sich jedoch meist um Neubauten handelt, kann diese Möglichkeit nicht in Betracht gezogen werden.

Tab. 13

DENKMALWERT DER ELSOFFER GEBÄUDE
(nach Eigenwert und Situationswert)

Eigenwert	Gebäude errichtet						
	bis 1910 (74,1 %)		nach 1910 (25,9 %)		Gesamt		
	Anzahl	in %	Anzahl	in %	Anzahl	in %	in %
Lokal bedeutend[1]	35	40,7	-	-	35	30,2	63,8
erhaltenswert	37	43,0	2	6,7	39	33,6	
ohne Wert	14	16,3	25	83,3	39	33,6	36,2
störend	-	-	3	10,0	3	2,6	
Gesamt	86	100,0	30	100,0	116	100,0	100,0

Situationswert							
lokal bedeutend[1]	30	34,9	-	-	30	25,9	73,3
erhaltenswert	47	54,6	8	26,7	55	47,4	
ohne Wert	9	10,5	13	43,3	22	19,0	26,7
störend	-	-	9	30,0	9	7,7	
Gesamt	86	100,0	30	100,0	116	100,0	100,0

[1] Bewertungskriterien s. Anm. 25, S. 187

Quelle: Eigene Erhebung 1980

Tab. 14

BEVÖLKERUNGSENTWICKLUNG ELSOFFS VON 1732 BIS 1981
(einschließlich Christianseck)

Jahr	Einwohnerzahl	abs. Veränderung	
1732	400		
1818	447	+ 47	
1831	681	+ 234	
1839	729	+ 48	
1843	780	+ 51	
1852	704	- 76	
1853	700	- 4	
1858	715	+ 15	
1867	747	+ 32	
1871	745	- 2	
1885	755	+ 10	
1895	704	- 51	
1905	735	+ 31	
1925	783	+ 48	
1933	796	+ 13	
1939	757	- 39	
1946	1169	+ 412	
1950	1098	- 72	(306 Heimatvert.)
1956	883	- 215	(194 ")
1961	862	- 21	(92 ")
1965	877	+ 15	
1970	865	- 12	
1975	830	- 35	
1981	840	+ 10	

Quelle:
S. REEKERS, 1956; O. LUCAS, 1958; W. HEIDTMANN u.a., Bd. II, 1967;
Landesamt für Datenverarb. u. Statistik; Stadtverwaltung Bad Berleburg
(Daten ab 1970)

lokal bedeutend und erhaltenswert einzuordnen (s. Tab. 13).
Daß der Situationswert der Gebäude höher liegt als der Eigenwert, ist vor allem damit zu erklären, daß störende Veränderungen an Gebäuden sich im Ensemble nicht so stark auswirken wie bei der Einzelbetrachtung.

Kein Gebäude kann als "überregional bedeutend" bezeichnet werden. Und dennoch ist Elsoff durch die Geschlossenheit des gesamtdörflichen Ensembles, die noch starke landwirtschaftliche Prägung und weitgehend fehlende Überformung durch maßstabsfremde Neubauten (Ausnahmen s. Abb. 10 u. 11) aus der Sicht der Denkmalpflege das vielleicht interessanteste Dorf in Westfalen.

4. Strukturen der Elsoffer Bevölkerung

Die Bevölkerungsentwicklung Elsoffs seit dem letzten Jahrhundert bis heute zeigt den für periphere Orte typischen Verlauf, der im wesentlichen durch Stagnation gekennzeichnet ist (vgl. Tab. 14). So hat sich die Bevölkerungszahl von 780 Einwohnern im Jahre 1843 bis zum Jahre 1981 lediglich um 60 (d.h. 7,7 %) auf 840 Einwohner erhöht. Bei der bekannt hohen Geburtenrate in ländlichen Siedlungen bedeutet dies - zumindest phasenweise - starke Abwanderungen, die besonders für die 2. Hälfte des 19. Jahrhunderts zu belegen sind[26]. Die nach dem Zweiten Weltkrieg zahlreich zugewanderten Heimatvertriebenen, die kurzfristig einen starken Bevölkerungsanstieg verursacht hatten, konnten nur zu einem geringen Teil in Elsoff gehalten werden. Der Ort erwies sich aufgrund seiner schmalen ökonomischen Basis als "Durchzugsgebiet" und Zubringer für die Ballungsgebiete an Rhein und Ruhr[27].

---

[26] Die im 19. Jahrhundert in allen westfälischen und hessischen Dörfern zu verzeichnenden Abwanderungsverluste zugunsten der Industriegebiete an Rhein und Ruhr sind für Elsoff von GÜCKER (1979) beschrieben worden.

[27] M. FRANKE hatte Anfang 1981 in Elsoff die Gelegenheit, ein Klassentreffen ehemaliger Elsoffer Schüler des Abschlußjahrgangs 1956 mitzuerleben. Von den ungefähr anwesenden 30 Teilnehmern wohnen heute nur noch 3 in Elsoff.

Seit ca. 20 Jahren ist die Bevölkerungsentwicklung Elsoffs
durch relativ geringe Schwankungen gekennzeichnet. Entsprechend der von BÖTTCHER u.a. (S. 96 f.) vorgeschlagenen Typisierung von Bevölkerungsveränderungen ist der Ort von 1961 -
1975 dem Typus "stagnierend mit Tendenz zur Schrumpfung" zuzuordnen. Die Bevölkerungsbewegung der folgenden Jahre von 1975 -
1980 zeigt insgesamt eine leicht positive Bilanz (s. Tab. 15).
In der Quote der Lebendgeborenen (je 1000) liegt Elsoff im
Durchschnitt der Jahre 1975 - 1980 bei 10,5 und damit immer
noch über dem Durchschnitt des Landes NRW mit 9,4 und des
Kreises Siegen mit 10,3[28]. Allerdings wird die hohe Geburtenquote in Elsoff derzeit durch die altersstrukturell bedingte
hohe Sterbefallquote aufgenoben, so daß die natürliche Bevölkerungsbilanz gegenwärtig geringfügig negativ ausfällt.

Die gegenwärtige Altersstruktur der Elsoffer Bevölkerung ist
gekennzeichnet durch eine Schwächung der produktiven Altersgruppen der 18 - 65jährigen bei abnehmenden Anteilen der unter
15jährigen und gleichzeitig starker Zunahme der über 65jährigen
(vgl. Tab. 16). Innerhalb der "defizitären" Gruppe der 18 -
65jährigen ist die Elsoffer Bevölkerungspyramide zusätzlich
durch ein "Fehlen der 20 - 40jährigen belastet[29]. Das Problem
der starken Überalterung der Bevölkerung zeigt sich deutlich
bei einem Vergleich mit den Landeswerten: Der Elsoffer Altersquotient war 1970 mit 1,47 (s. Tab. 16) erheblich ungünstiger
als der Landesdurchschnitt von 1,89. Die Zahlen für 1980
(Elsoff 1,11 und Land NRW 1,21) belegen die unverändert negative Trendrichtung.

---

[28] Die Angaben für das Land NRW und den Kreis Siegen beziehen sich jeweils
auf das Jahr 1977. Kreisstandardzahlen 1978.

[29] Vgl. dazu auch GATZWEILER (1979, S. 15 f.), der die Abwanderung der
18 - 29jährigen als wesentlichen bundesweiten Indikator peripherer
Räume bezeichnet.

Tab. 15

BEVÖLKERUNGSBEWEGUNG VON ELSOFF VOM 1.1.1975 BIS 31.1.1980

Natürliche Bevölkerungsbewegung				Wanderungen			
Geburten		Sterbefälle		Zuzüge		Abwanderung	
Anzahl	je 1000 E.	Anzahl	je 1000 E.	Anzahl	je 1000 E.	Anzahl	je 1000 E
44	10,5	47	11,2	112	26,7	97	23,2

Natürliche Bevölkerungsbilanz		Wanderungsbilanz
total	− 3	+ 15

Bevölkerungsbilanz gesamt   + 12 E.

Quelle:
Berechnung nach Daten der Stadtverwaltung Bad Berleburg

Tab. 16

ALTERSSTRUKTUR DER BEVÖLKERUNG ELSOFFS

(Angaben für NRW in Klammer)

	1950	1961	1970	1980
a) Anteil der unter 15-jähr.	25,0 (22,6)	24,5	24,8	21,0 (17,8)
b) Anteil der über 65-jähr.	9,7 (8,8)	14,2	16,9	18,9 (14,7)
A. Altersquotient a : b	2,58 (2,57)	1,73	1,47 (1,89)	1,11 (1,21)

Quelle:
Berechnung nach Daten des Landesamtes für Datenverarbeitung und Statistik sowie der Stadtverwaltung Bad Berleburg.

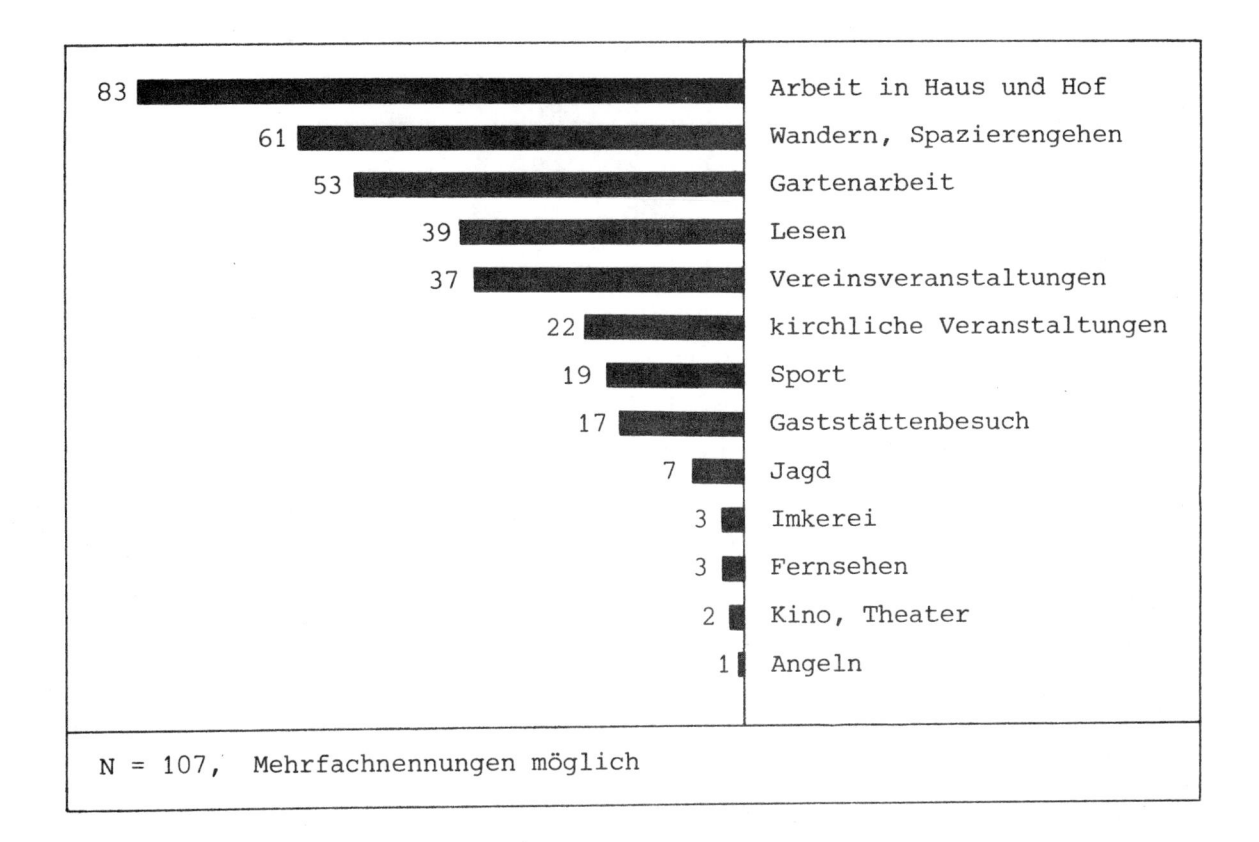

```
83 ████████████████████████  Arbeit in Haus und Hof
   61 ██████████████████      Wandern, Spazierengehen
      53 ███████████████      Gartenarbeit
         39 ██████████        Lesen
         37 █████████         Vereinsveranstaltungen
            22 ██████         kirchliche Veranstaltungen
             19 █████         Sport
             17 ████          Gaststättenbesuch
              7 ██            Jagd
              3 █             Imkerei
              3 █             Fernsehen
              2 █             Kino, Theater
              1 █             Angeln

N = 107, Mehrfachnennungen möglich
```

Abb. 8
Freizeitaktivitäten der Elsoffer Haushaltsvorstände
(in Prozent der Nennungen)

5. Soziales Verhalten und Indentifikation mit dem Ort

Angesichts der bisher dargestellten, überwiegend schwierigen wirtschaftlichen und demographischen Randbedingungen stellt sich die Frage nach der "Reaktion" der Elsoffer Bevölkerung, nach deren sozialem Verhalten und Identifikation mit dem eigenen Ort. Im besonderen wurden dabei die Kriterien Freizeitverhalten, Vereinsleben, Kommunikation und Identifikation berücksichtigt[30].

---

[30] Die zu diesem Zweck - mittels Fragebogen - durchgeführten schriftlichen Befragungen der Elsoffer Bevölkerung wurden Anfang 1981 vorgenommen. Die Befragungen richteten sich jeweils an alle Elsoffer Haushaltungsvorstände.

Die recherchierten Freizeitaktivitäten der Elsoffer Bevölkerung
ergeben - zumindest aus der gewohnten städtischen Perspektive -
einige Überraschungen (vgl. Abb. 8). So erhält offenbar der
Freizeitbegriff, der in der Regel als "von Arbeit freie Zeit"
definiert wird, in Elsoff eine abweichende inhaltliche Füllung:
Vor dem Hintergrund der außerlandwirtschaftlichen Betätigung
wird die Arbeit in Haus und Hof, die im Umfeld der Nebenerwerbslandwirtschaft zu leisten ist, als Freizeit betrachtet.
Mit 83 % aller Nennungen liegt diese "Arbeit" an der Spitze
der "Freizeitaktivitäten". Auch der hohe Anteil der Bewirtschaf-
tung und Pflege der noch zahlreichen Obst- und Gemüsegärten muß
unter diesem Aspekt gesehen werden.

Bei den Tätigkeiten, die sich auf den üblichen "Kulturkonsum"
beziehen, ist die häufige Nennung des Lesens und der sehr geringe Anteil des Fernsehens auffällig. Die Häufigkeit des Lesens wird wohl durch das miteinbezogene Lesen von Tageszeitungen,
Illustrierten und Fachzeitschriften (vor allem des "Bauernblatts")
zu erklären sein. Der geringe Fernsehkonsum ist zumindest z.T.
auf die überwiegenden und vorrangigen "Freizeit-Arbeiten" in
Haus, Hof und Garten zurückzuführen.

Einen hohen Stellenwert innerhalb der dörflichen Sozialstruktur
besitzt das lokale Vereinsleben. Neben den unterschiedlichen,
jeweils spezifischen Zeilsetzungen dienen die dörflichen Vereine
allgemein der Geselligkeit, der Kommunikation, der Traditions-
wahrung, aber auch der Vermittlung dörflicher Werte und Normen,
die in der Regel von den "Vorständen" gesetzt werden.

Von 107 befragten Haushaltsvorständen in Elsoff sind derzeit
82,2 % Mitglied eines dörflichen Vereins, Mehrfach-Mitglied-
schaften - bis zu 6 Vereinen pro Person - sind die Regel. Nach
der Zahl der Nennungen existieren ein Schützenverein (59 Nennungen)
ein Sportverein (36), ein Gesangverein (35), ein Heimatverein (30),

eine Freiwillige Feuerwehr (20), ein Kirchenchor (5) und ein
Fischereiverein (3). Die Spitzenstellung nach Größe und Ansehen
unter den Elsoffer Vereinen nimmt der Schützenverein wahr,
dessen Schützenfeste die alljährlichen Höhepunkte im gesellig-
kulturellen Dorfleben darstellen. Ein normatives Muß für den
heranwachsenden Elsoffer ist die Mitgliedschaft in der örtlichen
Feuerwehr, die als "einzige nutzbringende" Vereinigung betrachtet
wird. Die Feuerwehr vermittelt zugleich ein hohes Maß an Sozial-
prestige. So werden die Beförderungen innerhalb der Wehrhierarchie,
die nach regelmäßiger Teilnahme an den Wehrübungen und erfolg-
reichen Prüfungsleistungen ausgesprochen werden, stets über die
Lokalpresse bekanntgegeben.

Die Dichte der innerdörflichen Kommunikation läßt sich nicht
zuletzt an den verwandtschaftlichen und nachbarschaftlichen Beziehungen ablesen. Das sehr starke Netz verwandtschaftlicher Beziehungen innerhalb der Elsoffer Bevölkerung wird einmal durch
die geringe Anzahl der vorkommenden Familiennamen belegt. Darüber
hinaus gaben 90 % der befragten Haushaltsvorstände die Ansässig-
keit von Verwandten in Elsoff an, 84 % hatten zusätzlich oder
ausschließlich Verwandte im näheren Einzugsbereich von 30 km,
lediglich 3 % konnten beides nicht vorweisen. Diese sehr ausgeprägte räumliche Nähe erlaubt eine hohe Besucherfrequenz der
Verwandten untereinander (s. Abb. 13).

Die gleiche Aussage läßt sich für den sekundären Kommunikations-
kreis der Freunde, Bekannten und Nachbarn treffen. Auf die Frage
"Wie oft haben Sie persönlichen Kontakt zu Ihren Nachbarn?" gaben
zur Antwort: oft/mindestens jede Woche (88 % der Befragten), von
Fall zu Fall/mindestens jeden Monat (8 %), selten (1 %), keinen
engeren Kontakt (3 %). Der häufige nachbarschaftliche Kontakt
dient nicht allein der Kommunikation, sondern auch der konkreten
Nachbarschaftshilfe, die u.a. bei Ernte- und Bauarbeiten, Stall-
diensten und in der Alten- und Krankenbetreuung geleistet wird.

Abb. 9: Ein typisches Gebäudeensemble in der Mennertalstraße. Noch 73 % aller Häuser Elsoffs sind Fachwerkbauten, 28 % aller Gebäude des Ortes gelten als Baudenkmale. (Aufn.: Högner 1980)

Abb. 10: In der Ortsmitte das Geschäft, aus wirtschafts- und sozialgeographischer Sicht ein wichtiger Aktivposten für das Dorf. Aus der Sicht der Ortsbild- und Denkmalpflege wirkt das Gebäude störend im Dorfensemble. (Aufn.: Högner 1980)

Abb. 11: Hier wird die Diskrepanz nicht nur zwischen Binnen- und Außensicht in der Bewertung der lokalen Bausubstanz deutlich: Nach Teilabriß des linken Fachwerkgebäudes (1979) entstand an dessen Stelle dieser Neubau; das farbige Giebelbild soll den beseitigten Altbau vergegenwärtigen. (Aufn.: Högner 1980)

Abb. 12: Zu den ersten Ansätzen einer Fremdenverkehrsentwicklung Elsoffs gehören die drei Ferienhäuser in der Mennertalstraße. (Aufn.: Franke 1981)

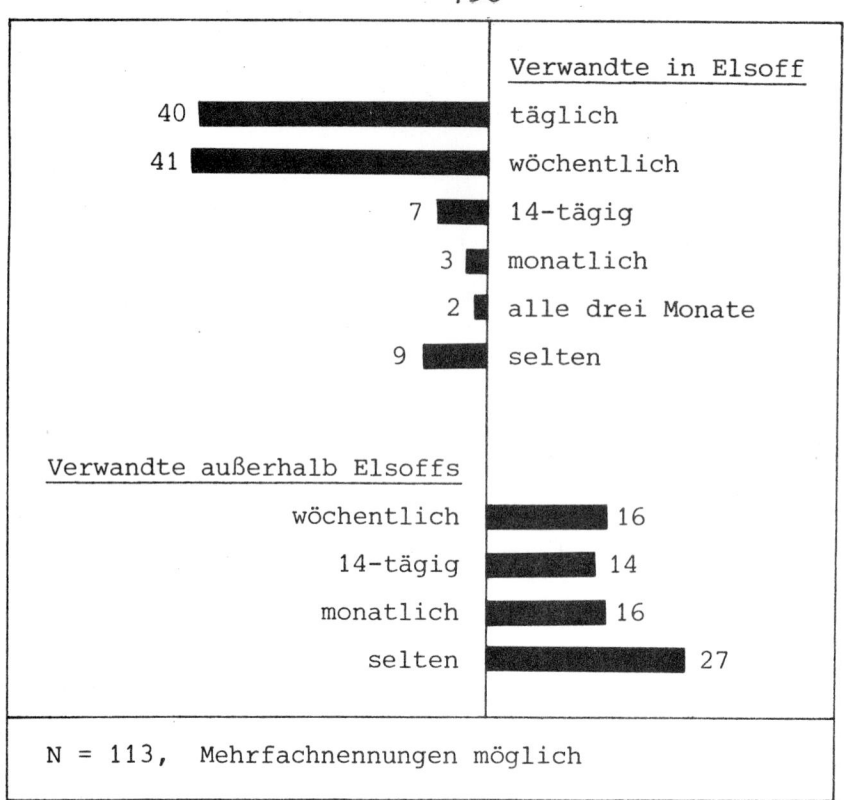

```
                    Verwandte in Elsoff
  40  ████████████  täglich
  41  ████████████  wöchentlich
   7  ██            14-tägig
   3  █             monatlich
   2  █             alle drei Monate
   9  ██            selten

Verwandte außerhalb Elsoffs
  wöchentlich  ████  16
     14-tägig  ███   14
    monatlich  ████  16
       selten  ██████ 27

N = 113, Mehrfachnennungen möglich
```

Abb. 13

Besuchsfrequenz der Elsoffer Haushaltsvorstände zu ihren Verwandten
(in Prozent der Nennungen)

Die <u>Identifikation</u> der Bevölkerung mit ihrem Wohnort ist ein von Wissenschaft und Planung vielfach ignorierter Tatbestand. Dies haben u.a. die Wogen des Widerstandes gegen die zurückliegenden Gemeindeauflösungen im Zuge der Gebietsreform bewiesen. Der Begriff Identifikation bedeutet "Sich-Sicher-Fühlen, Vertraut-Sein, Zufrieden-Sein, Sich-Heimisch-Fühlen, Bescheid-Wissen. Die Identifikation mit einem Raum oder Ort zeigt also an, daß der Bewohner ein inneres Verhältnis dazu hat, daß es sein Ort ist"[31].

Der Identifikationsgrad ist u.a. von den Faktoren Ortsgebürtigkeit, Wohndauer, Wohnzufriedenheit, arbeitsmäßige Bindung an den Ort, Bewertung des lokalen Wohn- und Freizeitwertes, Vorhandensein sozialer Kommunikation und emotionale Bindung an den Ort abhängig. Eine Analyse der Gebürtigkeit der Haushaltsvorstände in Elsoff ergab, daß 66,1 % der Männer - gegenüber 37,3 % der Ehefrauen - seit Geburt im Ort leben. Die Differenz erklärt sich

---

[31] STOLTENBERG (1978, S. 34)

durch die stärkere Bindung der Elsoffer Männer an Hof- und Grundbesitz, die bei den Frauen in der Regel entfiel. Die von auswärts zugeheirateten Ehepartner rekrutieren sich zu ca. 90 % aus benachbarten Dörfern der Region, so daß insgesamt eine sehr hohe lokale bzw. regionale Gebürtigkeit festzustellen ist.

Als weitere Komponente wurde die Dauer der Ortsansässigkeit nachgefragt (s. Tab. 17). 93,8 % der Befragten leben seit mehr als 10 Jahren und immerhin noch 84,1 % seit mehr als 20 Jahren in Elsoff, was zumindest auf eine potentiell hohe Ortsbezogenheit hinweist. Auf die Frage nach ihrem Wohnort nach Wunsch bezeichneten von 110 Haushaltsvorständen 97 (88,2 %) das Dorf als den bevorzugten Wohnorttyp, während 12 (10,9 %) die Kleinstadt favorisierten. Nur ein Einziger möchte gern am Rande der Großstadt leben, niemand innerhalb der Großstadt[32].

Es lag nun nahe, die affektiv-emotionale Ortsbezogenheit der Elsoffer mit spezifischen "Argumenten" zu belegen. Hierzu wurde die Frage vorgelegt, welche ortstypischen Komponenten bei einem eventuellen Wegzug aus Elsoff vermißt würden (s. Abb. 14). Die eindeutig höchstrangige Einschätzung des naturlandschaftlichen Potentials durch die Befragten überrascht, da man diese Priorisierung eher bei städtischen Besuchern vermutet. Den Elsoffern ist also der Wert ihrer naturnahen Landschaft durchaus bewußt. Auf den folgenden Rangstufen folgen die sozial-kommunikativen "Werte" der Nachbarn, Verwandten und Vereine, deren Vorteile man ebenfalls einzuschätzen weiß.

Die starke Ortsbezogenheit der Bewohner wurde zusammenfassend bestätigt mit der Frage, wie man sich selbst bezeichnen würde (vgl. Tab. 18). 76,4 % der Befragten bezeichneten sich als "Elsoffer". Neben der lokalen spielt auch die regionale Identifikation eine bedeutsame Rolle; 63,2 % fühlen sich ausschließlich oder zusätzlich als "Wittgensteiner". Die so nachhaltig

---

[32] Nach einer Umfrage des Allensbacher Instituts bezeichnen 77 % der Bundesbürger, die auf dem Dorf wohnen, dies als ihrem Wunsch entsprechend. Nur 8 % würden gern in Mittel- oder Großstädte ziehen. Vgl. STOLTENBERG (1978, S. 31)

Tab. 17

DAUER DER ORTSANSÄSSIGKEIT DER ELSOFFER HAUSHALTSVORSTÄNDE

Ortsansässigkeit in Jahren	Anzahl	%
unter 1	-	-
1 - 5	5	4,4
6 - 10	2	1,8
11 - 15	3	2,7
16 - 20	8	7,1
über 20	25	22,1
seit Geburt	70	62,0

Quelle: Eigene Erhebung 1981

Tab. 18

SELBST-BEZEICHNUNG DER ELSOFFER HAUSHALTSVORSTÄNDE

Bezeichnung	Anzahl	%
Elsoffer	81	76,4
Wittgensteiner	67	63,2
Westfalen	7	6,6
Deutscher	3	2,8
"Erdbewohner"	1	0,9
keine	2	1,9

N = 106, Mehrfachnennungen möglich

Quelle: Eigene Erhebung 1981

```
96  ████████████████████████  Landschaft
   71  ██████████████████      Nachbarn
      57  ██████████████       Verwandte
        51  █████████████      Vereinsleben
              2  █             nichts
```

N = 108, Mehrfachnennungen möglich

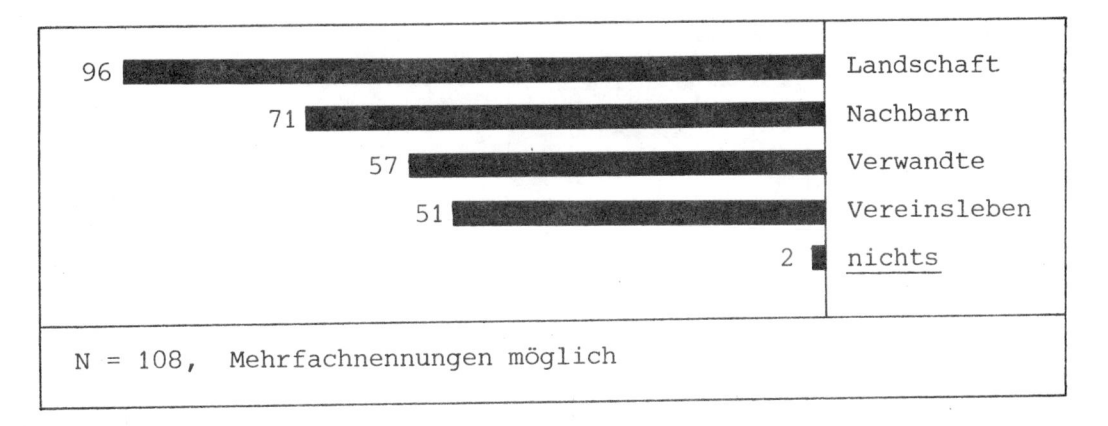

Abb. 14
Ortstypische Komponenten, die bei einem eventuellen Wegzug aus Elsoff vermißt würden (in Prozent der Nennungen)

empfundene Verbindung mit dem natur- und wirtschaftsgeographisch vielfach benachteiligten Wittgensteiner Land unterstreicht das hohe Maß an Selbstbewußtsein und Identifikation der Elsoffer Bevölkerung mit ihrem engeren und näheren Lebensraum.

Alle Maßnahmen, die zur Störung der Identifikation beitragen können, werden von der Bevölkerung mit größter Skepsis betrachtet. In diesem Sinne ist auch mancher Vorbehalt gegenüber der bevorstehenden Flurbereinigung[33] sowie die offenkundige Ablehnung der Kommunalen Gebietsreform (s. Abb. 15) zu beurteilen. Als Hauptnachteil der Gebietsreform werden die Entfremdung/Entfernung der Verwaltung sowie die Vernachlässigung der Ortsteile angeführt.

6. Zusammenfassung

Das sich darbietende Bild des peripheren Dorfes Elsoff im Jahre 1981 ist diffizil. Die wirtschafts- und sozialgeographischen Gewichte und Bedingungen wechseln je nach Aspekt und Betrachtungsperspektive. Das Ergebnis spiegelt in mancher Weise die raumordnungspolitische Diskussion, die von erheblichen Diskrepanzen geprägt ist: der periphere Raum als "sterbender Raum" und "Armenhaus

---

[33] "Die Flurbereinigung - Ich bezweifle, ob es besser wird. Ein Acker ist mehr als ein Stück Land, mit ihm sind Erinnerungen und verwandtschaftliche Beweise verknüpft, die verlorengehen." Schriftliche Anmerkung eines Elsoffer Bürgers auf die Frage nach zukünftigen Schwierigkeiten für die Elsoffer Landwirtschaft.

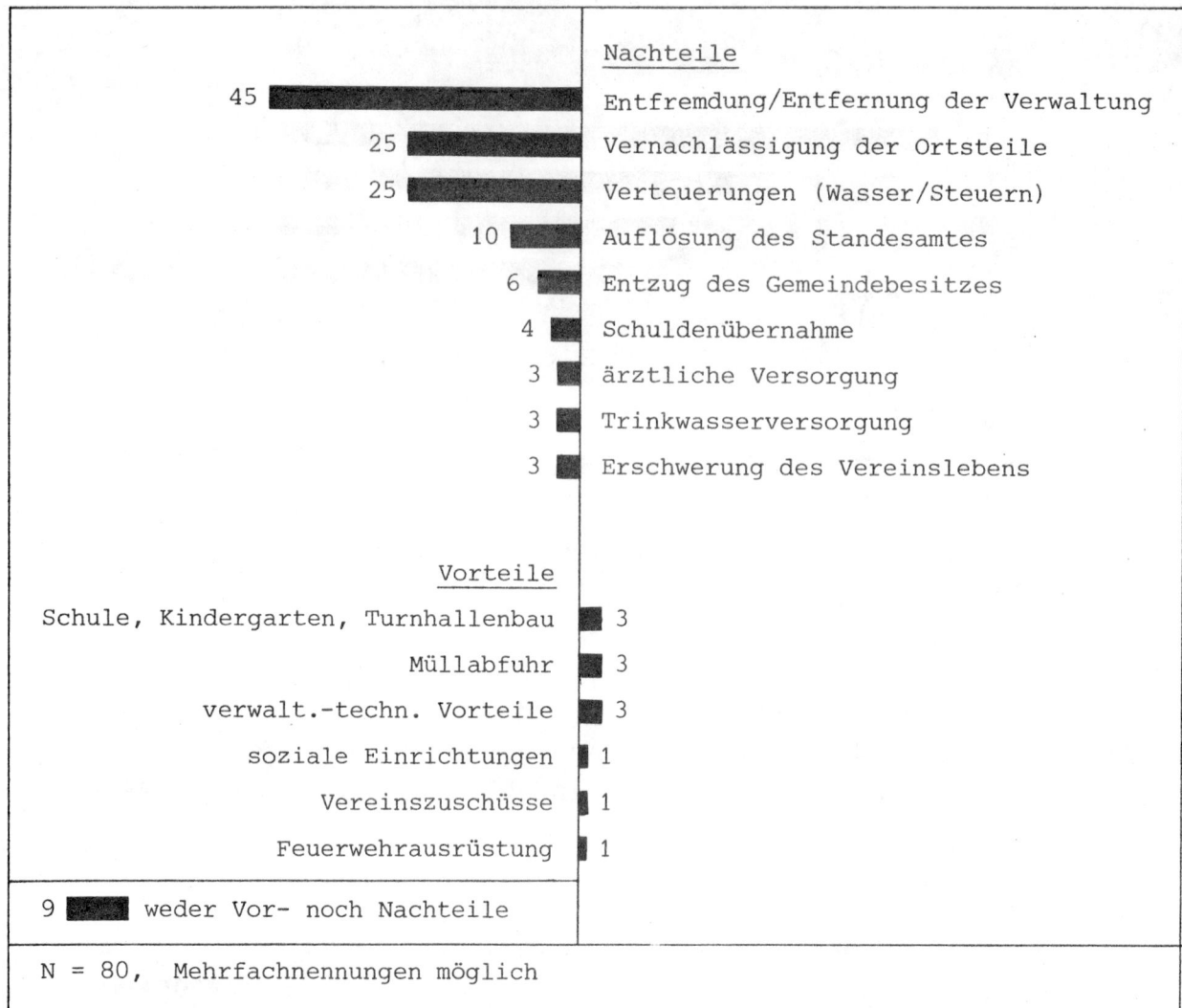

```
                           Nachteile
           45 ██████████  Entfremdung/Entfernung der Verwaltung
              25 ████     Vernachlässigung der Ortsteile
              25 ████     Verteuerungen (Wasser/Steuern)
                 10 ██    Auflösung des Standesamtes
                  6 █     Entzug des Gemeindebesitzes
                  4 █     Schuldenübernahme
                  3 ▪     ärztliche Versorgung
                  3 ▪     Trinkwasserversorgung
                  3 ▪     Erschwerung des Vereinslebens

                           Vorteile
Schule, Kindergarten, Turnhallenbau  ▪ 3
                       Müllabfuhr    ▪ 3
             verwalt.-techn. Vorteile ▪ 3
              soziale Einrichtungen  ▪ 1
                  Vereinszuschüsse   ▪ 1
                Feuerwehrausrüstung  ▪ 1

9 ██  weder Vor- noch Nachteile

N = 80,  Mehrfachnennungen möglich
```

Abb. 15

Vor- und Nachteile der Eingemeindung Elsoffs nach Meinung der Haushaltsvorstände (in Prozent der Nennungen)

der Nation" oder aber als "heile Welt"[34] und "zukunftsträchtiges Reservat der Industriegesellschaft"?

Für Elsoff lassen sich die folgenden Bedingungen und Potentiale von allgemeiner Bedeutung für den peripheren Raum zusammenfassen:

Es gibt hier die naturgeographischen Bedingungen, die erhebliche Nachteile für die Landwirtschaft bedeuten, die zugleich aber ein hohes, der lokalen Bevölkerung durchaus bewußtes Potential an natürlichen Ressourcen beinhalten. Die naturnahe Landschaft, die

---

[34] In einem in Kürze mit großem Aufwand herausgegebenen Buch über "noch schöne deutsche Dörfer" ist selbstverständlich Elsoff als Beispiel vertreten.

auch günstige Voraussetzungen für den bisher kaum entwickelten Fremdenverkehr bietet, steht in der Skala der benannten ortstypischen Werte an erster Stelle.

Es gibt verschiedene Trends in der bundesdeutschen Landwirtschaft, die in Elsoff kaum oder sogar entgegengesetzt wirksam sind. So sind hier die Tendenzen zu Betriebsaufgaben und Betriebsvergrößerungen gegenüber dem Bundesdurchschnitt erheblich schwächer ausgeprägt. Während im Bundesdurchschnitt die Nebenerwerbsbetriebe stark zurückgegangen sind, haben sie in Elsoff sowohl absolut als auch relativ zugenommen.

Es gibt die verkehrs- und wirtschaftsgeographischen Bedingungen, die der Bevölkerung z.T. große Belastungen durch Nebenerwerb, Pendlerwege bis hin zu Abwanderungen zumuten. Auf der anderen Seite zeigen sich sozialökonomische Phänomene, wie die ausgeprägte Nachbarschaftshilfe und ein hohes Maß an "Jobkombinationen"[35], die manche der Belastungen auszugleichen vermögen, so daß insgesamt ein relativ hoher Lebensstandard erreicht wird (z.B. besitzen über 90 % der Haushalte ein eigenes Haus!) und eine wirtschaftliche Zufriedenheit herrscht: 25,7 % der befragten Haushaltsvorstände bezeichnen ihre finanzielle Lage als gut, 67,6 % als mittelmäßig und nur 6,7 % als schlecht.

Die überlieferte Bausubstanz Elsoffs ist zumindest z.T. Gegenstand unterschiedlicher Interessen. Die (Außen-)Sicht des Landeskonservators mißt der lokalen Bausubstanz einen hohen Stellenwert zu; aus der Perspektive der Denkmalpflege ist Elsoff das vielleicht interessanteste Dorf in Westfalen. Aus der (Binnen-) Sicht vieler Dorfbewohner stellen die überlieferten Baukörper eher Belastungen dar[36]; man möchte gern so um- oder ausbauen, wie es in der kleinen Neubausiedlung am Dorfrand erlaubt ist (vgl. auch Abb. 11, die diesen Konflikt deutlich spiegelt).

---

[35] J. UHLMANN sieht darin besondere Arbeitsplatzpotentiale im ländlichen Raum. In: Strategien für den ländlichen Raum, S. 53

[36] Vgl. dazu den sehr praxisnahen Beitrag von M. FRISÉ "Schmuckstück oder aales G'lump. Denkmalschutz auf dem Lande" in der FAZ vom 7.6.1980

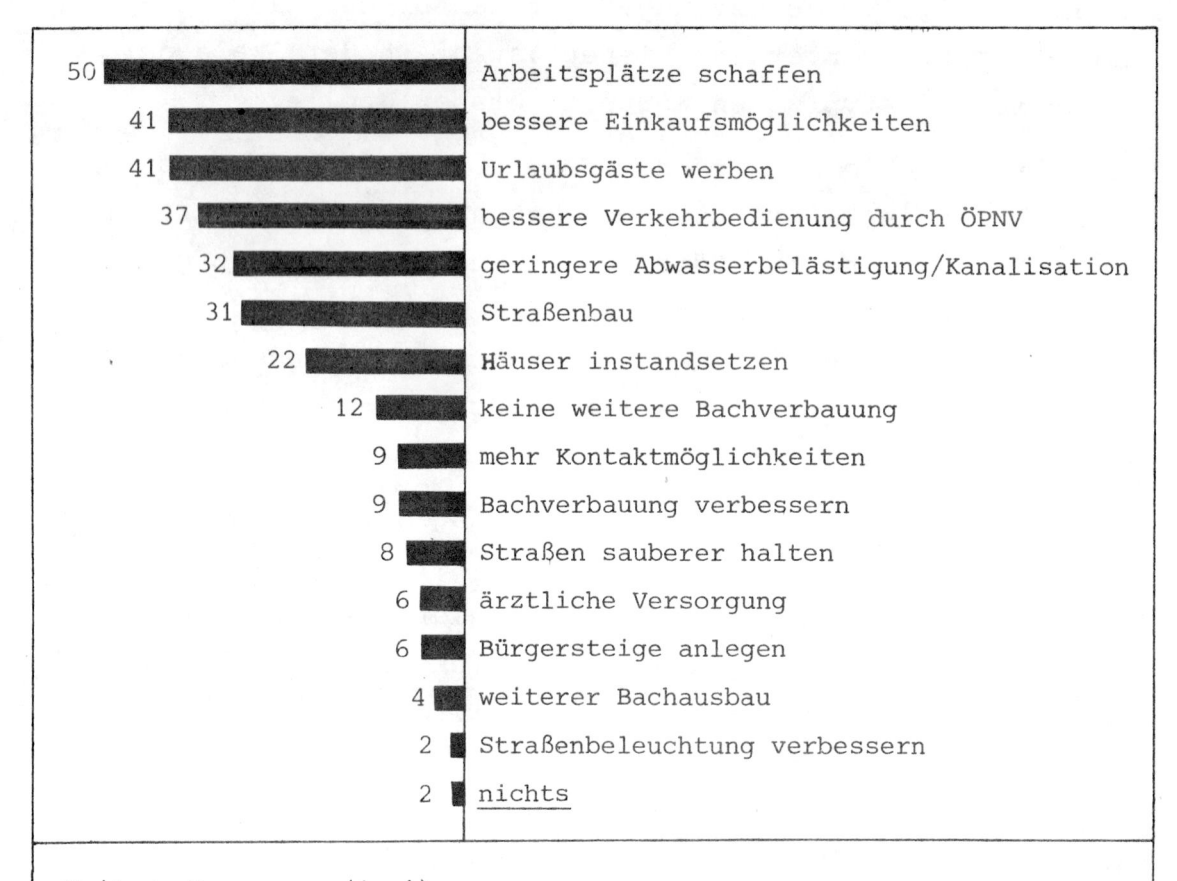

50	Arbeitsplätze schaffen
41	bessere Einkaufsmöglichkeiten
41	Urlaubsgäste werben
37	bessere Verkehrbedienung durch ÖPNV
32	geringere Abwasserbelästigung/Kanalisation
31	Straßenbau
22	Häuser instandsetzen
12	keine weitere Bachverbauung
9	mehr Kontaktmöglichkeiten
9	Bachverbauung verbessern
8	Straßen sauberer halten
6	ärztliche Versorgung
6	Bürgersteige anlegen
4	weiterer Bachausbau
2	Straßenbeleuchtung verbessern
2	nichts

Weitere Nennungen (je 1):

Spielplatz einrichten, innerörtliche Geschwindigkeitsbegrenzung, Wanderwege erweitern, Autobahnbau, Aussiedlung emittierender landwirtschaftlicher Betriebe, Vielzweckhalle bauen, keine Talsperre errichten, Erhaltung der Grundschule, Gastronomie verbessern, Bauland bereitstellen, Metzger, Friseur, Kulturleben

N = 99, Mehrfachnennungen möglich

Abb. 16

Ortsbezogene Verbesserungsvorschläge der Elsoffer Haushaltsvorstände (in Prozent der Nennungen)

Die verschiedenartigen und z.T. einander bedingenden Vor- und Nachteile des Lebens im Peripherraum sind der lokalen Bevölkerung sehr bewußt (s. Abb. 14 und Tab. 4). Zugleich besteht ein hohes Maß an Selbstbewußtsein und Identifikation mit dem Ort und der Region, die als (stabilisierender) Faktor der Siedlungsstruktur durchaus ernstzunehmen sind.

Die aktualgeographische Analyse des Dorfes Elsoff unterstreicht die Notwendigkeit, neben den üblicherweise recherchierten "Randbedingungen" auch die Motive und Sichtperspektiven der Dorfbewohner zu erfassen. Nur so werden beispielsweise auch die vielfach erheblichen Diskrepanzen zwischen Außensicht und Binnensicht des Dorfes deutlich. Allein die ortsbezogenen Verbesserungsvorschläge der Elsoffer (Abb. 16) beweisen, wo sinnvoll raumordnungspolitische Strategien für den ländlichen Raum grundgelegt werden können. Globale Erhebungen, Wertungen und Strategien sind wegen ihrer Pauschalierungsgefahren von geringerem Nutzen als regionale und lokale Analysen und Politiken[37].

L i t e r a t u r

Agrarstrukturelle Vorplanung Elsofftal im Kreis Wittgenstein. Alertshausen, Beddelhausen, Diedenshausen, Elsoff.-Hg. Landesentwicklungsges. NRW. Bearb. Alshuth, Groote, Terbrüggen, Wrede. Dortmund 1973.

BALDAUF, G.: Ortsplanung im ländlichen Raum. Aufgaben, Inhalte, Instrumente. - DVA. Stuttgart 1980.

BENDER, R.J.: Wasgau/Pfalz. Untersuchungen zum wirtschaftlichen und sozialen Wandel eines verkehrsfernen Raumes monoindustrieller Prägung. - Mannheimer Geogr. Arb. 5. 1979.

BÖTTCHER, F.-J., BÜSSEMAKER, M. & F. MERK: Funktionswandel in ländlichen Siedlungsräumen. - Schriftenreihe "Materialien" des ILS, Bd. 4.003. Dortmund 1979.

BRÜSCHKE, W., VOGLER, L. & W. WÖHLKE: Prozesse zur Kulturlandschaftsgestaltung: Empirische Untersuchung zu raumrelevanten Verhaltensweisen gesellschaftlicher Gruppierungen am Beispiel von neun ländlichen Gemeinden des Kreises Eschwege. - Marburger Geogr. Schr. 60 (1973). S. 327 - 353.

Deutsche Kunst und Denkmalpflege. 37. JG. 1/1979 (Themenheft zur Denkmalpflege auf dem Lande).

Dorferneuerung. - Hg. Bundesmin. für Ernährung, Landwirtschaft und Forsten. Reihe B: Flurbereinigung. Landwirtschaftsverlag. Münster 1979.

Das Ende des alten Dorfes? - Hg. Landeszentrale für politische Bildung Bad Württemberg. Kohlhammer Taschenbücher Bd. 1051. Stuttgart 1980

---

[37] Vgl. hierzu den Beitrag von G. HENKEL "Dorfentwicklung und Dorfpolitik in den 80er Jahren". Hier wird die Notwendigkeit begründet, in der Politik des ländlichen Raumes die bislang dominierenden zentral-gelenkten und normierten Fachpolitiken zugunsten einer <u>entwicklungsorientierten</u> Dorfpolitik auf regionaler und lokaler Ebene abzulösen.

Entwicklung ländlicher Räume. - Schriftenreihe "Studien zur Kommunalpolitik", Bd. 2 des Instituts für Kommunalwissenschaften. Bonn 1974.

Flurbereinigung und Landespflege. - Hg. Bundesmin. für Ernährung. Landwirtschaft und Forsten. Bearb. Arbeitskreis "Flurbereinigung und Landespflege". Landwirtschaftsverlag. Münster 1974.

FRANKE, M.: Analyse der sozio-kulturellen und ökonomischen Dorfstrukturen mit prognostischen Perspektiven einer erhaltenden Erneuerung von Elsoff/Stadt Berleburg. - Geogr. Staatsarbeit für das Lehramt. Essen 1981.

FRISE, M.: Schmuckstück oder aales G'lump. Denkmalschutz auf dem Lande. - FAZ vom 7.6.1980.

GANSER, K.: Strategien zur Entwicklung peripherer ländlicher Räume. - ASG-Materialiensammlung Nr. 144. Göttingen 1980.

GATZWEILER, H.P.: Der ländliche Raum. Benachteiligt für alle Zeiten? - Geogr. Rundschau 1/1979, S. 10 - 16.

GEBHARD, H.: Denkmalschutz auf dem Land. - In: Denkmalschutz. Internationale Probleme - Nationale Projekte. Texte + Thesen, Bd. 69. Interfrom. Zürich 1976, S. 99 - 111.

GEBHARD, H., BIESTERFELD, H. & M. BRENNECKE: Umweltgestaltung im ländlichen Raum. - KTBL-Schrift 80. Münster 1974.

GRÜNEISEN, K.G. u.a.: Dörflicher Strukturwandel in der Diskussion. - KTBL-Schrift 235. Münster 1979.

GÜCKER, E.: Elsoff im Wittgensteiner Berg- und Waldland. Aus der Geschichte des Dorfes und der ehemaligen Vogtei. - Bad Berleburg - Elsoff 1979.

HEIDTMANN, W., GEHRKE, A. & H. von RENNER: Struktur- und Entwicklungsmöglichkeiten des Landkreises Wittgenstein. - Bd. I und II. Göttingen 1967.

HELLBERG. H., v. ROHR, H.-G. & J. UHLMANN: Bevölkerungs- und Arbeitsplatzabnahme in peripheren ländlichen Regionen. Konzepte und Maßnahmen einer stabilisierungsorientierten Entwicklungssteuerung. Literaturanalyse. - GEWOS. Hamburg 1979. Mskr.druck.

HENCKEL, H.: Dörfer im Wandel. Zur Problematik der Entwicklung ländlicher Gemeinden in peripheren Regionen. - Beiträge zum ländlichen Bau- und Siedlungswesen, Bericht 20. Selbstverlag der TU. Hannover 1978.

HENKEL, G.: Die Entsiedlung ländlicher Räume Europas in der Gegenwart. - Fragenkreise. Paderborn 1978.

HENKEL, G.: Der Dorferneuerungsplan und seine inhaltliche Ausfüllung durch die genetische Siedlungsgeographie. - Berichte z. dt. Landeskunde 53,1 (1979), S. 95 - 117.

HENKEL, G.: Dorfentwicklung und Dorfpolitik in den 80er Jahren. - In: Arbeitsmaterialien zur Raumordnung und Raumplanung H. 19. Bayreuth 1982 (im Druck).

HÖGNER, T.: Analyse der baulich-formalen Dorfstruktur und prognostische Perspektiven einer erhaltenden Erneuerung von Elsoff/ Stadt Bad Berleburg. - Geogr. Staatsarbeit für das Lehramt. Essen 1980.

ILIEN, A. & U. JEGGLE: Leben auf dem Dorf. - Westdeutscher Verlag. Opladen 1978.

KLUCZKA, G., BETZ, R. & G. KÜHN: Nutzung und Perspektiven privater und öffentlicher Infrastruktur in peripheren ländlichen Räumen. - Veröff. der Akademie für Raumforschung und Landesplanung: Beiträge 50. Hannover 1981.

KONIECZNY, G. & E. ROLLI: Bürgerbeteiligung in der Dorfentwicklung. - KTBL-Schrift 242. Münster 1979.

KUROWSKI, E.: Gestaltwandel ländlicher Siedlungen. - Schriftenreihe des Bundesmin. für Ernährung, Landwirtschaft und Forsten. Reihe B: Flurbereinigung, H. 70. Münster 1981.

LUCAS, O.: Planungsgrundlagen für den Landkreis Wittgenstein. Natur, Bevölkerung und Wirtschaft in Karten, Bildern und Zahlen.-Berleburg/ Münster 1958.

MEYER, J.: Fremdenverkehr und Regionalentwicklung dargestellt am Beispiel der Kreise Büren und Wittgenstein in Nordrhein-Westfalen. - Diss. d. Landwirtschaftlichen Fakultät. Bonn 1973.

Ortsbildinventarisation. Aber wie? - Hg. Institut für Denkmalpflege an d. Eidgenöss. TH Zürich. Manesse Verlag. Zürich 1976.

Planung im ländlichen Raum. - KTBL-Arbeitsblätter. Landwirtschaftsverlag. Münster 1976 ff.

REEKERS, S.: Westfalens Bevölkerung 1818 - 1955. Die Bevölkerungsentwicklung der Gemeinden und Kreise im Zahlenbild. - Veröff. des Provinzialinst. f. westfäl. Landes- und Volkskunde. Reihe I: Wirtschafts- und verkehrswissenschaftliche Arbeiten, H. 9. Münster 1956.

SÄTTLER, M. u.a.: Entwicklungschancen ländlicher Räume. - Schriftenreihe des Bundesmin. für Ernährung, Landwirtschaft und Forsten. Reihe A: Angewandte Wissenschaft, H. 247. Münster 1981.

SCHEUCH, E.K.: Das Interview in der Sozialforschung. - In: Handbuch der Empirischen Sozialforschung, Bd. I. Stuttgart 1962, S. 136 ff.

SIMONS, D.(Hg.): Dorffibel, Vorschläge und Beispiele zur Gestaltung ländlich geprägter Orte. - DVA. Stuttgart 1979.

STOLTENBERG, E.: Das Dorf als Wohnstandort. - In: Unser Dorf - Lebensraum heute und morgen. Kleine ASG-Reihe Nr. 17. Göttingen 1978, S. 31 - 37.

Strategien für den ländlichen Raum. Wege zur Stabilisierung strukturschwacher ländlicher Gebiete. - GEWOS-Schriftenreihe. NF 33. Hamburg 1980.

von WAHL, D.: Abwanderung und Selbstimage im ländlichen, peripheren Raum. - Lehrstuhl Wirtschaftsgeogr. und Regionalplanung der Univ. Bayreuth. Bayreuth 1980. Mskr.druck.

WALK, F.(Hg.): Planung im ländlichen Raum. - Intern. Grüne Woche Berlin 1980, H. 17. Berlin 1981.

WARTHORST, A.: Einkaufsgewohnheiten in kleineren ländlichen Gemeinden. - Berichte z. dt. Landeskunde 50 (1976), S. 221 - 244.

WEHLING, H.-G.: Dorfpolitik. - Fachwissenschaftliche Analysen und fachdidaktische Hilfen. Leske. Analysen 22. Opladen 1978.

WIELAND, D.: Bauen und Bewahren auf dem Lande. - Hg. Deutsches Nationalkomitee für Denkmalschutz. Kohlhammer. Stuttgart 1978.

ZILLENBILLER, E.: Ziele und Aufgaben der Dorfentwicklung. - In: Die Gemeinde. Organ des Gemeindetags Baden-Württemberg 21/1978, S. 772 - 782.

ESSENER GEOGRAPHISCHE ARBEITEN

Band 1: Ergebnisse aktueller geographischer Forschungen an der Universität Essen. - *207 Seiten, 47 Abbildungen, 30 Tabellen. 1982.*
DM 24,-

Zu beziehen durch:
Verlag Ferdinand Schöningh, Postfach 2540, D-4790 Paderborn